网络安全理论及实战研究

尚玉莲　著

· 北京 ·

内容提要

随着科技的发展，网络在现代人的生活中已经必不可少，它不仅加快了信息的传播速度，还极大地丰富和便利了现代人的日常生活。与此同时，网络所产生的安全问题也日益受到关注。本书本着由一般到个别的逻辑顺序对网络安全及信息网络安全中的信息安全的相关理论与实战技术展开深入分析讨论，内容主要涉及四部分，第一部分主要就网络安全的一般概念及安全问题展开分析，包括网络概念与威胁、网络协议等；第二部分主要就相关的网络安全实战技术展开研究，包括密码及加密技术、电子邮件安全、网络攻击检测与识别相关技术等；第三、第四部分主要讨论网络信息安全问题及应对措施，内容涉及信息网络安全问题、信息网络面临的不安全因素等。

本书可供网络安全相关专业的教师和学生阅读，也可供相关研究人员参考阅读。

图书在版编目（CIP）数据

网络安全理论及实战研究 / 尚玉莲著. -- 北京 : 中国水利水电出版社, 2018.11（2022.9重印）
ISBN 978-7-5170-7074-0

Ⅰ. ①网… Ⅱ. ①尚… Ⅲ. ①计算机网络－网络安全－研究 Ⅳ. ①TP393.08

中国版本图书馆CIP数据核字(2018)第254642号

责任编辑：陈　洁　　　封面设计：王　斌

书　　名	网络安全理论及实战研究 WANGLUO ANQUAN LILUN JI SHIZHAN YANJIU
作　　者	尚玉莲　著
出版发行	中国水利水电出版社 （北京市海淀区玉渊潭南路1号D座　100038） 网址：www.waterpub.com.cn E-mail：mchannel@263.net（万水） sales@mwr.gov.cn 电话：(010)68545888(营销中心)、82562819（万水）
经　　售	全国各地新华书店和相关出版物销售网点
排　　版	北京万水电子信息有限公司
印　　刷	天津光之彩印刷有限公司
规　　格	170mm×230mm　16开本　17.5印张　310千字
版　　次	2019年1月第1版　2022年9月第2次印刷
印　　数	3001-4001册
定　　价	75.00元

前　言

互联网在全世界的发展和普及，给人们的生活和学习方式、思维方式等带来了巨大的改变。各行各业都越来越需要网络来传输信息，网络信息安全的重要性越来越突出。网络安全不仅会影响到网络信息社会的个人生活，还会影响到电子现金支付、电子商务、网络银行以及电子政务等政治和经济活动。

本着把握实质，注重思想，优化结构，体现思维，与时俱进，理论与实际相结合的撰写思想，作者力图从网络安全的基本理论出发，进而分析相关应用，以激发读者的阅读兴趣，增强读者对网络安全的理解，同时达到学以致用的目的。很多基本概念都是通过实际问题引入，从而增强了本书的应用特色。从内容的安排上，本书第 1 章介绍了网络安全的基本概况，包括网络体系结构、网络协议、网络信息安全概述等内容；在此基础上，第 2 章阐述了网络威胁，包括网络漏洞、常见的网络攻击方法以及常用的对策等内容；第 3 章就信息加密技术展开分析讨论，包括对称加密算法、非对称加密算法、量子密码技术等内容；第 4 章对电子邮件安全技术进行了讨论分析，包括电子邮件安全技术的发展现状、电子邮件安全保护技术和策略、安全电子邮件系统等内容；第 5 章探讨了网络攻击检测技术，包括入侵检测技术与产品、漏洞检测技术与工具等内容；第 6 章分析了防火墙技术，包括防火墙技术的概念与分类、防火墙新技术、防火墙安全技术指标等内容；第 7 章分析和讨论了计算机病毒防范技术，包括计算机病毒防范技术与软件、反垃圾邮箱技术等内容；第 8 章探讨了网络安全体系，包括网络安全防护体系、网络安全信任体系、网络安全保障体系等内容；第 9 章分析了信息网络安全问题与管理，包括信息网络安全问题、网络安全自查与督导检查、公安机关的监督检查、对网络服务机构的监督检查、信息安全等级保护、信息安全等级测评等内容。整体上说，全书内容丰富，逻辑清晰，尽量用通俗的语言来阐述深奥的概念与定理，希望可以为广大读者提供一定的帮助。

本书为山东省教育厅课题资助项目，课题名称：灰色半解生成算法在医学动态影像安全认证中的应用研究，课题编号：J14LN22。在本书的撰写过程中，得到了许多专家学者的帮助，同时参考了许多相关的文献，在这里表示真诚的感谢。同时，限于的水平，虽经多次细心修改，书中难免会有疏漏，恳请广大读者批评指正。

作者

2018 年 5 月

目　　录

前言
第1章　网络安全概述 …… 1
1.1　网络体系结构 …… 1
1.2　网络协议 …… 11
1.3　网络信息安全概述 …… 23
第2章　网络威胁 …… 41
2.1　网络漏洞 …… 41
2.2　常见的网络攻击方法 …… 48
2.3　常用的对策 …… 74
第3章　信息加密技术 …… 89
3.1　对称加密算法 …… 90
3.2　非对称加密算法 …… 103
3.3　量子密码技术 …… 110
第4章　电子邮件安全技术 …… 115
4.1　电子邮件安全技术的发展现状 …… 115
4.2　电子邮件安全保护技术和策略 …… 118
4.3　安全电子邮件系统 …… 121
第5章　网络攻击检测技术 …… 128
5.1　入侵检测技术与产品 …… 128
5.2　漏洞检测技术与工具 …… 153
第6章　防火墙技术 …… 169
6.1　防火墙技术的概念与分类 …… 169
6.2　防火墙新技术 …… 181
6.3　防火墙安全技术指标 …… 197

第 7 章 计算机病毒防范技术 …………………………………… 204
7.1 计算机病毒防范技术与软件 ………………………………… 204
7.2 反垃圾邮箱技术 ……………………………………………… 229
第 8 章 网络安全体系 ………………………………………………… 233
8.1 网络安全防护体系 …………………………………………… 234
8.2 网络安全信任体系 …………………………………………… 236
8.3 网络安全保障体系 …………………………………………… 237
第 9 章 信息网络安全问题与管理 ……………………………… 241
9.1 信息网络安全问题 …………………………………………… 241
9.2 网络安全自查与督导检查 …………………………………… 247
9.3 公安机关的监督检查 ………………………………………… 247
9.4 对网络服务机构的监督检查 ………………………………… 250
9.5 信息安全等级保护 …………………………………………… 250
9.6 信息安全等级测评 …………………………………………… 264
参考文献 ……………………………………………………………… 271

第1章　网络安全概述

随着人类社会对信息的依赖程度越来越大，人们对信息的安全性越来越关注。随着应用与研究的深入，信息安全的概念与技术不断得到创新。在计算机网络广泛使用之前主要是开发各种信息保密技术，在Internet全世界范围商业化应用之后，进入网络信息安全阶段。近几年又发展出了“信息保障”（Information Assurance，IA）的新概念。下面从网络体系结构、网络协议、网络信息安全概述三个方面来阐述网络安全。

1.1　网络体系结构

网络体系的结构是一个逐渐形成、逐渐完善的过程。下面从网络体系层结构的形成、网络体系层结构的功能和网络体系层结构的模型三个方面进行探讨。

1.1.1　网络体系层结构的形成

网络体系层结构的形成有一个历史发展的过程。首先，我们简要回顾一下网络发展历史的各个阶段，如图1-1所示。过去几十年间发生了许多变化，网络的规模与复杂性都在增加。早期网络设计只提供连通性，并不支持安全性。20世纪70年代第一个网络仅限于几个研究机构与大学之间，且互连的每一方都是可信任的，安全问题并不突出。1988年，针对网络上的计算机攻击首次出现，直到今天采用相同方法的某些攻击仍然有用。推动网络更新与增长的是网络的简单易用与互连。

网络是如何实现的，网络是如何发挥其功能的。一个网络可以划分为不同的功能模块，这些功能模块称为“层”。而每一层都被赋予相应的职能，这些层就构成现代网络的全部功能。层可以由软件或硬件实现，但网络上的每一台设备并不对应所有网络层。例如，路由器的设计就不是针对每一层的，因为它不负责数据端到端的传输，它只关心把网络上送来的数据传输到下一个节点。网络层的结构是通过其在因特网上提供的服务与功能来表现的。

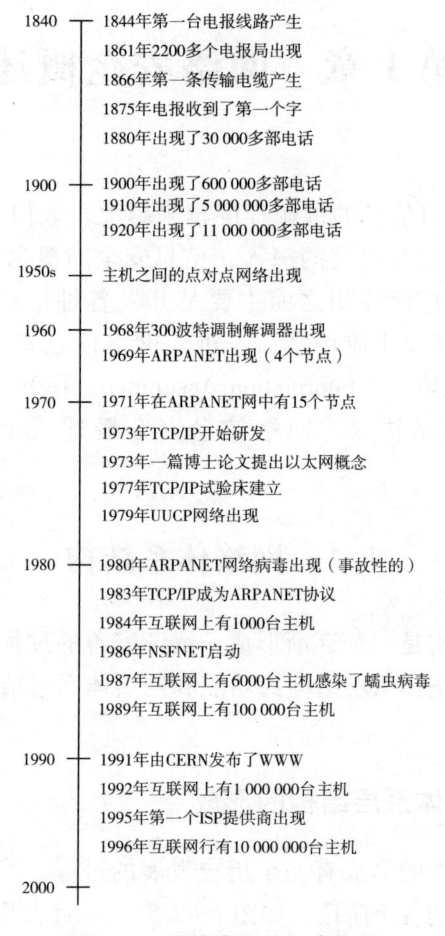

图 1－1　网络发展的历史阶段

计算机通信的第一个例子，是由两台希望通信的设备通过点对点的连接构成的。在这个例子中，通信需要的软件是自带的，且由销售商独家开发。物理连接既可能是直接采用专线，也可能是采用电话线加调制解调器。其数据速率与今天的网络速率相比是很低的，应用往往基于简单的文本通信。这些早期应用一般用于简单的文件传输或远程访问。由于早期的文件传输系统使用专用软件进行通信，因此异种计算机之间的电子邮件通信很困难。

20 世纪 70 年代，业界开始着力制定标准，旨在让网络上不同种类的设备实现通信。早期标准的制定者决定把问题分成功能模块，即不同的计算机采用不同的方法使之互相通信。每一个模块或每一层执行一组功能，并为它上面的那一层提供一组服务，本层使用它下面那一层提供的服务。图1－2是采用黑匣子方法定义的一个层，图1－2（a）表示任何一个黑匣子的设计方法，输入和输出定义为一组服务和要实现的功能。由某一层提供的服务称为服务访问点（Service Access Point，SAP），每层实现标准中规定的一组功能，这些功能用于支持一组服务，这些服务通常涉及希望交换数据的两个设备对应层之间的通信。这个内部层之间的通信称为协议。实现这个层的具体方法在标准中没有规定，这一点会导致一些值得关注的安全问题。这种定义每一层的黑匣子方法，使得不同的提供商能够实现相同的功能与服务。

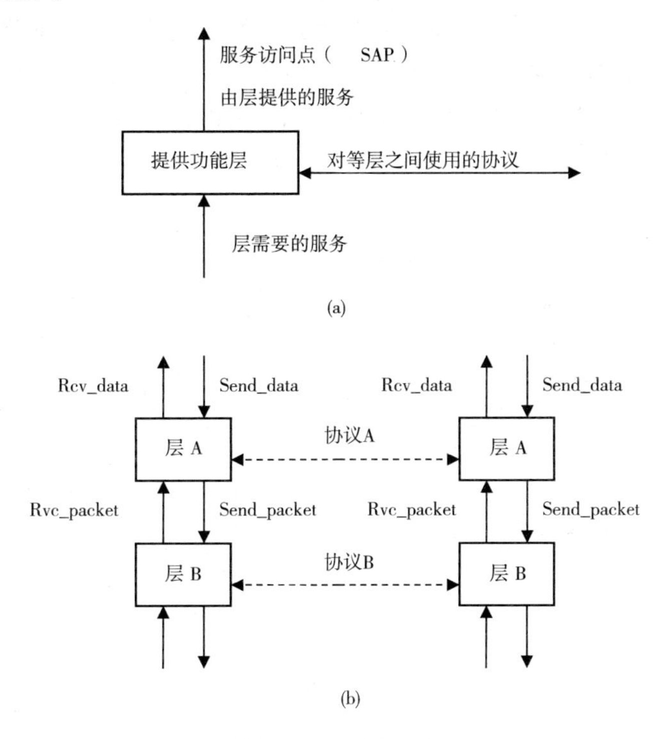

图1－2　网络的层

由图1－2（b）可以看到，层A为上一层提供服务，层B为层A提供服务，这些服务通常被规定为子程序调用。例如，这里有一个由层A提供的Send_data（目标、源数据、选项和长度）服务，这个服务用于发送一个数据块到与其对应的层A，即由目标地址指定的另一台设备。这个服务有几个参数，用于指定层如何处理服务请求，同时包括要传送到对等层的信息。参数data包含层A要发送到目标设备上的对应层A的数据，每一层利用它的下一层提供的服务实现它要提供的功能。同样，在图1-2（b）中，层B提供的服务为Send_packet（目标、源、数据和选项）。注意，在这个例子中，层B提供发送一个固定长度数据的Send_packet子程序，它上面的层A提供一个发送较大数据量的服务，这就是某一层要提供的功能所在。在这个例子中，层A需要提供一个功能，把从上一层收到的数据分成较小的数据包，并发送到下一层，收到数据的对应层A需要提供一个功能，把这些小的数据包收集到一起成为一个数据块，并发送给它的上一层。当某一层和它对应的层通信时，它必须把数据发送到它的下一层。当某一层执行其功能时，它也必须能将控制信息传递到对应的层。根据图1-2（b）所示的例子，层A需要发送控制信息，用于接收层A把数据重新组装起来。对等层之间的交互有对应的交互规则，如最大的数据包的尺寸、控制信息和数据格式以及控制消息的计时与顺序等。这些规则即是协议，而控制信息用于执行协议。每一层定义为服务、功能与协议的集合，图1-3说明了控制信息如何封装到数据中，从而每一层依据它处理来自上一层的请求。

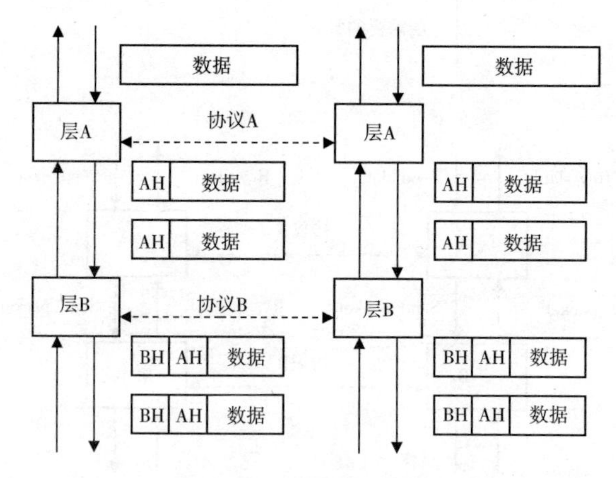

图1-3　控制信息封装

由图1-3可以看到，层A表示的数据由层A分成两个数据包，每一个包都加上了控制信息。该控制信息包含当目标设备对应层A收到信息后如何恢复两个数据包的信息。数据包的控制信息段称为头部，层A使用层B提供的服务传送两个数据包给层B，层B把自己的控制信息（头部）添加到每个数据包，以便和目标设备的对应层B进行通信，如此继续下去，数据包经过网络层，直至物理层的传输介质上。当目标设备收到数据包时，接收设备上的每一层将利用控制信息决定如何处理数据包，对应层会去掉与其相关的控制信息，并将剥离后的数据包传送到它的上一层。

图1-2与图1-3说明了当数据被送到下一层的协议栈，并在接收方备份时，层之间的交互动作。另一部分层规范是相应层之间使用的协议。例如，图1-3所示的每一个设备上的层A需要理解如何处理数据包，即需要知道控制信息的格式。协议就是用来提供这个功能的。如果一个数据包发生错误或丢失，层能够请求数据包重发。为了实现这个功能，这个层需要确定数据包是什么时候出错或丢失的。这就要求使用协议的层之间的协同工作。协议定义控制信息和数据在层之间是如何交互的，还定义层之间信息交互的格式。协议就是要实现这些功能和服务，在网络安全方面要注意防范由层提供的这些功能可能被黑客利用。

当然要明晰一些定义：协议就是一组规则，用于控制网络体系结构中两个对等层之间的交互，用于执行层的功能；重组就是由层提供的一个功能，用于合并数据包，即把对等层拆分的数据包重新组装成原来的数据包；路由器就是一种网络设备，负责把数据从一个网络传送到另一个网络，路由器可以解读从发送端到接收端的数据的路由；拆分就是由层提供的一种功能，它把从上一层接收的数据包分成多个较小的数据元素；服务访问点就是由网络层提供的一组服务，服务访问点通常被定义为一系列的子程序。

1.1.2　网络体系层结构的功能

网络体系结构中的一个功能组件，包含一组确定的输入和输出，并提供一组功能协助网络的运行，这就是网络层。网络层结构的功能是在和网络中的对方设备的对等层协同时提供网络服务。这些功能使面向层提供的服务能够执行并依赖下一层提供的服务。数据包就会在层之间传输一组数据。数据包头部则由层添加到数据包的那部分数据，它用来执行协议。网络层结构的功能表现为拆分与重组、封装、连接控制、顺序递交、流控制、出错控制、复用等方面。

1. 拆分与重组

在有些情况中，某一层对它上一层来的数据大小是有限制的，限制的原因可能是缓冲区、协议头部空间或物理链路有限制。例如，许多物理局域网（如以太网）限制数据包的尺寸为几千字节，以确保物理链路能正常传输。如图1-3所示，如果某一层从它的上一层收到的数据超过下一层的处理能力时，数据包必须分成较小的数据包（拆分），最终再由接收层组合到一起（重组）。执行拆分的层要负责把重组指令放在它的头部，指令内容包括数据包的数目及数据的相对位置等。

2. 封装

封装是指将控制信息以头部的形式添加到数据包中，如图 1－3 所示。头部包括下列典型信息：

（1）地址，即发送端和接收端的地址。

（2）出错校验码，常常包括一些用于错误校验的某种类型的代码。

（3）协议控制，执行协议需要的附加信息。

3. 连接控制

层既可采用无连接（传输数据不需要连接）数据传输，也可以采用面向连接（在数据传输之前，通信双方必须确立连接再通信）的数据传输。在面向连接的数据传输中，数据在传输之前，必须在实体间建立一种逻辑联系（即连接）。这类似于电话系统，一个人必须先拨号，并等待对方拿起电话后，双方才可以通话。在面向连接的数据传输模式中，双方必须同时准备对话。连接是根据数据包头部的信息确定的。在多数情况下，用于确定连接的数据包是不含数据的。连接控制（Connection Control）的三个数据项是：请求/连接项、数据传输项与终止项。许多基于网络的攻击就发生在连接控制交换时。在无连接的数据传输中，数据包与数据包是独立的，数据包的传递是无序的，也可能数据包根本就没被送出去。这类似于邮件系统，寄信人发出一封信，信在某个时间到达，信与信之间是独立的。

4. 顺序递交

在某些情况下，层提供的服务要求数据包按序递交，但数据包在下一层也许是无序递交的。在互联网上就是这样，数据传输是采用无连接协议传递的。但应用程序要求数据包按照发出时的顺序接收到。为了使层提供这项服务，需要向数据包的头部增加控制信息，以对数据包进行编号，从而接收方能够按原顺序重组。

5. 流控制

流控制是由层提供的一个功能，它用来在接收端开始拥堵时，降低发送端数据包的传送速率。流控制是为了确保传输层不会因为接收信息过多导致接受层溢出的一种技术，一般在几个层中都要实现流控制，在大多数面向协议的连接中也采用。

6. 出错控制

数据包传输中的出错控制是指由层提供的一个功能，用来侦查并纠正数据包的丢失或损坏。无论数据包是丢失还是损坏，层应该负责侦查丢失或者损坏的数据包，并负责重新层传输这些数据包。不是每一层都要负责数据包的重新传输，但是大多数层在头部都有某种类型的错误侦查（一般使用校验和方法）。攻击者有时通过向一个设备发送出错的数据包，引起层重新动作，从而利用出错的控制协议攻击。

7. 复用

复用是某一层提供的服务访问点面向多个上一层，反之，仅由一个下一层提供的服务访问点为多个上一层发送或接收数据包。复用是在由多个上层过来的数据包共享同一个下层时发生的，最典型的例子就是某台计算机连接到单条物理链路，如图 1 –4 所示。当多个应用（如 Web、E – mail 及 IM 等）同时使用这个物理链路时，每个信息源都要向物理链路上发送数据包，然而，只能有一个层来控制对物理层的访问。因此，在计算机的多个网络层中的某处需要设置一个或一个以上的层使用层 B 提供的服务。对于接收层 B，为了知道是哪个层 A 发来的数据包，层 B 需要在数据包头部包含一个地址指出每个上一层的识别号。

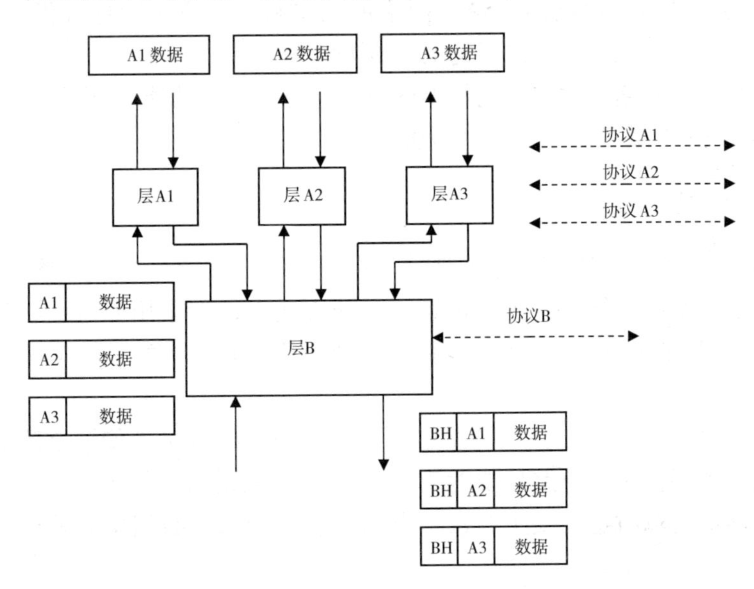

图 1 –4 层复用

1.1.3 网络体系层结构的模型

网络的功能是分层的，许多技术是按照第一个实现的标准去做的，这样标准就有了竞争，对于网络更是如此。为了更好地了解网络体系结构的模型，首先来认识一些相关定义：帧是用于描述 OSI 模型的数据链路层的数据包；不分层服务通常用于描述网络服务，这些服务不必通过其他层而是直接访问一个或一个以上协议层，常常用于网络管理；OSI 模型是一种描述了每一层需要提供的高层功能且构成完整网络功能的七层模型；TCP/IP 模型是一种描述了高层功能并为因特网实际应用的四层协议模型；用户空间是指运行在用户空间的多种程序，这些程序与正在运行它们的用户具有同样的访问权限，并可以限制指定程序对系统文件的访问。

1984 年，国际标准化组织（International Standards Organization，ISO）提出了七层网络的概念，称为开放系统互连（Open Systems Interconnection，OSI）模型①，从此开始了制定每一层的标准。OSI 模型受到电信行业标准的重大影响，电信的关键点是链路交换（面向连接的）技术。这样两个竞争性的标准就有了两股力量在推动各自的进展。在某种程度上联邦政府推动了 OSI 模型的采用，同时 TCP/IP 协议在大学和研究实验室开始实施。Internet采用的是 TCP/IP 协议，除少数情况外，OSI 标准已经被废弃了，保留下来的只是 OSI 模型用于描述网络的层结构。尽管 OSI 标准没被采用，但在任何当前采用的标准总是能对应到 OSI 模型。

我们探究网络体系层结构模型的目的就是了解其功能。接下来简述 OSI 模型与 TCP/IP 模型每一层提供的功能（图 1－5）。

1. OSI 模型及其功能

（1）物理层。物理层负责物理上互连系统之间的比特位的透明传输。物理层必须给数据链路层提供识别终点的方法（一般采用源地址与目标地址）。物理层必须按数据链路层提供的要传输的比特位的同样顺序进行传输。

（2）数据链路层。数据链路层的主要任务是根据物理传输介质的特点屏蔽它的上层。数据链路层要为上层提供基本无误的可靠传输，当然，在数据链路层传输时也会发生错误。由网络层来的每个数据单元映射到含数

---

① Day，J. D.，H. Zimmermann. The OSI reference model. Proceedings of the IEEE 71：1334－1340，1983.

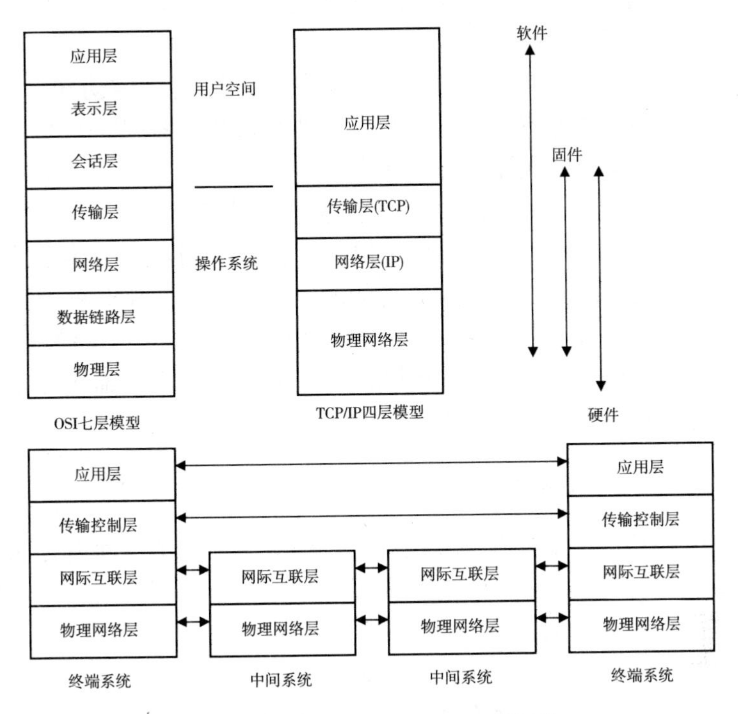

图 1－5　OSI 模型与 TCP/IP 模型

据链路协议信息的数据链路协议单元，称其为帧（frame）。数据链路层必须提供某种方法识别数据帧的开始与结束。这些帧要按其接收顺序提供给物理层。数据链路层也可以进行流控制（flow control）以防数据溢出。

（3）网络层。网络层主要负责由传输层提交的所有数据到网络中的任何传输层的透明传输。网络层必须处理数据包的路由。网络层可以是一个设备中的最高层，如网关或路由设备。在 OSI 模型中，网络层协议最初是设计成面向连接的，因此造成了协议的复杂性。

（4）传输层。传输层负责两个会话实体之间可靠透明的数据传输。传输层只关心会话层之间的数据传输，它并不关心处理层或拓扑层的结构。传输层使用网络层将数据从一个传输实体送到另外一个传输实体。根据网络层提供服务的质量，传输层也会执行附加功能，如按序提交、提供服务等。传输层提供流控制和错误控制。

（5）会话层。会话层并不关心网络，会话层负责协调表示层之间的对话。会话层必须提供会话连接的建立以及在这个连接上对话的管理。在 OSI 模型中，会话层是最后被标准化的三个协议层之一。它可以是没有动作的可选项，作用就是把表示层的数据送到传输层。ATM 机即是一个会话层的例子，ATM 机负责和银行保持连接（传输服务），当某个用户要办理一笔业务时，一个会话就开始了。

（6）表示层。表示层以某种形式为应用层提供与信息表示相关的服务，这个形式对应用实体是有意义的。表示层要为应用层提供一种机制，以把数据转换成对等层可以翻译的普通格式。

（7）应用层。应用层是最高层，它要提供某种方法，为应用层访问 OSI 堆栈提供应用处理。应用层提供协议以执行应用功能。典型的应用层并不定义用户接口甚至是执行这些功能的用户层命令。Web 就是一个很好的应用层例子，应用协议（超文本传输协议，Hypertext Transfer Protocol，HTTP）定义访问 Web 页面的功能和服务，并给 Web 浏览器传输信息，但并不指定浏览器与用户之间如何交互。

2. TCP/IP 模型及其功能

TCP/IP 模型的功能具有 OSI 模型提供的大多数功能。两者之间最大的区别是 TCP/IP 模型的应用层包括了 OSI 模型的最上面三层，除此之外，TCP/IP 还有模型本身的特点，具体表现如下：

（1）物理网络层。TCP/IP 的物理网络层对应 OSI 模型的物理层与链路层的功能。它提供的服务较简单，只包括数据包的发送与接收。TCP/IP 协议设计的出发点是能在任何网络上运行，因此设计了一组最小的服务集合。

（2）网络（IP）层。网络层提供网际间数据包的路由，并关注全球地址空间，IP 层是无连接的，提供的服务包括数据包的发送与接收。

（3）传输（TCP）层。传输层与 OSI 模型的传输层类似，它负责网络中的端到端的数据传输。TCP 层还使用网络层提供的发送与接收功能与对等的传输层进行通信。TCP 层需要对 IP 层的不可靠的无连接服务进行补偿。

（4）应用层。应用层提供 OSI 协议模型最上面三层同样类型的服务，会话层与表示层的功能是否用或是用多少，取决于具体应用。

当初人们在设计分层协议体系结构时，较少考虑网络的管理、网络安全或网络监控。因为当初网络规模很小，基本由几个机构掌控，并不认为这些功能很重要。随着网络规模的增大与复杂性的增加，对这些功能的需求也随之增加了。当我们审视这些服务需求时，很快发现分层协议模型显然不能满足这些服务需求。这些服务需要访问每一层的内部工作，并且经常需要读取或修改层内部的参数。例如网络管理就常常需要直接控制每一层，这就引出了一个修正型的网络体系结构，如图 1－6 所示，它引入几个不分层的服务。这对安全也有影响，因为它要对每一层进行访问。例如，某个恶意代码有可能入侵到低层的数据包，从而破坏上层的头部格式。

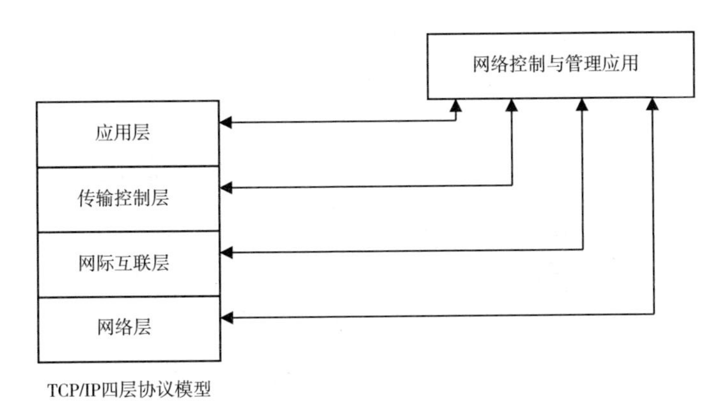

图1-6 不分层服务体系结构图

1.2 网络协议

我们先了解协议，然后进一步剖析网络协议。

首先来认识本节内容涉及的定义：以太网是一个由电气与电子工程师协会（IEEE）负责修订的标准，它描述今天计算机上普遍使用的局域网标准；开源协议是一种协议规范，在采纳之前，要向公众开放并接受公众的评议和讨论；专利协议是一种不向公众开放的协议规范，协议规范是一种文本，用来描述实现某个协议所需的服务、功能、数据包格式及其他信息；请求评议（RFC）是一种由与互联网工程任务组（IETF）有关的个人或团体提议的协议标准；标准是一种已经通过评议、认证，并公开出版由多个提供商用于相互操作的协议规范。

1.2.1 协议概述

我们每天都要用到协议。例如，可以将电话系统看成有多个层，每一层都有一个协议。双方通话时就用到一个协议，可以将其看成网络中的上一层，电话系统是为它的上一层提供服务和功能的下一层。如图1-7（a）所示说明了在一个电话系统中设备之间的协议的交互，如图1-7（b）所示说明了电话系统两个用户之间协议的交互。协议交互常常表示为协议图，如图1-7所示，垂直线表示通信层，水平线表示信息交互。图中向下的时间箭头，代表通话时间的进展。斜线表示信息从一方流动到另一方需要的时间。斜线之间的间隔表示层等待或处理的时间。

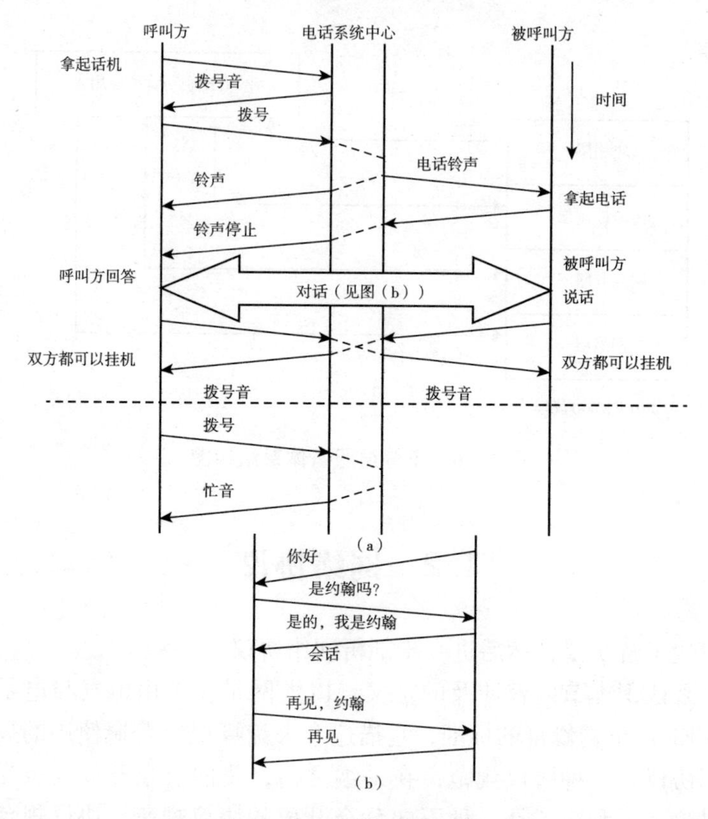

图 1－7　电话系统协议图

协议图用于说明两个实体之间采用某种协议进行交互的图例，这个图例说明信息交换双方信息的流动和计时。如图 1－7（a）所示，图左边的呼叫方拿起话机表示开始，呼叫方等待拨号音，这是协议的一部分，当呼叫方听到拨号音时开始拨号，如果被呼叫方不忙，则呼叫方收到铃声，即被呼叫方电话铃响。从图 1－7（a）中还可以看到，当对方忙时，显示出错状态。并不是所有的出错情况都被规定为协议的一部分，因此，协议不可能包含所有可能出错的情况。正如随后可以看到的，这可能引起安全问题。一旦被呼叫方拿起电话，低层之间的连接就完成了。通话双方就启动了协议，如图 1－7（b）所示。

首先，回话方说话表示开始，对方开始回应。图 1－7（b）描述了一种可能的协议，同时显示了确认被呼叫方的询问。双方将以来回的方法继续谈话（发送数据），直到其中一方中断通信，通常是以再见结束通话，然而，也可以只是挂断电话来终止通话。双方之间出错也能导致这种中断。双方之间的协议不可能被完备定义，因此协议也许会失败。其中一部分协议常常是一方或一方以上的识别标志。这一点可以通过许多不同的方法来实现。这里就有一种方法，它是电话系统中识别呼叫设备（呼叫方识别标志）的一部分。然而，呼叫方识别标志统一为呼叫方的电话号码，而不是使用电话的人。还没有什么方法来识别呼叫方或被呼叫方，我们可以设想如果某人为了不诚实的目的使用电话，这就会引发问题。即使采用呼叫方识别标志，甚至将其加入来电显示中，也只能识别来电号码。电话系统最初没有设计处理我们今天要考虑的安全问题。

电话系统提供了一个面向连接的通信的例子。这里即是使用协议交换来确定双方的连接（拨号方与接电话方），一旦确立连接，数据就在双方流动，并按发送方的顺序收到数据。还有另一种方法，即双方采用无连接的方法传输数据。在无连接的通信中，信息被分成许多数据包，每个数据包在发送时是分别处理的。无连接系统的例子就是邮局业务，它的每一封信都是独立处理的，且可以通过不同的路径到达相同的目的地。每一封信都是自我包装，且有自己的地址信息。如果从同一个地点发送多封信到同一个目的地，并不能保证它们按照同样的顺序同时到达。无连接方法看起来比面向连接的方法可靠性低，但情况也许不是这样的。例如，对通过电话传真系统和邮件系统发一份有 10 页的文件进行比较（这里忽略数据传输次数的差别）。如果使用电话传真系统，那么在发送文件时，必须在整个发送期间保持连接，电话系统是很可靠的。然而，如果在文件传输期间，电话系统出现故障，就要重新开始。如果把这份文件分解为 10 封信，通过邮件单独邮寄，虽然没有十分把握，但收到的可能性很大；如果有一封丢失，则只需要重发丢失的那一页。不过现在还需要一种方法再把这些拆分的页重新组合到一起，可以将这个规定加载到头部，这或许就是信件发送与接收双方使用的部分协议。这样将在无连接服务的头部产生一个面向连接的系统。

1.2.2　协议规范

网络的各层是通过协议来协同它们之间的交互的，这些协议常常是为解决某个特定的问题，或描述一个需求而设计的。也就是说，设计协议是为提供一组功能，而且协议是按照某个标准来定义的。协议的标准产生后，就由不同的组织来修订，范围从国际性组织到专业协会，到专题小组。标准通常用英语写成，可以公开翻译。标准就意味着协议是如何动作的或和其他层是如何交互的一组功能的描述（包括上层和下层）。

协议规范是开放源代码安全，还是专利代码安全，这个问题一直是备受争议的，对于网络协议也存在同样的问题。大多数网络标准都是开放的，并都经受了多轮的评议，这样产生的协议安全性更好，缺陷更小。然而，大多数协议都要求实现一组特定的功能，而不考虑安全要求。开放协议的一个负面影响就是更容易发现协议中的安全缺陷，即使从功能角度来看协议设计是无缺陷的，但是设计上也会包含安全缺陷。由于多家提供商需要相互合作，因此使用某个专利协议通常也是不实际的。应用层是专利协议最常用的地方，因为在这里并不总是需要提供商之间的合作。由于对于专利协议很难发现它的安全缺陷，因此这个缺陷既可以被使用者使用，也可以被攻击者利用。对于开放协议，许多人将会重新评价它，这样会发现更多安全缺陷。然而，大多数专利协议在短期间内就会被工程化，它并没有去阻止攻击者。

协议规范的最大安全问题之一是用于表示规范的方法，这些规范是用英语写的，通常有数十页长，这会导致不同提供商对同一个规范有不同的解释。当有些问题在规范中涉及时（通常是如何处理某个错误的状态），或没有很好地规范时（如使用 must，should 等词），或在规范中存在某个错误时，这种区别就产生了。即使规范是清楚的，但在协议实现过程中也会引入错误。

一个标准一般由几个部分构成，开始一般是标准的目标的描述，接着是标准的使用，还有所制订的标准与其他标准之间的关系。标准要进行这样的规定：首先是提供的服务访问点（SAP）和下一层请求的服务访问点；其次是提供的功能；再次是协议内容，包括数据包的格式和数据包的每个域的含义（包括包头）；最后是数据包的时序，用于实现指定的功能。

在互联网中，欲使某个标准达到广泛使用，最通常的做法是填写请求评议申请表（Request for Comment，RFC）。RFC 由因特网工程任务组（Internet Engineering Task Force，IETF）负责修订。这个组由不同组织的成员组成，并向有兴趣的任何人开放，这个组织的职责在 RFC 3935 中有明文规定①。一个请求评议在成为标准之前，要经过多个层次的评议，甚至不被理睬。IETF 有很多的标准组，已经颁发了许多互联网上的标准。下面介绍一些标准化组织。

① Alvestrand. H. T. 2004. A mission statement for the IETF. RFC3935.

1. 标准化组织介绍

（1）美国国家标准化协会（American National Standards Institute，ANSI），ANSI（http：//www.ansi.org）是由专业协会、政府团体和其他协会组成的私立组织。它负责开发标准，帮助各个团体在全球市场进行竞争。

（2）电气与电子工程师协会（Institute of Electrical and Electronics Engineer，IEEE），IEEE（http：//www.ieee.org）是负责制订多个领域的国际标准的国际性专业学会。

（3）国际标准化组织（International Standards Organization，ISO）是一个团体，它的成员来自世界各地的标准化委员会，ANSI代表ISO（http：//www.iso.org）在美国的标准化委员会。

（4）国际电信联盟－电信标准部（International Telecommunications Union－Telecommunications Standards Sector，ITU－T）是一个由联合国组建的部门，主要负责制定电话系统的标准（http：//www.itu.int）。

（5）互联网工程任务组（Internet Engineering Task Force，IETF）这个团体负责为互联网制定各类标准，它的成员来自不同组织，标准向任何感兴趣的个人开放（http：//www.ietf.org）。其中IEEE是一个较受关注的组织。IEEE标准化组织（http：//standards.ieee.org）负责制订许多标准，包括现在大多数计算机用到的以太网标准。

2. RFC 791的节录（网际协议）

此处节选了RFC的几段，它们是描述互联网上端到端获取数据包的主要协议，即网际协议（IP）。摘录的文本是在大多数标准中都可以发现的几节。注意，这个标准中有一节是动机（即为什么要有这个标准），一节是范围（即标准不能做什么），另一节是接口，它是描述服务访问点的，功能一节中描述基本的标准功能。标准的下一节描述层的拆分功能，仅IP标准就有40多页的文本，同时还有多年来通过其他RFC给出的许多附加条件。

（1）动机。网际协议是为计算机通信网络中互连系统数据包的交换而设计的，这类系统称为耦合网（catenet）。网际协议提供从源地址到目标地址的称为数据报的数据块的传输，这里的源和目标都是以固定长度地址识别的主机。网际协议也为较长数据报的拆分和重组以及必要时通过小数据包网络的传输提供支持。

（2）范围。网际协议仅限于为网络上互联系统之间源到目标的比特位数据包（一种网际数据报）的传递提供必要功能，它并没有增加端到端的数据可靠性、流控制、排队或其他服务这些在通常的主机到主机协议中用到的机制。网际协议可以利用它的支持网络服务提供不同类型和质量的服务。

（3）接口。接口协议在网际互联环境中被主机到主机协议调用。这个协议调用局域网协议，将网络数据报传送到下一个网关或目的主机。例如，TCP 模块应调用网际间模块，把 TCP 段（包括 TCP 头部和用户数据）视作网际间数据报的数据部分。TCP 模块应把网际间头部中的地址和其他参数提供给网际间模块作为调用参数。这个网际间模块此后应产生一个网络数据报，然后调用局域网接口并传输网际间数据报。在 ARPANET 案例中，网际间模块会调用局域网模块以给网际间数据报增加 1822 头部，产生一个 ARPANET 信息，并传输给 IMP。ARPANET 地址会通过局域网接口从网际间地址派生出来，这就是 ARIPANET 中某个主机的地址，这个主机可以是一个网关或其他网络。

（4）功能描述。网际协议的功能或目标是在一组互联的网络中传输数据报。它将数据报从一个网际间模块传到另一个网际间模块，直至到达目标地址。网际间模块驻留在网际间系统的主机或网关中，数据报通过根据网际间地址解析的单个网络从一个模块路由到另一个模块，因此，网际协议的一个重要的机制就是网际间地址。消息在从一个模块向另一个模块传送的路由中，数据报也许要穿过某个网络，而这个网络最大的数据包要比数据报的尺寸小，为克服这个难点，就在网际协议中提供了拆分机制。

（5）拆分。当产生数据报的局域网允许大尺寸的数据包，但它要到达的目标过程中穿过的局域网仅限于小的数据包时，可以给网际间数据报标注“不能拆分”的标记，任何有这种标记的网际间数据报在任何情况下都是不可拆分的。被标记为不能拆分的网际间数据报，不经过拆分是递交不到目的地的，因而有时候会被丢弃。跨局域网的拆分、传输与重组的过程，这个过程称为网际间拆分与重用。网际间拆分与重组过程需要能够把一个数据报分解成为任意数目的片段，此后再重组。片段的接收方利用识别字段确保不同数据报的片段不会混淆。片段偏移值字段告诉接收方某个片段在原数据报中的位置。片段偏移值与长度决定了该片段覆盖了原数据报的哪个部分，多片段标志会标出（被重置）最后一个片段。这些域提供了重组数据报的充分信息。识别域用于区分一个数据报的片段与另一个数据报的片段。当启动一个网际间数据报的协议模块时，将识别域的值设置为对于源—目标对和协议来说是唯一的值，且此时的数据报在网际间系统中应该是激活状态的。当启动一个完整的数据报的协议模块时，多片段标志设置为零，片段相对值也设置为零。

为了拆分一个长的网际间数据报，一个网际间协议模块（例如，在一个网关中）产生两个新的网际间数据报，并从长数据报复制网际间头部的内容到两个新的网际间头部中，长数据报的数据按照8×8（64位）划界（第二部分也许不是一个8×8的整数，但第一部分必定是），第一部分NFB（片段块数）称为8×8的块数。数据的第一部分放置在第一个新的网际间数据报中，总的长度域的值设置为第一个数据报的长度，多片段标志设置为1。数据的第二部分放置在第二个新的网际间数据报中，且总的长度域的值为第二个数据报的长度。多片段标志与这个长数据报携带同样的值。第二个新的网际间数据报的片段相对值设置为长数据报+NFB。

这个过程可以一般化为n段分割，而不是上面描述的两段分割。为了重组一个网际间数据报的片段，网际协议模块（例如目标主机）对所有四个段具有同样值的网际间数据报进行组合，这四个段是识别域、源、目标和协议。把每个片段的数据部分按照那个片段网际间头部中片段相对值指出的相对位置进行组合，第一个片段的片段相对值为0，最后一个片段就是多片段标志值，重置为0。

1.2.3　协议地址

网络协议地址用于识别网络中的计算机、网络设备、应用程序、协议层或其他任何实体的地址。应用程序地址用于识别和区分运行在一台计算机上不同的网络应用程序的地址。域名服务就是用于将互联网上的计算机名称转换为计算机地址的一种系统。动态地址是可以改变的一种地址，它是在系统启动时得到的，或是由第三方分配。

协议的关键点之一是用于区分网络中不同设备的寻址方法。例如，地址就是用来区分不同计算机、不同应用和不同协议的。在讨论网络层寻址之前，先考察一个非网络的例子，看看需要多少地址。如图1－7所示的是两个人使用邮件通信系统的例子。

由图1－8可以看出，住在洛杉矶某个街道某栋楼的发信者，发送一封信到住在华盛顿特区的某栋楼的另外一个人。发信者把他的地址及收信人的地址写在信封外面。双方的地址都包含用于识别指定的人、楼宇、城市和州的几个部分，信封类似于数据包的头部，数据包含在信封内部。发信人把信送到街道角落某处标明实际地址的某个邮箱中，这个邮箱的实际地址对于接收者并不重要，只对发送者重要，因为他或她要知道如何让信到达下一个地方，但发送者不需要把这个邮箱的实际地址写到信封上。这封信一旦放到邮箱中，邮政系统就等于接管了，它会按目的地的路径将信送到接收者手中。在这个例子中，这封信由街道的邮箱中取出并被送到洛杉

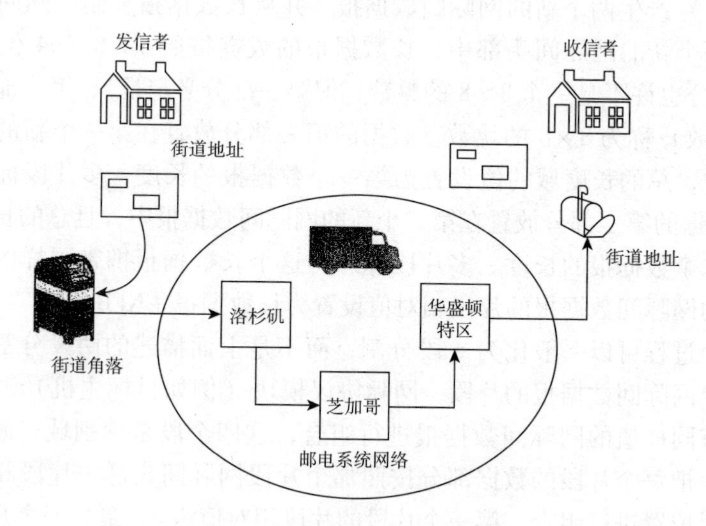

图 1－8　邮电系统寻址示意图

矶的某个信件分类中心，洛杉矶的信件分类中心阅读收信者地址，决定信件要送的下一站（这就是路由过程），然后信件被装到邮件车上，被送到下一个分类中心，即本例中的芝加哥。这个分类中心是有实际地址的，但它对于信件的双方都不重要。邮车只需要知道把信件从洛杉矶送到芝加哥，信件一旦到达芝加哥，再次阅读接收者的地址，然后信件又被送到下一个分类中心，即本例中的华盛顿特区。同样这个分类中心的实际地址对于信件双方都不重要。

当信件到达华盛顿特区时，再次检查收信者的地址，决定由哪个当地邮递员把信送到收信人所居住的楼宇。当地邮递员把信件送到收信地址标明的收信者楼宇的实际邮箱中，这个邮箱的地址不需要写在信封上。这个邮箱地址邮递员是知道的，一旦邮递员把信放到收信人的邮箱中，收信地址上的某人就会收到这封信，无论是谁收到这封信，看到收信地址指明的姓名，就会知道是这栋楼的哪个人应该收到这封信。如果考察同样的例子，两个人使用计算机进行通信，那么会发现邮电通信系统寻址与网络寻址有许多相似之处，如图 1－9 所示为两个人在使用计算机发送一条信息。

图 1－9 显示某个发送者在有用户名的某台计算机上，利用电子邮件系统应用程序发送邮件。在互联网上，每台连接的计算机都有一个唯一的地址用于识别这台计算机，正如每个邮箱地址都是唯一的。计算机应用程序从用户那里读取信息，并由头部阅读目标地址（收件人地址），以决定信息

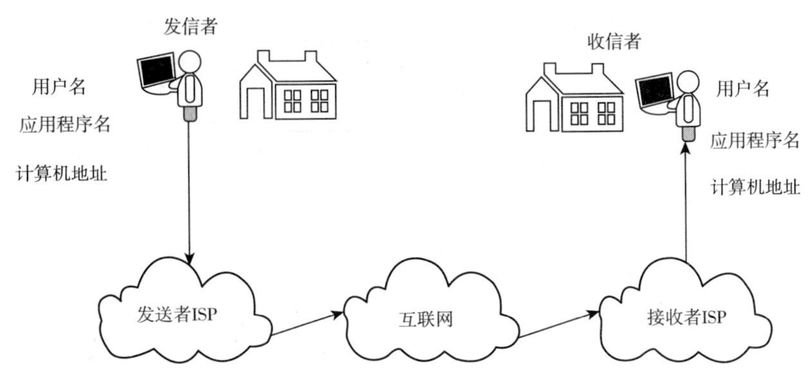

图1-9　网络寻址示意图

要送达的下一站。计算机首先把信息送到发送人的互联网服务提供商（Internet Service Provider，ISP），计算机知道ISP的实际地址，这个ISP地址对计算机用户是不重要的。ISP阅读头部信息以决定信息要到达的下一个地址（路由），这个ISP还会把信息发送到互联网上，在互联网上这条信息会被路由送到目标计算机上，在途中的每一步，中间设备的实际地址都用于帮助信息到达正确的位置。当这条信息按照信息中标明的目标地址到达目标计算机时，计算机要检查这条信息，以决定哪个应用程序来读取这条信息。邮电系统与互联网之间不是一对一的关系，读者要理解需要经过多次寻址。

通过对网络协议堆栈的了解，不同的协议层需要几个不同的地址来识别。如图1-10所示，每一层使用一个地址来帮助决定网络流量进行处理。在物理网络层，有一个地址用于识别连接网络的计算机接口。这个地址常被用来指定为机器、硬件或物理地址。硬件地址允许网络接口过滤出目标是不是这台计算机的流量，这就减少了处理要求。此外，通常还有包含在数据包中由物理网络层使用的另外一个地址，它用来决定由哪个网络层协议来处理数据包。

网络层（IP层）需要使用某个地址来唯一地识别一个大的网络（如互联网）中的计算机。IP层本身也包含一个地址用于识别传输层协议，如传输控制协议（Transmission Control Protocol，TCP）和用户数据报协议（User Datagram Protocol，UDP）等。TCP层使用一个地址来识别正在网络中运行的应用程序，称其为端口号。这样就使多个应用程序共享同一个网络，而且，同一个应用程序的多个副本也可以共享同一个网络。通常，应用程序也有一些地址由用户使用，用于访问不同的项目。例如，Web页面上的

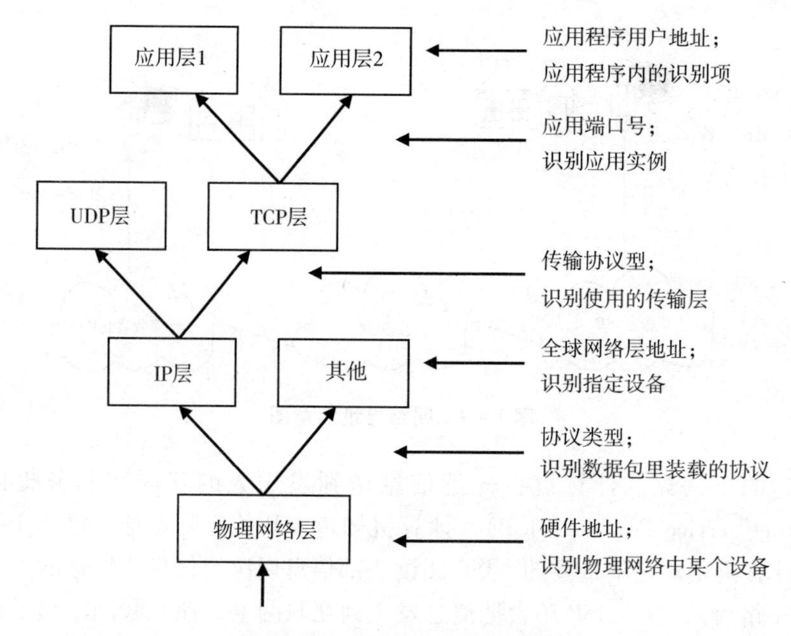

图1－10　协议层地址的示意图

URL，实际上是一个用于识别将要访问的数据项的地址。另外，不同的设备也有不同的名字，这些名字也用来作为地址。

从网络安全的角度讲，可以看到这些地址都可能被攻击者使用而引发安全问题。另一个要随后讨论的问题是，地址不仅用来作为识别数据源和目标的方法，还可以用来作为给源和目标授权的方法，这可能会引发更大的安全问题。需要思考的一个问题是，这些地址是如何分配的，由谁分配？这些地址既可以分配为静态地址，作为系统配置的一部分；也可以分配为动态地址，由协议层提出请求，由地址服务器分配。这通常取决于协议层及地址的类型。

硬件地址一般是由硬件提供商分配的。例如，在以太网中，每个提供商都被赋予可以分配的某个地址范围，换句话说，提供商可以给每个网络控制器分配一个唯一的地址，这就确保了不会发生地址冲突。硬件控制器使用这个地址作为过滤器，只允许目标地址为这台设备的数据包通过。物理网络层使用地址发现协议，找到硬件目标地址。这个发现协议可能成为攻击源。

网络层（IP）地址既可以动态分配，也可以静态分配，这通常取决于由谁提供对互联网的访问。我们关注静态与动态 IP 地址是否隐含安全问题。首先考察由谁来分配 IP 地址，由于直接连接到互联网上的设备的 IP 地址必须是全球唯一的，因此它们是由IP地址授权机构分配的。从安全角度来看，这些分配的地址对于侦察和识别数据包的发送者是有用的。然而随后知道，一些黑客可以改变地址，以欺骗接收者。动态分配地址使得发送者与计算机绑定更加困难，但某些安全机制却依赖这种绑定。从全局安全角度考虑，只要分配了正确的地址，那么IP地址分配方法对系统安全是没什么影响的。发现目标地址的方法可以随应用变化。目标地址可以是硬件编码或配置到应用程序中。用户需要提供目标地址，应用程序也可以要求另一个应用程序提供地址。需要提及的有两个问题：一是如何知道目标是正确的目标；二是如果使用某个协议来决定目标地址，能信任它吗？

应用程序地址（端口号）分配比硬件地址分配或IP层地址分配更缺少控制。知道了目标计算机的地址，还需要知道计算机中应用程序的地址。地址分配有几种方法，一种是使用大家都知道的端口号，例如，大家都知道Web服务器的端口号为80。应用程序可以请求一个大家都知道的端口号上的服务，告诉它一个给定程序的端口号，或把端口号配置到应用程序中。应用程序地址的分配没有太多的安全问题，最大的安全问题是应用程序是如何被授权的。

正如使用互联网的用户都知道的，地址分配服务采用主机名编址，主机名是由一套注册官方机构分配的，这些官方机构的职责是维护名称分配。这些名称又通过一个称为域名服务（Domain Name Service，DNS）的协议与IP地址匹配。

1.2.3　协议头部

网络协议携带地址信息及使协议起作用的信息，封装在每个数据包的头部，头部定义为协议规范的一部分。根据需求，头部由两部分组成：固定数据包型和无限制数据包型。当数据以数据包的形式传输时，头部常常附加在数据包的前部，在有些情况下，也可以附加在数据包的末端，通常称为尾部。如图1-11所示是典型的数据包的头部和尾部。头部由两部分构成：固定部分和可选部分（或可变部分）。固定部分包含了每个数据包都需要处理的信息，如地址及控制信息等。可选部分包含的信息常常作为前几个数据包的一部分，用来协调一组通信需要的参数。为了加快数据包的处理，这个域的长度通常是固定大小的。协议层可以独立于其他部分去检查头部的任何部分，例如，在不必分析头部其他任何信息的情况下，检查地址域就可以确定数据包的目标是否是指定的协议层。数据包的载荷部分包含从上一层传递过来的数据。在控制数据包中是不含载荷的。

固定项	可选项	载荷项	尾部项

固定项：

· 地址（协议层地址和载荷类型）

· 载荷数据

· 控制数据

· 头部数据

可选项：

· 扩充固定项数据

· 可选项控制数据

· 可选项载荷控制数据

载荷项：

内容与头部无关

尾部项：

可选域，常常用于出错控制

图 1－11　数据包的头部与尾部

固定格式数据包头部是一种数据包头部，它所在的域的位置与大小都是固定的。可变头部是一种数据不是固定格式的头部，因此必须解释头部。数据包载荷就是数据包的数据部分，这里的数据是指收到的信息或发送到上层的信息。无限制型头部常常出现在应用层，此时数据流是数据串，而不是一系列数据包。无限制型头部分析起来较复杂，也存在无结尾号的可能性，因此可以产生复杂的应用协议。如图 1－12 所示为一个无限制型头部的例子，可以看出，无限制型头部也不是完全无限制的。它按照某种结构和一套规则来标明头部的结构。

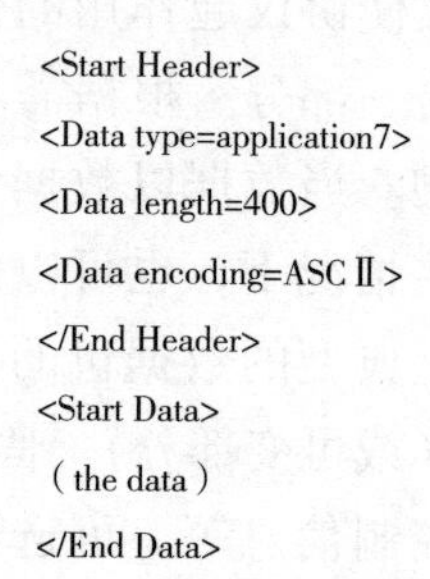
<Start Header>
<Data type=application7>
<Data length=400>
<Data encoding=ASCⅡ>
</End Header>
<Start Data>
（the data）
</End Data>

图 1－12　无限制型头部

从安全的角度来讲，两种头部类型会遭受同样类型的进攻。

1.3　网络信息安全概述

网络信息安全是网络健康发展的重要方面，本节主要介绍网络信息的特性、网络信息安全的技术演进、网络信息安全的技术保障、网络信息安全的物理保障四个方面，让读者对网络信息安全有一个较为全面的认识。

1.3.1　网络信息的特性

“信息”是一个广泛的概念，不仅包括计算机文件系统或数据库系统中存储的各种数据、正文、图形、图像、声音等形式的多媒体数据文件、软件或各种文档资料，也包括存放或管理这些信息的硬件信息，如计算机硬件及其网络地址、网络结构、网络服务等都属于本书中所涉及的“信息”。尽管在许多文献中都大量引用“数据”与“信息”两个术语，却没有一个被公认的对数据与信息下的定义。我们不对信息与数据加以区分，信息安全与数据安全是指同一个概念。在字典中，“安全”一词是指“远离危险、威胁的状态或特性”和“为防范间谍活动或恶意破坏、犯罪、攻击等而采取的措施”。信息安全则是指防止任何对数据进行未授权访问的措施，或者防止造成信息泄露、破坏、丢失等问题的发生，让数据处于远离危险、免于威胁的状态。

1. 网络信息安全的必须性

计算机网络信息系统安全的必须性主要表现在四个方面：保密性、完整性、可用性和不可否认性。

（1）保密性表示对信息资源开放范围的控制，不让不应涉密的人涉及秘密信息。实现保密性的方法一般是对信息进行加密、对信息划分密级，并为访问者分配访问权限，系统根据用户的身份权限控制对不同密级信息的访问。除了考虑数据加密、访问控制外，还要考虑计算机电磁泄漏可能造成的信息泄露。

（2）完整性是指保证计算机系统中的信息处于“保持完整或一种未受损的状态”，任何对系统信息应有特性或状态的中断、窃取、篡改或伪造都是破坏系统信息完整性的行为。其中中断是指在某一段时间内因系统的软、硬件的故障或恶意的破坏、删除造成系统信息的受损、丢失或不可利用；窃取是指系统的信息被未经授权的访问者非法获取，造成信息不应有的泄露，使得信息的价值受到损失或者失去了存在的意义；篡改是指故意更改正确的数据，破坏了数据的真实性状态；伪造是指恶意的未经授权者，故意在系统信息中添加假信息，造成真假信息难辨，破坏了信息的可信性。

（3）可用性是指合法用户在需要的时候，可以正确使用所需的信息而不遭服务拒绝。系统为了控制非法访问可以采取许多安全措施，但系统不应该阻止合法用户对系统中信息的利用。信息的可用性与保密性之间存在一定的矛盾。

（4）不可否认性是指网络信息系统应该提供适当机制保证，使发送方不能否认已发送的信息，使接收方不能否认已接收的信息。这种不可否认性质是电子商务、电子政务等领域中不可或缺的安全性要求。

2. 网络信息安全的层级性

为了确保网络信息安全，必须考虑每一个层级可能的信息泄露或所受到的安全威胁。因此，从以下几个层级分析网络信息安全问题：计算机硬件与环境安全、操作系统安全、计算机网络安全、数据库系统安全和应用系统安全。

（1）计算机硬件安全主要介绍计算机硬件防信息泄露的各种措施，其中包括防复制技术、敏感数据的硬件隔离技术、硬件用户认证技术、防硬件电磁辐射技术和计算机运行环境安全问题。

（2）操作系统安全主要介绍操作系统的各种安全机制，其中包括各种安全措施、访问控制和认证技术；可信操作系统的评价准则；操作系统的安全模型和可信操作系统的设计方法，其中有单级模型、多级安全性的格模型和信息流模型。操作系统的安全模型主要研究如何监管主体（用户、应用程序、进程等）集合对客体（用户信息、文件、目录、内存、设备等）集合的访问，客体也称为目存或对象。

（3）计算机网络安全主要介绍与网络功能有关的各种安全问题，如传输信息加密、访问控制问题、用户鉴别问题、节点安全问题、信息流量控制、局域网安全问题、网络多级安全等问题，还要介绍 ISO 的网络安全框架和目前正在发展的各种网络安全增强技术。

（4）数据库系统安全主要介绍数据库的完整性、元素的完整性、可审计性、访问控制、用户认证、可利用性、保密性等问题，还要介绍数据库安全的难点问题——敏感数据的泄露与防范。

（5）应用系统安全主要介绍应用系统可能受到的程序攻击、因编程不当引起敏感信息开放的问题、隐蔽信道问题、导致服务拒绝的原因、开发安全的应用系统的方法、操作系统对应用系统的安全控制与软件配置管理等内容。

3. 网络信息对抗的阶段性

信息安全与信息对抗的方法与手段是密切相关的，熟悉信息对抗的特点对信息安全有很大帮助。信息的生命期是指信息从产生到消亡的整个过程，可以划分若干个阶段：信息获取、信息传输、信息储存、决策处理、信息作用、信息废弃等。任何主体要想达到某种目的，比如某公司希望到某国开拓市场，那么首先应该派人到该国了解市场的需求信息，这叫信息获取；这些信息通过无线与有线信道传输到国内公司的计算机系统中并存储到数据库中，经历了信息传输和信息存储两个阶段，当然在数据库中还存放着该公司的生产能力、销售网络、成本核算等信息；为了决策是否到国外开拓市场，需要利用决策软件对信息进行处理和做出相应的决策；信息作用则是把决策信息返回给前端的执行机构，由执行机构实现决策的意图。信息一般都具有时效性，过了某个时效后，信息也就失去了作用，失去效用的信息应该及时废弃。信息的时效可以根据需要决定，为了留作历史资料，需要对一些信息做长时间的存储保留。

利益冲突的双方进行的信息对抗遍布信息生命期的每个阶段，而且在不同的阶段采取不同的对抗形式。在信息获取阶段，对抗的一方需要获取对方真实完整的信息，而另一方则可以通过各种手段，如伪装、欺骗的方法使对方不能获取所需要的信息。在信息传输阶段，对抗的一方要设法让信息正确传输到目的地，而另一方则通过截获、弄假、干扰等手段妨碍信息的正确传输。在信息的存储阶段，对抗的双方围绕信息的完整性和保密性展开争斗。决策处理阶段的信息对抗体现为双方信息处理与决策支持系统之间的对抗。在信息作用阶段的信息对抗则体现为对双方信息执行机构控制权的争夺。网络黑客对信息的攻击一般都集中在信息的传输、存储和决策处理三个阶段。要针对不同阶段中信息所处的不同状态来研究不同的对抗手段。

1.3.2 网络信息安全的技术演进

信息安全的最根本属性是防御性的，主要目的是防止己方信息的完整性、保密性与可用性遭到破坏。信息安全的概念与技术是随着人们的需求、计算机、通信与网络等信息技术的发展而不断发展的，大体可以分为单机系统信息安全、网络信息安全和信息保障三个阶段。

1. 单机系统的信息安全阶段

几千年前，人类就会使用加密的办法传递信息。在1988年莫里斯“蠕虫”事件发生以前，信息安全技术的研究成果主要有两类：一类是发展各种密码算法及其应用，另一类是计算机信息系统保密性模型和安全评价准则。主要开发的密码算法有：1977年美国国家标准局采纳的分组加密算法DES（数据加密标准）；双密钥的公开密钥体制RSA，该体制是根据1976年Diffie、Hellman在“密码学新方向”这篇开创性论文中提出来的思想由Rivest、Shamir、Adleman三人创造；1985年N. koblitz和V. Miller提出了椭圆曲线离散对数密码体制（ECC），该体制的优点是可以利用更小规模的软件、硬件实现有限域上同类体制的相同安全性；另外，还创造出一批用于实现数据完整性和数字签名的杂凑函数，如数字指纹、消息摘要、安全杂凑算法（SHA——用于数字签名的标准算法）等。

为了验证与评价计算机信息系统的安全性，在20世纪七八十年代，人们研究出了一批信息系统安全模型和安全性评价准则，主要有以下几种：访问矩阵模型，这是一种最基本的访问控制模型；多级安全模型，包括军用安全模型、基于信息保密性的Bell - La Padula信息流模型与基于信息完整性的Biba信息流模型；一些用于理论研究的抽象安全模型，如Graham - Denning（GD）模型、对GD模型的修正模型——HRU模型和Take - Grant保护系统（TGS）等。1985年，美国国防部推出了可信计算机系统评价准则TCSEC，该标准是信息安全领域中的重要创举，也为后来的英、法、德、荷四国联合提出的包含保密性、完整性和可用性概念的“信息技术安全评价准则”（ITSEC）及“信息技术安全评价通用准则”（CC for ITSEC）的制订打下了基础。

2. 网络信息安全防护阶段

1988年11月3日，莫里斯“蠕虫”造成Internet几千台计算机瘫痪的严重网络攻击事件，引起了人们对网络信息安全的关注与研究，并于1989年成立了计算机紧急事件处理小组（CERT）负责解决Internet的安全问题，从而开创了网络信息安全的新阶段。在该阶段中，除了采用和研究各种加密技术外，还开发了许多针对网络环境的信息安全与防护技术，这些防护技术是以被动防御为特征的。具体如下：

（1）安全漏洞扫描器。用于检测网络信息系统存在的各种漏洞，并提供相应的解决方案。

（2）安全路由器。在普通路由器的基础上增加更强的安全性过滤规则，增加认证与防瘫痪性攻击的各种措施。安全路由器发挥在网络层与传输层的报文过滤。

（3）防火墙。在内部网与外部网的入口处安装的堡垒主机，在应用层利用代理功能实现对信息流的过滤功能。

（4）入侵检测系统（IDS）。根据已知的各种入侵行为的模式判断网络是否遭到入侵的一类系统，IDS 一般也同时具备预警、审计和简单的防御功能。

（5）各种防网络攻击技术。其中包括网络防病毒、防木马、防口令破解、防非授权访问等技术。

（6）网络监控与审计系统。监控内部网络中的各种访问信息流，并对指定条件的事件做审计记录。

当然在这个阶段中还开发了许多网络加密、认证、数字签名的算法和信息系统安全评价准则（如 CC 通用评价准则）。这一阶段的主要特征是对自己部门的网络采用各种被动的防御措施与技术，目的是防止内部网络受到攻击，保护内部网络的信息安全。

3. 网络信息安全保障阶段

信息安全保障的概念与思想是美国国防部在 20 世纪 90 年代末提出来的，由于该思想的基本完善是在 2000 年的下半年，因此信息保障阶段可以大致认为是从 21 世纪初开始的。下面介绍信息保障阶段的主要内容。

（1）网络信息安全保障与纵深防御。

1）网络信息安全保障。信息保障（Information Assurance，IA）这一概念最初是美国国防部长办公室提出来的，后被写入命令 *DoD Directive* S－3600.1：*Information Operation* 中，在 1996 年 12 月 9 日以国防部的名义发表。在这个命令中信息保障被定义为：通过确保信息和信息系统的可用性、完整性、可验证性、保密性和不可抵赖性来保护信息系统的正常运转，包括综合利用保护、探测和反应能力以恢复系统的功能。1998 年 1 月 30 日美同国防部批准发布了《国防部信息保障纲要》（DI－AP），认为信息保障工作是持续不间断的，它贯穿于平时、危机、冲突及战争期间的全时域。信息保障不仅能支持战争时期的国防信息攻防，而且能够满足和平时期国家信息的安全需求。

1998 年 5 月美国公布了由国家安全局 NSA 起草的 1.0 版本《信息保障技术框架》（IATF），在 1999 年 8 月 31 日 IATF 论坛发布了 IATF 2.0 版本，2000 年 9 月 22 日又推出了 IATF 3.0 版本。遵循 IATF 3.0 中定义的原则，就可以对信息基础设施做到多重保护，这称为“纵深防卫策略”（Defense－

in - Depth Strategy，DiD)，其内涵已经超出了传统的信息安全保密，而是保护（Protection)、检测（Detection)、反应（Reaction)、恢复（Restore）的有机结合，这就是所谓的 PDRR 模型。根据 PDRR 模型的含义，信息保障阶段不仅包含安全防护的概念，更重要的是增加了主动的和积极的防御观念。

信息保障（IA）依赖于人、技术及运作三者去完成使命（任务)，还需要掌握技术与信息基础设施。要获得健壮的信息保障状态，需要通过组织机构信息基础设施的所有层次的协议去实现政策、程序与技术。IATF 主要包含：说明 IATF 的目的与作用（帮助用户确定信息安全需求和实现他们的需求)；说明信息基础设施及其边界、IA 框架的范围及威胁的分类和纵深防御策略 DiD 的深入介绍；信息系统的安全工程过程（ISSE）的主要内容；各种网络威胁与攻击的反制技术或反措施；信息基础设施、计算环境与飞地的防御；信息基础设施的支撑（如密钥管理/公钥管理，KMI/PKI)、检测与响应以及战术环境下的信息保障问题。

下面简要介绍 IA 框架的区域划分和纵深防御的目标、ISSE 的主要内容和信息安全技术的反制措施。信息基础设施的要素包括网络连接设施和各单位内部包括局域网在内的计算设施。网络连接设施包括由传输服务提供商 TSP 提供的专用网（其中还可能包括密网)、公众网（Internet）和通过 Internet 服务提供商 ISP 提供信息服务的公用电话网与移动电话网。IA 框架是建立在上述信息基础设施之上的。IA 划分为四类区域。

一是本地计算环境：包括服务器、客户机以及安装在它们上面的应用软件。应用软件包括那些提供调度、时间管理、打印、字处理和目录服务等功能的软件，为用户提供信息处理的平台。

二是飞地边界：是指围绕本地计算环境的边界。受控于单个的安全策略，并通过局域网互联的本地计算设备的一个集合称为一个“飞地”（enclave)。由于针对不同类型和不同级别的信息的安全策略是不同的，所以单个的物理设施会有多个飞地。对一个飞地内设备的本地和远程访问必须满足该飞地的安全策略。飞地分为与内部网连接的内部飞地与专用网连接的专用飞地以及与 Internet 连接的公众飞地。

三是网络及其基础设施：提供了飞地之间的连接能力，包括可运作区域网络（Operational Area Networks，OAN)、城域网（MAN)、校园网（CAN）和局域网（LAN)，其中也包括专用网、Internet 和公用电话网及它们的基础设施。

四是基础设施的支撑：提供了能应用信息保障机制的基础设施。支撑基础设施为网络、终端用户工作站、Web 服务器、文件服务器等提供了安全服务：在 IATF 中，支撑基础设施主要包括两个方面：一是密钥管理基础设施（KMI），包括公开密钥基础设施（PKI）；二是检测与响应基础设施。

2）网络信息安全纵深防御。IATF 的一个突出的贡献就是提出了纵深防御的概念。纵深防御是一种安全策略，用来获得高效的信息保障态势。纵深防御策略的基本原则可以适用于任何的信息系统，而不管它是属于何种机构的。从本质上说，信息保障依赖于人、技术及操作三者去完成任务并掌握技术及信息的基础设施，即人在技术的支持下去执行操作从而对信息系统进行保障。

纵深防御的策略包括对人、技术和操作三个因素的要求与控制。

一是人的因素：包括培训、了解、物理安全、人员安全、系统安全和行政管理等内容。

二是技术因素：包括纵深防御技术、框架的四个领域、安全准则、IT/IA 采购、风险评估和确证与认可。

三是操作因素：包括评估、监视、入侵检测、告警、应急响应和系统恢复。

纵深防御的目标就是要解决 IA 框架中四个领域中目标的防御问题。首先根据用户计算信息安全性等级的高低，将用户计算环境划分为绝密飞地、机密飞地、秘密飞地、无密飞地和公共飞地非敏感区等区域，然后分别为这些飞地提供相应安全等级的网络信道。对于飞地的边界要增设防卫，如防火墙、路由器过滤等。对于远程用户需要采取远程接入防护措施，如通信服务的安全性和加密等。在整个基础设施中要采用密钥管理/公钥管理（KMI/PKI），要坚持检测，以便及时发现入侵，并能及时进行应急响应与处理，确保信息基础设施的随时安全。

（2）网络信息安全保障工程与反制措施。

1）网络信息安全保障工程（ISSE）。ISSE 主要告知人们如何根据系统工程的原则构建安全信息系统的方法、步骤与任务。系统工程主要包括以下步骤与任务。

首先是发现需求，主要包括的任务：一是使命/业务的描述，使命是指一个单位所担负的特定任务，由任务可以划分为功能；二是有关政策方面的考虑。例如，国家或军队的信息管理要求；原始与历史资源的管理要求；与 C3I 系统的兼容性、互操作与集成要求等。

其次是系统功能的定义。①目标：确定系统的功能及与外部的接口，并转换成工程图的定义、接口与系统的边界；②系统的上下文环境：包括系统的物理及逻辑边界、连接到系统的输入和输出的特点，还应标明支持用户完成使命所需的信息处理类型（交互通信、广播通信、信息存储、一般访问、受限访问等）；③要求：描述任务、行动及完成系统需求的活动等。

再次是系统的设计，主要包括：功能分配；概要设计；详细设计。另外还有系统的实现，主要包括：获得一切必要的资源，包括通过采办手段；按照需求构建系统；系统测试；评估性能。

最后是ISSE过程。ISSE作为上述系统工程过程的一个子过程，其重点是对信息保护方面的需求，从理论上讲它是与上述系统工程平行出现的，分布在各个阶段。ISSE的活动包括：一是描述信息保护的需求；二是基于前述系统工程过程，形成信息安全方面的要求（安全要适度）；三是根据这些要求构建功能性的信息安全体系结构；四是把信息保护功能分配给物理体系结构及逻辑体系结构。五是在系统设计中实现信息保护体系结构。六是实现适度安全，在费用、进度及运作合适度与有效度的总体范围内平衡信息保护风险管理及ISSE的其他方面的考虑。七是参与和其他信息保护及系统工程条令有关平衡、折中的研究以及使命、威胁、政策对信息保护要求的影响。

2）网络信息安全反制措施。反制措施是一种防御网络攻击的专门技术、产品或程序。在有效的安全总体解决方案中，不管技术的还是非技术的反制措施都是非常重要的。但制订合适的技术反制措施需要遵循一些原则，其中包括对各种威胁、互操作性框架、KMI/PKI的评估。

敌对方信息攻击的方式可以归纳为三大类：非法访问、非法修改和阻止提供合法服务。安全总体解决方案就是为了不让敌方达到他们的目的。己方网络需要提供5种基本安全服务：访问控制、保密性、完整性、可用性及不可否认性。这些安全服务需要利用以下安全机制完成：加密、鉴别或识别、认证、访问控制、安全管理及可信赖技术，这些机制综合到一起可以构成防止攻击的壁垒。

美国社会高度依赖信息，投入巨额经费研究信息安全的新技术，发展出许多信息安全的新概念。“信息保障”概念就是这类新概念之一。随着我国现代化建设的进展，我国党、政、军、企各部门对信息的依赖程度越来越高，各单位领导对信息安全问题也越来越重视。美国对信息安全的新理论，如信息保障技术框架是值得我国参考与借鉴的。我们应该研究这些新概念与新理论，并结合我国的情况，提出符合我国国情的信息保障技术框架，作为指导我国各部门信息安全建设的参考。

1.3.3　网络信息安全的技术保障

信息安全是一门涉及计算机科学、网络技术、通信技术、密码技术、信息安全技术、应用数学、数论、信息论等多种学科的综合性学科。从广义来说，凡是涉及网络上信息的保密性、完整性、可用性、真实性和可控性的相关技术和理论都属于信息安全的研究领域。如今，基于网络的信息安全技术也是未来信息安全技术发展的重要方向。由于因特网（Internet）是一个全开放的信息系统，窃密和反窃密、破坏与反破坏广泛存在于个人、集团甚至国家之间，资源共享和信息安全一直作为一对矛盾体而存在着，网络资源共享的进一步加强以及随之而来的信息安全问题也日益突出。

1. 网络信息安全的技术目标

无论是在计算机上存储、处理和应用，还是在通信网络上传输，信息都可能被非授权访问而导致泄密，被篡改破坏而导致不完整，被冒充替换而导致否认，也有可能被阻塞拦截而导致无法存取。这些破坏可能是有意的，如黑客攻击、病毒感染；也可能是无意的，如误操作、程序错误等。因此，普遍认为，信息安全的目标应该是保护信息的机密性、完整性、可用性、可控性和不可抵赖性（即信息安全的五大特性）。

（1）机密性。机密性是指保证信息不被非授权访问，即使非授权用户得到信息也无法知晓信息的内容，因而不能使用。

（2）完整性。完整性是指维护信息的一致性，即在信息生成、传输、存储和使用过程中不发生人为或非人为的非授权篡改。

（3）可用性。可用性是指授权用户在需要时能不受其他因素的影响，方便地使用所需信息。这一目标对信息系统的总体可靠性要求较高。

（4）可控性。可控性是指信息在整个生命周期内部可对合法拥有者加以安全地控制。

（5）不可抵赖性。不可抵赖性是指保障用户无法在事后否认曾经对信息进行的生成、签发、接收等行为。

事实上，安全是一种意识、一个过程，而不仅仅是某种技术。进入21世纪后，信息安全的理念发生了重大的变化，从不惜一切代价把入侵者阻挡在系统之外的防御思想，开始转变为预防—检测—攻击响应—恢复相结合的思想，出现了PDRR（Protect/Detect/React/Restore）等网络动态防御体系模型。

PDRR倡导一种综合的安全解决方法，即针对信息的生存周期，以

“信息保障”模型作为信息安全的目标，以信息的保护技术、信息使用中的检测技术、信息受影响或攻击时的响应技术和受损后的恢复技术作为系统模型的主要组成元素。在设计信息系统的安全方案时，综合使用多种技术和方法，以取得系统整体的安全性。PDRR 模型强调的是自动故障恢复能力，把信息的安全保护作为基础，将保护视为活动过程，用检测手段来发现安全漏洞，及时更正；同时采用应急响应措施对付各种入侵；在系统被入侵后，采取相应的措施将系统恢复到正常状态，使信息的安全得到全方位的保障。

2. 网络信息安全的技术走向

网络信息安全的技术发展主要呈现四大走向，即可信化、网络化、标准化和集成化。

（1）可信化。可信化是指从传统计算机安全理念过渡到以可信计算理念为核心的计算机安全。面对愈演愈烈的计算机安全问题，传统安全理念很难有所突破，而可信计算的主要思想是在硬件平台上引入安全芯片，从而将部分或整个计算平台变为“可信”的计算平台。目前，主要研究和探索的问题包括基于 TCP 的访问控制、基于 TCP 的安全操作系统、基于 TCP 的安全中间件、基于 TCP 的安全应用等。

（2）网络化。由网络应用和普及引发的技术和应用模式的变革，正在进一步推动信息安全关键技术的创新发展，并引发新技术和应用模式的出现。如安全中间件、安全管理与安全监控等都是网络化发展所带来的必然发展方向。网络病毒、垃圾信息防范、网络可生存性、网络信任等都是需要继续研究的领域。

（3）标准化。安全技术要走向国际，也要走向实际应用，政府、产业界和学术界等必将更加高度重视信息安全标准的研究与制订，如密码算法类标准（如加密算法、签名算法、密码算法接口）、安全认证与授权类标准（如 PKI、PMI、生物认证）、安全评估类标准（如安全评估准则、方法、规范）、系统与网络类安全标准（如安全体系结构、安全操作系统、安全数据库、安全路由器、可信算平台）、安全管理类标准（如防信息泄露、质量保证、机房设计）等。

（4）集成化。集成化即从单一功能的信息安全技术与产品，向多种功能融于某一个产品，或者是几个功能相结合的集成化产品发展。安全产品呈硬件化/芯片化发展趋势，这将带来更高的安全度与更高的运算速率，也需要发展更灵活的安全芯片的实现技术，特别是密码芯片的物理防护机制。

3. 网络信息安全的技术模式

目前，网络信息安全的技术模式归纳起来主要有以下几种。

（1）无安全防卫。在因特网应用初期多数采取此方式，安全防卫上不采取任何措施，只使用随机提供的简单安全防卫措施。然而这种方法是不可取的。

（2）模糊安全防卫。采用这种方式的网站总认为自己的站点规模小，对外无足轻重，没人知道；即使知道，黑客也不会对其进行攻击。事实上，许多入侵者并不是瞄准特定目标，只是想闯入尽可能多的机器，虽然它们不会永远驻留在你的站点上，但它们为了掩盖闯入网站的证据，常常会对网站的有关内容进行破坏，从而给网站带来重大损失。为此，各个站点一般要进行必要的登记注册。这样一旦有人使用服务时，提供服务的人知道它从哪来，但是这种站点防卫信息很容易被发现，如登记时会有站点的软、硬件以及所用操作系统的信息，黑客就能从这里发现安全漏洞，同样在站点与其他站点连机或向别人发送信息时也很容易被入侵者获得有关信息，因此这种模糊安全防卫方式也是不可取的。

（3）主机安全防卫。这可能是最常用的一种防卫方式，即每个用户对自己的机器加强安全防卫，尽可能地避免那些已知的可能影响特定主机安全的问题，这是主机安全防卫的本质。主机安全防卫对小型网站是很合适的，但是由于环境的复杂性和多样性，如操作系统的版本不同、配置不同、不同的服务和不同的子系统等都会带来各种安全问题。即使这些安全问题都解决了，主机防卫还要受到软件本身缺陷的影响，有时也缺少有合适功能和安全保障的软件。

（4）网络安全防卫。这是目前因特网中各网站所采取的安全防卫方式，包括建立防火墙来保护内部系统和网络、运用各种可靠的认证手段（如一次性密码等），对敏感数据在网络上传输时，采用密码保护的方式进行。

4. 网络信息安全的技术方式

网络信息安全主要是通过计算机安全技术、防火墙技术、信息确认技术、密匙安全技术、病毒防范技术等方式来保证网络中各种信息的安全。

（1）计算机安全技术。

1）操作系统是计算机和网络中的工作平台，在选用操作系统时应注意软件工具齐全和丰富、缩放性强等因素，如果有很多版本可供选择，应选用户群最少的版本，这样使入侵者用各种方法攻击计算机的可能性减少，另外还要有较高访问控制和系统设计等安全功能。

2）容错技术。尽量使计算机具有较强的容错能力，如组件全冗余、没有单点硬件失效、动态系统域、动态重组、错误校正互连；通过错误校正码和奇偶检验的结合保护数据和地址总线；在线增减域或更换系统组件，创建或删除系统域而不干扰系统应用的进行，也可以采取双机备份同步检验方式，保证网络系统在一个系统由于意外而崩溃时，计算机进行自动切换以确保正常运转，保证各项数据信息的完整性和一致性。

（2）防火墙技术。这是一种有效的网络安全机制，用于确定哪些内部服务允许外部访问以及允许哪些外部服务访问内部服务。其准则是：一切未被允许的就是禁止的；一切未被禁止的就是允许的。防火墙有下列几种类型。

1）包过滤技术。通常安装在路由器上，对数据进行选择，它以 IP 包信息为基础，对 IP 源地址、IP 目标地址、封装协议（如 TCP/UDP/ICMP/IP tunnel）、端口号等进行筛选，在 OSI 协议的网络层进行。

2）代理服务技术。通常由两部分构成：服务端程序和客户端程序。客户端程序与中间节点（Proxy Server）连接，中间节点与要访问的外部服务器实际连接，与包过滤防火墙的不同之处在于内部网和外部网之间不存在直接连接，同时提供审计和日志服务。

3）复合型技术。把包过滤和代理服务两种方法结合起来，可形成新的防火墙，所用主机称为堡垒主机，负责提供代理服务。

4）审计技术。通过对网络上发生的各种访问过程进行记录和产生日志，并对日志进行统计分析，从而对资源使用情况进行分析，对异常现象进行追踪监视。

5）路由器加密技术。加密路由器通过对路由器的信息流进行加密和压缩，然后通过外部网络传输到目的端进行解压缩和解密。

（3）信息确认技术。安全系统的建立依赖于系统用户之间存在的各种信任关系，目前在安全解决方案中多采用两种确认方式：一种是第三方信任；另一种是直接信任，以防止信息被非法窃取或伪造。可靠的信息确认技术应具有：身份合法的用户可以检验所接收的信息是否真实可靠，并且十分清楚发送方是谁；发送信息者必须是合法身份用户，任何人不可能冒名顶替伪造信息；出现异常时，可以认证系统进行处理。目前，信息确认技术已较成熟，如信息认证、用户认证和密钥认证、数字签名等，为信息安全提供了可靠保障。

（4）密钥安全技术。网络安全中的加密技术种类繁多，它是保障信息安全最关键和最基本的技术手段和理论基础，常用的加密技术分为软件加密和硬件加密。信息加密的方法有对称密钥加密和非对称加密，两种方法各有所长。

1）对称密钥加密。在此方法中，加密和解密使用同样的密钥，目前广泛采用的密钥加密标准是DES算法，其优势在于加密解密速度快、算法易实现、安全性好，缺点是密钥长度短、密码空间小，“穷举”方式进攻的代价小，它的机制就是采取初始置换、密钥生成、乘积变换、逆初始置换等几个环节。

2）非对称密钥加密。在此方法中加密和解密使用不同密钥，即公开密钥和秘密密钥，公开密钥用于机密性信息的加密；秘密密钥用于对加密信息的解密。一般采用RSA算法，优点在于易实现密钥管理，便于数字签名。不足是算法较复杂，加密、解密花费时间长。

在安全防范的实际应用中，尤其是信息量较大，网络结构复杂时，采取对称密钥加密技术，为了防范密钥受到各种形式的黑客攻击，如基于因特网的“联机运算”，即利用许多台计算机采用“穷举”方式进行计算来破译密码，密钥的长度越长越好。目前，一般密钥的长度为64位、1024位，实践证明它是安全的，同时也满足计算机的速度。2048位的密钥长度也已开始在某些软件中应用。

（5）病毒防范技术。计算机病毒实际上就是一种在计算机系统运行过程中能够实现传染和侵害计算机系统的功能程序。在系统穿透或违反授权攻击成功后，攻击者通常要在系统中植入一种能力，为攻击系统、网络提供方便。如向系统中渗入各类病毒，如蛀虫、特洛伊木马、逻辑炸弹；或通过窃听、冒充等方式来破坏系统正常工作。从因特网上下载软件和使用盗版软件是病毒的主要来源。针对病毒的严重性，我们应提高防范意识，做到所有软件必须经过严格审查，经过相应的控制程序后才能使用；采用防病毒软件，定时对系统中的所有工具软件、应用软件进行检测，防止各种病毒的入侵。

1.3.4　网络信息安全的物理保障

物理安全也称实体安全（Physical Security），是指包括环境、设备和记录介质在内的所有支持信息系统运行的硬件的总体安全，是信息系统安全、可靠、不间断运行的基本保证。

1. 与物理安全相关的国家标准

与物理安全相关的国家标准主要有以下几个：

（1）《电子计算机场地通用规范》（GB/T 2887—2011）。该标准由主题内容与适用范围、引用标准、术语、计算机场地技术要求等组成。

（2）《计算机场地安全要求》（GB/T 9361—2011）。该标准由中华人民共和国电子工业部批准并于 1988 年 10 月 1 日正式实施，该标准由适用范围、术语、计算机机房的安全分类、场地的选择、结构防火、计算机机房内部装修、计算机机房专用设备、火灾报警及消防设施、其他防护和安全管理共九个部分组成。

（3）《信息技术设备用不间断电源通用规范》（GB/T 14715—2017）。该标准主要针对 UPS 系统提出相关的技术测试要求，含输出电压、输出频率、电源效率、过载能力、备用时间及切换时间共六个项目的测试标准及方法。

（4）《电子计算机机房设计规范》（GB 50174—2016）。该标准是由原国家技术监督局和中华人民共和国建设部联合发布并于 1993 年 9 月 1 日正式实施。标准由总则、机房位置及设备布置、环境条件、建筑、空气调节、电气技术、给水排水、消防与安全共八章和两个附录组成。计算机机房建设至少应满足防火、防磁、防水、防盗、防电击、防虫害等要求，并配备相应的设备。

物理安全保护计算机设备、设施（网络及通信线路）免遭地震、水灾、火灾、有害气体和其他环境事故（如电磁污染等）破坏的措施和过程，主要考虑的问题是环境、场地和设备的安全及实体访问控制和应急处置计划等。物理安全主要包括环境安全、电源系统安全、设备安全和通信线路安全等，针对其技术也包括这几个方面。

2. 网络信息环境安全与保障技术

（1）环境安全。环境安全是对系统所在环境的安全保护，如区域保护和灾难保护等。计算机网络通信系统的运行环境应按照国家有关标准设计实施，应具备消防报警、安全照明、不间断供电、温湿度控制系统和防盗报警等，以保护系统免受水、火、有害气体、地震、静电等的危害。

（2）环境安全的保障技术。环境安全技术涵盖的范围很广泛，主要包括以下几个方面。

1）安全保卫技术措施，包括防盗报警、实时监控、安全门禁等。

2）计算机机房的温度、湿度等环境条件保持技术可以通过加装通风设备、排烟设备、专业空调设备来实现。

3）计算机机房的用电安全技术主要包括不同用途电源分离技术、电源和设备有效接地技术、电源过载保护技术和防雷击技术等。

4）计算机机房安全管理技术是指制订严格的计算机机房工作管理制

度，并要求所有进入机房的人员严格遵守管理制度，将制度落到实处。

计算机机房环境的安全等级可分为A、B和C三个基本类别。其中A类机房对计算机机房的安全有严格的要求，有完善的计算机机房安全措施；B类机房对计算机机房的安全有较严格的要求，有较完善的计算机机房安全措施；C类机房对计算机机房安全的基本要求，就是要有基本的计算机机房安全措施。

3. 网络信息电源系统安全与保障技术

（1）电源系统安全。电源系统安全是指电源在信息系统中占有重要地位，主要包括电力能源供应、输电线路安全、保持电源的稳定性等。

（2）电源系统安全的保障技术。电源系统安全包括供电系统安全、防静电措施和接地与防雷要求等。

1）供电系统安全。电源系统中电压的波动、浪涌电流和突然断电等意外情况的发生，可能引起计算机系统存储信息的丢失、存储设备的损坏等情况的发生。因此，电源系统的稳定可靠是计算机系统物理安全的一个重要组成部分，是计算机系统正常运行的先决条件。对机房安全供电做出了明确的要求。例如，将供电方式分为三类：一类供电，需要建立不间断供电系统；二类供电，需要建立带备用的供电系统；三类供电，按一般用户供电考虑。

电源系统安全不仅包括外部供电线路的安全，更重要的是指室内电源设备的安全。一方面是电力能源的可靠供应。为了确保电力能源的可靠供应，以防外部供电线路发生意外故障，必须有详细的应急预案和可靠的应急设备。应急设备主要包括：备用发电机、大容量蓄电池和UPS等。除了要求这些应急电源设备具有高可靠性外，还要求它们具有较高的自动化程度和良好的可管理性，以便在意外情况发生时可以保证电源的可靠供应。另一方面是电源对用电设备安全的潜在威胁。这种威胁包括脉动与噪声、电磁干扰等。电磁干扰会产生电磁兼容性问题，当电源的电磁干扰比较强时，其产生的电磁场就会影响到硬盘等磁性存储介质，久而久之就会使存储的数据受到损害。

2）防静电措施。不同物体间的相互摩擦、接触会产生能量不大但电压非常高的静电。如果静电不能及时释放，就可产生火花，容易造成火灾或损坏等意外事故。计算机系统的CPU、ROM、RAM等关键部件大都是采用MOS（Metal－Oxide－Semiconductor，金属—氧化物—半导体）工艺的大规模集成电路，对静电极为敏感，容易因静电而损坏。机房的内装修材料一般应避免使用挂毯、地毯等吸尘、容易产生静电的材料，而应采用乙烯材料。为了防静电，机房一般要安装防静电地板，并将地板和设备接地，以便将设备内积聚的静电迅速释放到大地（机房内的专用工作台或重要的操作台应有接地平板）。此外，工作人员的服装和鞋最好用低阻值的材料制作，机房内应保持一定湿度，特别是在干燥季节应适当增加空气湿度，以免因干燥而产生静电。

3）接地与防雷要求。接地与防雷是保护计算机网络系统和工作场所安全的重要安全措施。接地可以为计算机系统的数字电路提供一个稳定的0V参考电位，从而保证设备和人身的安全，同时也是防止电磁信息泄露的有效手段。机器设备应有专用地线，机房本身有避雷设施，包括通信设备和电源设备有防雷击的技术设施，机房的内部防雷主要采取屏蔽、等电位连接、合理布线或防闪器、过电压保护等技术措施以及拦截、屏蔽、均压、分流、接地等方法，机房的设备本身也应有避雷装置。

4. 网络信息设备安全与保障技术

（1）设备安全。要保证硬件设备随时处于良好的工作状态，就要建立健全的使用管理规章制度，建立设备运行日志。

（2）设备安全的保障技术。设备安全技术包括硬件设备的维护和管理、电磁兼容和电磁辐射的防护以及信息存储媒体的安全管理等内容。

1）硬件设备的维护和管理。计算机信息网络系统的硬件设备一般价格昂贵，一旦被损坏又不能及时修复，不仅会造成经济损失，而且可能导致整个系统瘫痪，产生严重的不良影响。因此，必须加强对计算机信息系统硬件设备的使用管理，坚持做好硬件设备的日常维护和保养工作。

2）电磁兼容和电磁辐射的防护。计算机网络系统的各种设备都属于电子设备，在工作时都不可避免地会向外辐射电磁波，同时也会受到其他电子设备的电磁波干扰，当电磁干扰达到一定的程度就会影响设备的正常工作。为保证计算机网络系统的物理安全，除在网络规划和场地、环境等方面进行防护之外，还要防止数据信息在空间扩散。为此，通常是在物理上采取一定的防护措施，以减少干扰扩散到空间的电磁信号。政府、军队、金融机构在构建信息中心时，电磁辐射防护将成为首先要解决的问题。

3）信息存储媒体的安全管理。计算机网络系统的信息要存储在某种媒体上，常用的存储媒体有磁盘、磁带、打印纸、光盘、闪存等。对存储媒体的安全管理主要包括以下方面。

一是存放有业务数据或程序的磁盘、磁带或光盘，应视同文字记录妥善保管。必须注意防磁、防潮、防火、防盗，必须垂直放置。

二是对硬盘上的数据要建立有效的级别、权限，并严格管理，必要时要对数据进行加密，以确保硬盘数据的安全。

三是存放业务数据或程序的磁盘、磁带或光盘，管理必须落实到人，并分类建立登记簿、记录编号、名称、用途、规格、制作日期、有效期、使用者、批准者等信息。

四是对存放有重要信息的磁盘、磁带、光盘，要备份两份并分两处保管。

五是打印有业务数据或程序的打印纸，要视同档案进行管理。

六是凡超过数据保存期的磁盘、磁带、光盘，必须经过特殊的数据清除处理。

七是凡不能正常记录数据的磁盘、磁带、光盘，必须经过测试确认后由专人进行销毁，并做好登记工作。

八是对需要长期保存的有效数据，应在磁盘、磁带、光盘的质量保证期内进行转储，转储时应确保内容正确。

5. 网络信息通信线路安全与保障技术

（1）通信线路安全。通信设备和通信线路的装置安装要稳固牢靠，具有一定对抗自然因素和人为因素破坏的能力，包括防止电磁信息的泄露、线路截获以及抗电磁干扰等。具体来说，物理安全包括以下主要内容。

1）计算机机房的场地、环境及各种因素对计算机设备的影响。

2）计算机机房的安全技术要求。

3）计算机的实体访问控制。

4）计算机设备及场地的防火与防水。

5）计算机系统的静电防护。

6）计算机设备及软件、数据的防盗、防破坏措施。

7）计算机中重要信息的磁介质的处理、存储和处理手续的有关问题。

（2）通信线路安全保障技术。尽管从网络通信线路上提取信息所需要的技术比直接从通信终端获取数据的技术要高几个数量级，但以目前的技术水平也是完全有可能实现的。用一种简单（但很昂贵）的高技术加压电缆，可以获得通信线路上的物理安全。应用这一技术，通信电缆被密封在塑料套管中，并在线缆的两端充气加压。线上连接了带有报警器的监视器，用来测量压力。如果压力下降，则意味电缆可能被破坏，技术人员还可以进一步检测出破坏点的位置，以便及时进行修复。加压电缆屏蔽在波纹铝钢丝网中，几乎没有电磁辐射，从而大大增强了通过通信线路窃听的难度。

光纤通信线被认为是不可搭线窃听的，其断破处的传输速率会变得极其缓慢而立即会被检测到。光纤没有电磁辐射，所以也不能用电磁感应窃密。但是，光纤通信对最大长度有限制，目前网络覆盖范围半径约100km，大于这一长度的光纤系统必须定期地放大（复制）信号。这就需要将信号转换成电脉冲，然后再恢复成光脉冲，继续通过另一条线路传送。完成这一操作的设备（复制器）是光纤通信系统的安全薄弱环节，因为信号可能在这一环节被搭线窃听。有两个办法可解决这一问题：其一是距离大于最大长度限制的系统之间，不采用光纤线通信；其二是加强复制器的安全，如采用加压电缆、警报系统和加强警卫等措施。

第2章　网络威胁

在计算机和网络中存在许多的网络威胁，其中有很多种网络漏洞和攻击类型。对其进行分类后，就可以将防护机制进行分组，以期单独的防护机制能够降低多个攻击。本章将从网络漏洞、常见的网络攻击方法以及常用的对策几个方面来进行具体的阐述。

2.1　网络漏洞

2.1.1　网络威胁模型的介绍

在讨论网络漏洞分类之前，需要先讨论一下网络威胁模型，攻击数据的分层模型如图2-1所示，网络安全性威胁模型如图2-2所示。从图中可以看出，信息是从下一层传送到上一层的。某一层收到的数据包作为它的输入送到某个程序中（层），输入被处理后，这个层就产生了输出，这个输出可以到上一层，或者到下一层，或者两者都有。而每个协议层都可以被认为是一个程序，它接收数据包形式的输入，并产生输出。攻击者也可以通过给受害的协议层发送数据包与该协议层进行交互。

从图2-2中可以看出在两台计算机进行通信时可能被攻击的点。攻击者可以位于两台计算机所处的任何一个网络中，如攻击点1和攻击点3。如图中所示情况，攻击者可以攻击一个计算机所处同一网络的任何层。另一个攻击点是攻击者取代目标计算机的位置，即攻击点4。

在图2-2中有几种可能的攻击和攻击点。如果攻击成功，说明协议或应用肯定是脆弱的。因此关于计算机和网络安全，在协议和应用的设计和实现中的漏洞和缺陷，正是攻击者所需要的，而试探就是攻击者利用漏洞的一种方法。图2-3给出了漏洞、试探、攻击实施和攻击之间的关系，从图中可以看出，漏洞可以出现在设计、实现和配置中。

在协议和应用设计中经常出现协议制定和书写上的漏洞。在某些情况下，规范本身的设计有缺陷，往往不能通过修改协议本身来减少因设计而

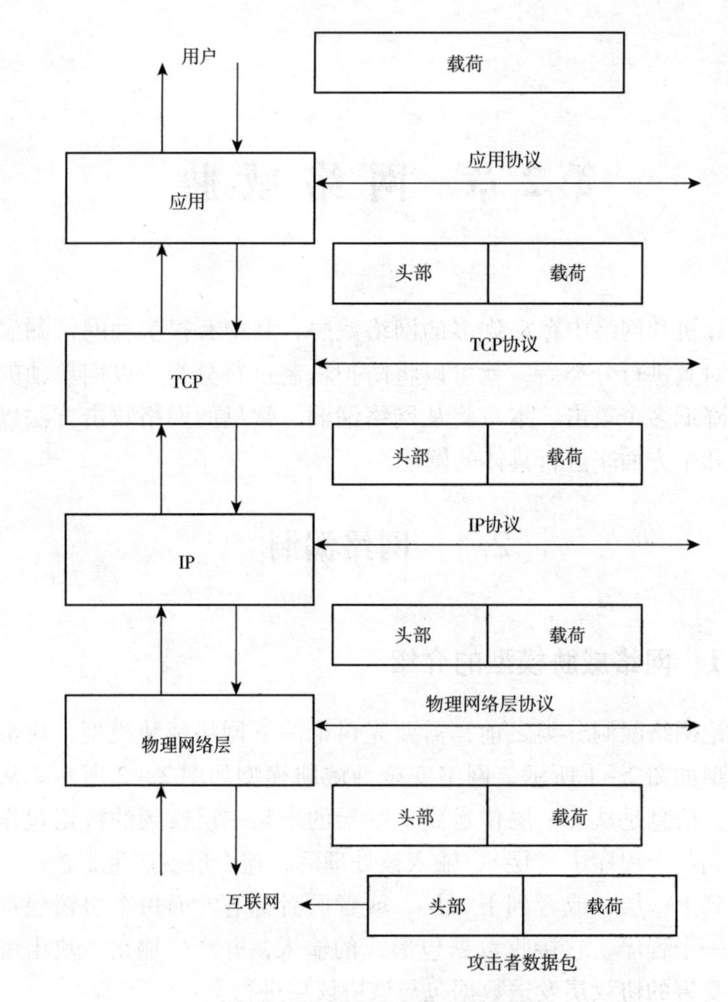

图 2－1　攻击数据的分层模型

产生的漏洞。因此修复应用中的设计漏洞，需要一种很难被攻击者利用的新应用模式。设计缺陷的出现只是因为对协议内存在的安全问题关注不够，而不是因为设计使协议安全出了问题。

实现漏洞是在协议或应用一经实现时就存在了。这种漏洞包括代码错误、解释错误和被攻击者发现的未预见的攻击方法。常见的情况有规范本身有冲突或漏洞，这取决于规范的哪一部分用于实现引入。实现漏洞很难被发现，但一经发现，修补是很容易的。

配置漏洞出现在用户不正确地配置系统，或使用系统默认值时。其中最常见的情况是验证问题，许多系统默认的密码常常与原来一致，不曾改变。

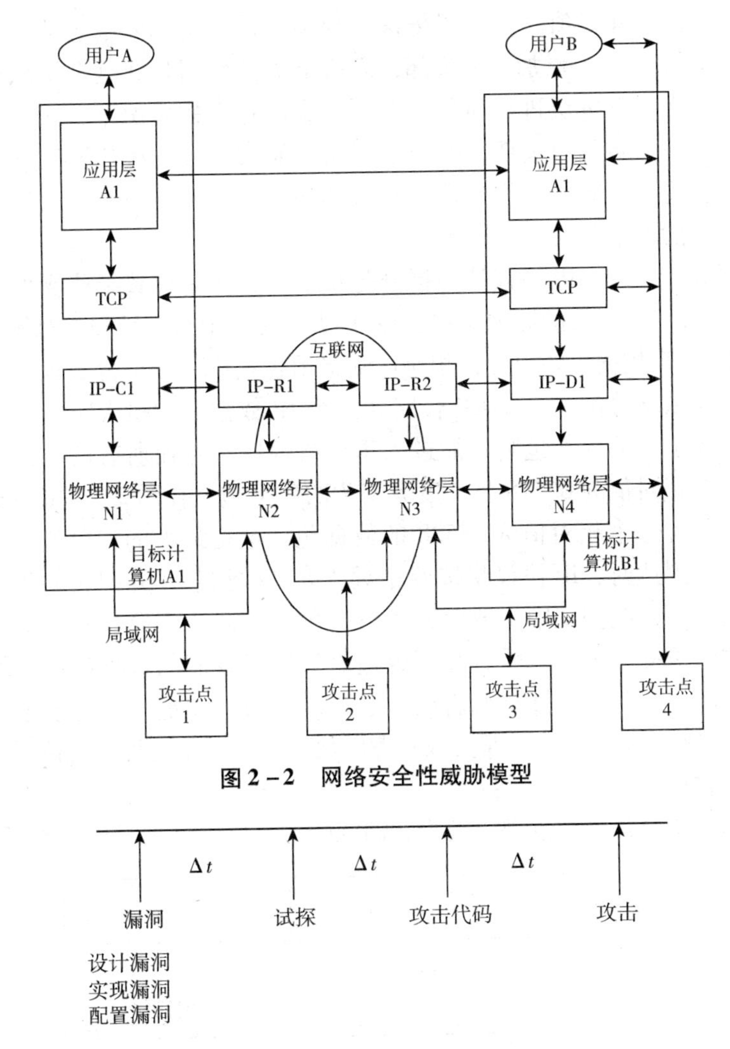

图 2－2　网络安全性威胁模型

图 2－3　漏洞、试探和攻击之间的关系

2.1.2　网络漏洞的分类

在计算机和网络中，对漏洞的分类有很多方法。由于漏洞可以出现在网络传输的任何层和任何协议中，所以可以将其分为四类：基于头部的漏洞、基于协议的漏洞、基于验证的漏洞和基于流量的漏洞。

1. 基于头部的漏洞

基于头部的漏洞是指协议的头部与标准发生了冲突，例如，在头部的某个域中使用了无效值。在数据传送过程中，每一层都要给它从上一层接收到的数据（载荷）增加一个头部，而这个头部作用是让这个层执行协议的功能，从而与对等层进行通信。在自由头部存在的情况下，大多数协议规范因不能覆盖数据包头部产生内部漏洞，而产生的这些攻击往往是独立的。协议实现的不同，使得处理这些头部的冲突也不同。基于头部的漏洞中比较经典的例子是死亡之探测。

有研究者发现，IP 协议处理拆分与重组的方法是导致某些操作系统不能处理 IP 头部无效值的原因所在。在 IP 头部有一个长度域和相对域。其中长度域指示 IP 数据包的长度；相对域则指示在重组时被拆分数据包的放置位置。操作系统分配一个 64KB 长度（一个 IP 数据包的最大长度）的缓冲区，长度大于 7 的数据包则不能进入重组缓冲区。然而所有的攻击者都必须发送一个相对值为 65528 且长度大于 7 的数据包。在图 2－4 中所显示的这个攻击包含一个相对值为 65528 的数据包，这是最大的相对值。当数据包不能按序到达时，IP 协议将按照相对值处理数据包，并把它们放置在重组缓冲区。在某些实现中，被拆分的数据包，其载荷不经检查，即直接被复制到重组缓冲区中，看看它是否合适。如果被复制的数据超出了缓冲区的尾部，就会引起一些计算机宕机。这是因为协议规范只描述了最大的数据包长度是 64KB 的情况，而实现不考虑数据包超过了允许值的情况，故产生计算机宕机。

头部的漏洞很难被发现，因为它们依赖的是协议实现时出现的漏洞。

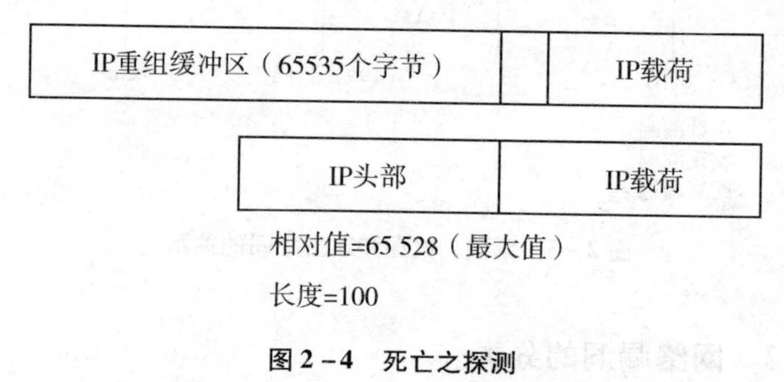

图 2－4　死亡之探测

2. 基于协议的漏洞

基于协议的漏洞是指，数据包都是有效的，但是在数据包与协议的执行过程方面有冲突。在数据传输过程中，一个协议是按照一定顺序交换一串数据包，同时执行某个功能。基于协议的攻击，它的执行方式包括：不发送数据包，不按序发送数据包，发送数据包太快或太慢，发送有效数据包到错误协议层，发送有效数据包到错误的混合数据包中。

不按序发送数据包，指在回应一个数据包时，发送了一个错误数据包的情况，例如给一个封闭连接的数据包回应一个开放连接的数据包。大多数无序数据包既可能包含在协议规范中，也可能在实现中。最常用的解决方案就是卸载无序数据包或不需要的数据包。

数据包到达太快或太慢的情况常在实现时出现，一般会处理为无序数据包或不希望的数据包。这种类型的攻击在互联网上是很难解决的，因为终端系统对数据包的速度是无法控制的。太慢的攻击是最普遍的，且常用在共享应用上，因为可以使应用处于忙于等待某个数据包的状态。太快的攻击不是很普遍，它与整个网络上数据包之间是不同的。只发送大量数据包的攻击在分类学中把它单独归于一类。

丢失数据包协议问题是最难处理的一种，因为在某些情况下不知道等待一个回应要多久。

一个经典的基于协议的攻击是破坏 TCP 开放连接协议。当 TCP 打开一个连接时，需要使用一种被称为三次握手的协议。简单地说就是当客户发送第一个数据包请求与服务器连接时，服务器回应一个数据包指示它可以接受连接。之后，客户收到服务器的打开连接的回应时，客户端发回一个回应，连接就打开了，如图 2－5 所示。

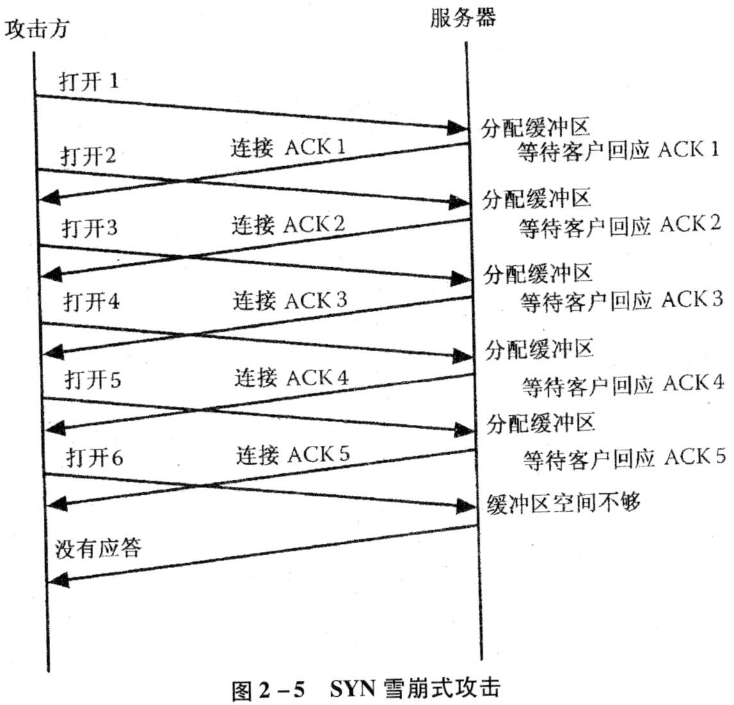

图 2－5　SYN 雪崩式攻击

图2－5显示了一个对三次握手的经典攻击，称为SYN雪崩式攻击。在SYN雪崩式攻击中，攻击方发送一个打开连接请求，服务器回应，但攻击方不回应服务器，这样就完不成三次握手协议，使得服务器处于打开状态等待客户的回应。攻击者又发了一个打开连接请求，同样不给服务器回应。同样，攻击者连续发送请求，直到服务器的缓冲区满，不能接收任何其他请求，攻击者以SYN数据包导致服务器雪崩，这就是雪崩式攻击的名称由来。在标准中有对等待客户打开连接回应的超时规定，但攻击者在所有的资源分配超时之前，就可以发送足够请求使缓冲区满，这是很难处理的问题。

3. 基于验证的漏洞

验证是一个用户对另外一个用户认可的证明，比较容易理解的是用户名和密码。在网络安全中，验证是指一个层对另一层的识别，然后执行其功能。我们讨论的网络欺骗，是真正地对某个层验证的攻击。为帮助理解，先来看一下网络协议堆栈。图2－6显示的是一个网络协议堆栈中的几个需要验证的地方。

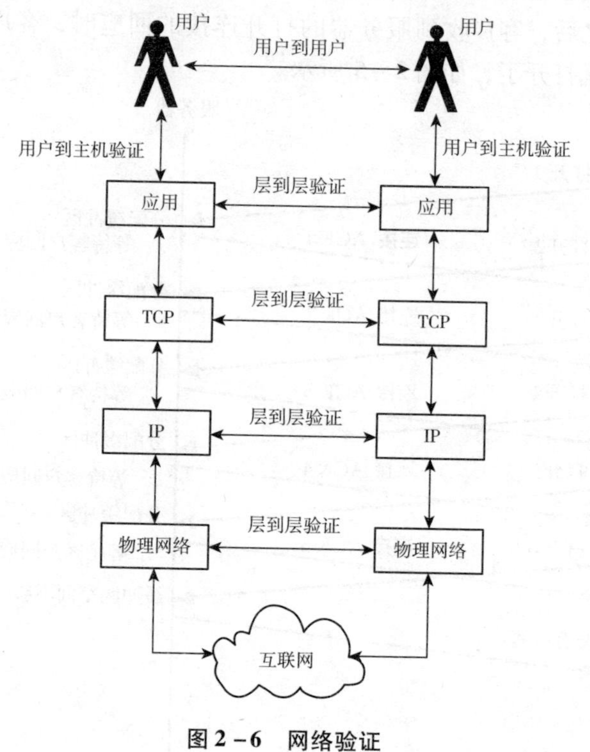

图2－6　网络验证

从图中可以看到，一个用户在他访问之前，若想向某个应用、主机或协议层证明他是谁，这就是用户到主机验证。最常用的形式是用户名和密码，通过它们用户可以对资源请求验证来证明身份，以获得对服务器、应用或数据的访问。在此过程中人们最关心的是他们什么时候得到验证。从试图破解密码到猜测密码过程中，这种验证类型会遭到许多方式的攻击。例如，在无线网络安全中，就有通过密码获得无线网络访问权。

若某个用户想对另外一个用户证明他或她是谁，这就用到我们常说的用户到用户验证。用户到用户验证是指两个或两个以上用户的互相认可，他们是用密钥和证书来完成的。这种验证形式常在 E－mail 或安全性文档中使用，它还可以用来解决某些网络攻击。

在前两个例子中，验证信息是由要访问的用户提供。还有两种验证类型是由某个应用、主机或网络来提供验证信息的。

其中一个是两个应用、两个主机及两个网络层之间的验证，叫作主机到主机的验证。如图 2－6 所示，两个层通过协议进行通信，这就暗示着每一层都知道另一层的身份。在这类验证中，两台主机为了执行某个功能，通常需要借助应用程序地址或主机地址，如硬件地址或 IP 地址来实现互相验证。由于地址是可以改变的，故而注定了这种验证形式的脆弱性。

最后一种验证类型由应用、主机或网络层给某个用户提供识别信息，这叫做主机到用户的验证。当某个用户与某个安全 Web 网站连接时，他或她正在连接的主机是可以验证身份的。然而，用户往往不去验证主机。验证是通过 IP 地址或硬件地址来实现的，这样就会引发安全问题。

4. 基于流量的漏洞

基于流量的漏洞和攻击集中在网络流量上，即攻击者能够截取网络上的流量并窃取信息。

这类漏洞是在大量的数据被送到某个层或多个层，并且层不能及时处理流入的数据时，引起层丢包或者根本来不及处理数据包的情况。因为每一层需要不同程度地应对太多的流量；攻击的类型也可以是单一的攻击和多个设备同时攻击；由于流量类型的不同，发送一个单一的数据包可能引起多个数据包的回应，因而产生雪崩流量。单一数据包基于流量漏洞的一个例子是，攻击者将发送一个定向广播包到远程网络，并要求有回应。

数据包嗅探是捕获网络上所有流量的一种基于流量的漏洞。针对不同的协议，它几乎可以对互联网上的每个协议执行。

基于头部、基于协议和基于流量的漏洞都是攻击的方法。基于验证的漏洞既是个方法，也是个目标。说清楚它们之间区别的最好方法是突破验证，如果突破验证的目标是通过其他三种方法之一来实现的，那么就不能把它归类于基于验证的攻击。更复杂的分类是当攻击者使用载荷来突破验证时，这将归类于基于验证的攻击。因为探讨的是方法，所以这种情况属于基于验证的情况，但正好也是它的目标。

2.2　常见的网络攻击方法

2.2.1　低层网络安全的攻击方式

1. *物理网络层的攻击方式*

物理网络层是传输控制协议/网际协议（TCP/IP）堆栈的最低层，并用于网络连接。物理网络层提供的服务很简单，就是数据包的接收与发送。根据用于互连设备的物理介质的不同来对物理网络层协议进行分类，可分为有线网络协议和无线网络协议两类。

（1）网络中对头部的攻击方式。在有线网络协议中，以太网协议一直作为主导协议及局域网最常用的互连协议使用到今天。因为在以太网中，有 3 个字段不是由硬件控制器来处理的，因此基于头部的攻击数量是有限的。攻击类型之一是数据包，使数据包的长度过短（小于 46 字节）或过长（大于 1500 字节）。硬件控制器不允许这样的数据包传输到网上，但若是它们的确传输到网上了，接收方硬件将扔掉这些数据包。另一类是把源和目标地址设置成一样，这类攻击需要借助网络上的一个设备来实施和完成。因此对这类攻击没有实际的对策，仅能依靠设备自身的安全。

无线网络协议因其低实现成本和设备的可携带性而越来越普遍，最常见的无线网络协议就是以太网协议。与有线以太网类似，无线以太网帧中的大多数域是由硬件控制器来处理的，因而基于头部的攻击数量是有限的，大多数基于头部的攻击会导致攻击设备不能正常通信，一个攻击设备可以在帧控制器中设置值，以混淆其他无线设备。这会导致设备与访问接入点的联系出现故障，而不能访问网络。由于很难阻止设备传输信号，因此对于这类攻击并没有真正的对策。

（2）网络中对协议的攻击方式。有线以太网协议是很简单的，而且主要是由硬件实现的，所以它没有任何基于协议的漏洞，唯一可能出现漏洞的是设备是否与 CSMA/CD 协议有冲突。这种情况有可能在硬件控制器失败时发生，但这不被认为是攻击。因为有故障的网络控制器可引起网络的完全瘫痪，这与攻击类似。

在无线以太网中，攻击者可以将数据包嵌入到介质中，这样一些基于协议的攻击就可以得到实现。然而，由于无线以太协议主要是以硬件方式实现的，因此基于协议的攻击实施起来要比有线以太协议复杂。

在无线以太网中，可以将使用SSID的访问接入点广播，以便确定访问接入点的位置和存在的攻击，这个过程被称为探测或钓鱼（wardriving）。当探测与实际协议不发生冲突时，就以非故意的方式使用了协议。为了帮助设备找到访问接入点并与之连接，我们设计了当访问接入点并广播了它的SSID时，具有无线访问控制器的任何计算机都会收到信号。当有人使用了这个信息去连接访问接入点，且又没有被验证，他就成了一个攻击者。在探测目标时，为了发现访问接入点并匹配它们的位置，有一种公共域软件可以记录所有它能听到的访问接入点的SSID。如果一个GPS连接到计算机上，那么它就可以记录计算机访问接入点的位置。此外，攻击者可以给计算机加入一个低成本的外部天线，攻击者就可以捕捉到周围使用的公共域软件，侦察范围可到几英里。

（3）网络中对验证的攻击方式。在以太协议网中，基于验证的攻击可能发生在源和目标地址上，目标是以太网上接收数据帧的物理控制器。如果攻击者使一台设备相信有企图的硬件地址就是攻击者的地址，那么攻击者能够成功读到所有的数据帧；如果攻击者使目标设备路由器也相信它是正确的，那么流量将成功地通过路由器。这与嗅探流量的效果是相同的，只不过这是在交换机环境下实施的。一般来说，攻击者很难对有线以太网基于验证的漏洞实施攻击。只有他们在可以访问网络上的某台设备时才能奏效。

在无线以太网络中，从两个方面进行验证，即访问接入点配置验证和设备验证。访问接入点会验证想连接到网络的无线设备，在某些情况下，还可能会验证这台无线设备的用户，这就叫无线设备验证。访问接入点配置验证是指一个攻击者企图访问指定的访问接入点的配置菜单，试探能否修改访问接入点的网络安全特性。设备验证指某台无线设备验证访问接入点，以便知道它是不是正在连接一个有效的访问接入点，这就叫访问接入点验证。

在访问接入点验证中，有两种主要类型的攻击很相似，但它们有两个不同的目的。第一种是一个有效的网络用户安装了一台无线访问接入点，但不告知接入点单位，这叫作恶意访问接入点。第二种是一个攻击者安装了一台访问接入点，并伪装成有效访问接入点，这叫作非法访问接入点。

如图 2 -7 所示的是一个恶意访问接入点，图 2 - 8 所示的是一个非法访问接入点。

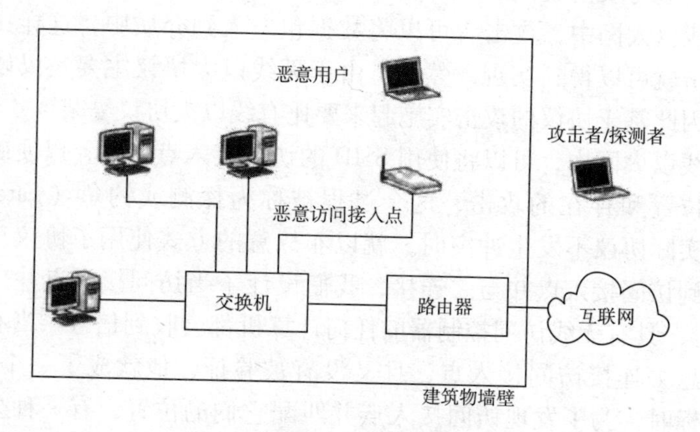

图 2 -7　恶意无线访问接入点

第二种访问接入点验址：攻击如图 2 - 8 所示。这里，攻击者安装了一台非法的访问接入点装置，伪装成单位的一个合法访问接入点。这种攻击允许攻击者捕获无线设备上的所有流量。

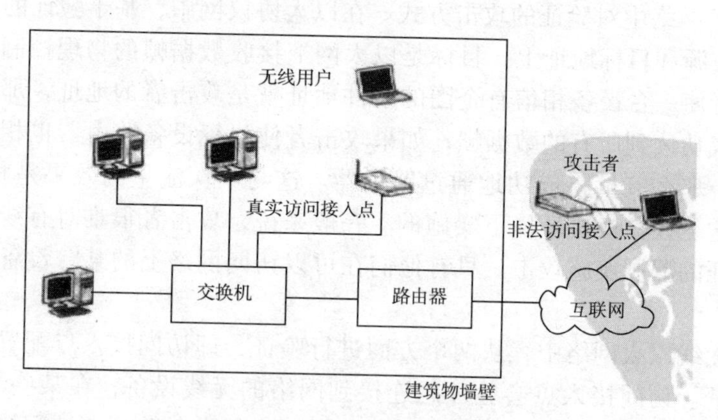

图 2 -8　非法访问接入点

（4）网络中对流量的攻击方式。有线以太网和无线以太网上最常见的基于流量的攻击是流量嗅探。它们的硬件控制器可以设置成混杂模式，攻击者能够读取与硬件地址无关的所有流量，所以这种攻击很容易。而在无线以太网中，无线信号是不能被控制的，有时在标准规定的最大距离之外，无线的信号还是很容易被捕捉到。为了减少这类攻击，无线以太网标准增加了加密机制，让攻击者无法对无线以太网的数据包中的数据进行破解。最常见的对无线以太网基于验证的攻击减灾方法就是使用加密方法。

2. 网络层协议的攻击方式

网络层允许多种设备连接到网络，并可提供多个网络间的相互连接。过去几年，已经开发了几个网络层标准，它们可分成两类。第一类网络层协议被称为网间协议。网间协议可以是网内每一个设备的一部分。第二类是用于将某个设备接入某个网络，用于端到端的数据传输，这种类型的网络被称为网络访问协议网络。端到端的网络通常是由一个单独的机构维护的封闭网络，如基于电话的网络。

IPv4 协议、最新版的 IPv6 协议和互联网所用的支持协议的网络漏洞。这两个版本的协议具有相同的问题，IPv6 的 IP 协议有安全拓展，这些拓展也被版本 4 的 IP 协议所采纳了。

（1）网络中对头部的攻击方式。在 IPv4 协议中，在针对 IP 协议的头部攻击中，标志、长度和偏移值字段所引起的攻击是最难处理的。如果许多字段无效会造成数据包被拒绝，而任意一个设备在互联网上都能创建一个 IP 数据包，并且可以将它传递到一个特定的主机，这就使针对头部的攻击具有潜在的危险性。从安全角度来讲，可以将 IP 头部字段分成两类。第一类（端点字段）主要由端点使用的端点字段在传递过程中是不进行检测的。端点字段包括长度、标识、标志、偏移、协议和源 IP 地址。如果数据包需要拆分，即使路由器能够改变长度、标志和偏移值字段的值，它们也被认为是端点字段。第二类（传递字段）主要由各个路由器进行检测字段构成，而这些字段可能被修改。因为大多数攻击使用这些字段瞄向端点。对传递字段的攻击经常引起路由器对数据包的丢弃。

在端点字段攻击中众所周知的攻击是死亡之瓶，它是用源地址和目标地址进行攻击的，经常被归入验证攻击类。有些攻击者将源地址和目标地址设成相同值，导致设备崩溃。还有一些攻击者将源地址设置成广播地址，这在标准上来说是不允许的。

但是，极少有对 ARP 和 ICMP 协议进行针对头部攻击的。以 ARP 协议为例，任何针对头部的攻击必须由与目标设备处在同一个网络中的设备实施。而且无效的 ARP 数据包常被设备抛弃。ICMP 头部很简单，没有太多针对头部的攻击。因此，通过使用网络安全设备来减少基于头部的攻击是很难办到的。

IPv6 协议中，它的头部设计很简单，而且这个头部是作为 UDP 数据包的载荷运载的，因此没有针对头部的攻击。

（2）网络中对协议的攻击方式。在 IPv4 协议中，因为通过网络传递数据的设备间没有数据包的交换，所以 IP 和 ICMP 协议比较简单。事实证明，很少有针对IP协议本身的攻击。大多数攻击使用IP数据包运载负荷，其目标是高层协议。大多数针对IP和ICMP的攻击都是瞄向数据包的路由，并且设法引起数据包错误。又使用各种路由协议对路由表进行的攻击。这些攻击的重点目标是作为互联网骨干的大型网络。

路由跟踪程序是通过使用IP和ICMP协议来发现目标设备路由的，可被看成一种针对协议的攻击。因为存活时间功能是IP协议的一部分，所以对于在IP协议中使用存活时间（TTL）功能来发现到达目标路径的攻击是不好减灾的。在路由跟踪一个有用的应用时，即使是ICMP回应请求被阻断了，攻击者还是能够使用任何有效的IP数据包来跟踪路由。

在有些攻击中攻击者将流量重新定向到错误的地方，或者使用ICMP发送错误消息引起服务拒绝，这些攻击都要求攻击者能够沿路径嗅探流量以发现IP数据包，然后攻击者根据一个已嗅探到的数据包的头部信息发送一个错误的ICMP消息。

ARP协议也可能被处在相同网络上的设备攻击。比较常见的攻击是，攻击者发现ARP请求，并用无效的ARP应答回应，这造成ARP缓冲区中填满了错误的信息。如果ARP请求是个广播包，那么网络中的每个设备都将发现这个请求。攻击者需要在真正的ARP应答到达前，向受害者发送ARP应答。一些主机将探测到因相互冲突的多个ARP应答，并标志为一个警告。攻击的结果是一个无效的硬件地址被放到受害者的ARP缓存中，这将阻止受害者与目标设备间的联系。另一个结果是在攻击者发送带有硬件地址的虚假ARP应答给另一攻击者时，就能造成收到这个ARP应答的设备把它的数据包发送到错误的主机。这常常被称为ARP缓存区中毒。如果攻击者将这个数据包从受害者转发到正确的目标地址，他就能将自己设置为获取流量或通过受害者发送流量，并允许攻击者捕获所有来自受害者的流量。虽然这种攻击不是正确使用ARP协议的例子，但将其划分到针对基于认证的攻击是最合适的。

在IPv6协议中，基于协议的攻击局限于客户端所在的网络中。BOOTP协议很简单，只有攻击者假装是DHCP服务器向客户端发送虚假消息就会产生攻击。DHCP协议则更加复杂，并且涉及资源分配。当然，DHCP协议也会面临虚假应答消息。下面来介绍一下对服务器可能的两种攻击方式。

1）攻击者使用虚假的硬件地址发送多个查找数据包的消息，其目的在于消耗掉DHCP服务器动态池中的所有IP地址。DHCP服务器每得到一个DHCP查找数据包的消息就需要保留一个IP地址。当攻击者持续发送查找数据包的消息是，DHCP服务器则会因到期而释放IP地址。此外，攻击者还能够对提供的数据包进行应答并接受租期。这就使得服务器向攻击者释放它所有 IP 地址，并可能遭到服务拒绝。这种攻击是有条件的，那就是必须由能够访问网络的人实施。这种攻击不用嗅探流量就能实施，而且对无线公共网络站点最有效。

2）伪装成获得释放的一个客户端，并向服务器发送一个 DHCP 释放数据包。这个攻击的完成需要两个要求，一个要求是攻击者能够看到 DHCP 查找到的数据包，从而确定作为目标的受害者。另一个要求是攻击者需要得到 DHCP 提供的数据包从而获得客户端的 IP 地址。当服务器释放 IP 地址时，这个 IP 地址能被其他客户端使用。因此，这种攻击会造成向多个客户端给出同一个 IP 地址的情况。如果攻击者不能看到 DHCP 提供数据包，那么它只能针对动态池中每个地址发送 DHCP 释放数据包。它也可以发送它自身的 DHCP 查找数据包，以便猜测服务器所提供的 IP 地址。这将造成网络混乱，并且很难消除。这种攻击在一个开放的无线网络中十分有效。一旦攻击者访问网络成功，将很难被制止。

（3）网络中对验证的攻击方式。在 IPv4 协议中，IP 地址是用来识别互联网中设备的唯一标识符，它也可用做验证设备的一个方法。很多应用在提供服务前，使用 IP 地址作为验证设备的方法。发送者将源和目标 IP 地址插入数据包头部中，并且数据包在互联网上传输时源和目标 IP 地址保持不变。由于把 IP 地址插入数据包中是发送者的事，因此目的主机必须信任发送者。互联网上的设备创建一个其源 IP 地址与它自身 IP 不相同的数据包（IP 地址欺骗）是有可能的。图 2－9 显示了一个 IP 地址欺骗的例子。

如图 2－9 所示，攻击者向计算机 A 发送一个返回地址为计算机 B 的数据包。根据上层协议，计算机 B 可能试图向数据包的发起者发回一个数据包。计算机 A 创建一个目标地址是计算机 B 的数据包，这可能引起一些很常见的攻击。

一类能造成问题的 IP 欺骗攻击是攻击者使用一个欺骗性 IP 地址向网络中发送一个 ICMP 回应请求数据包。这引起目标计算机向欺骗性 IP 地址（受害者）发送一个 ICMP 回应应答数据包。当只有一个数据包时，并不会成为一个问题，但攻击者可以有多种方法放大这个攻击。一种方法是从一个攻击者或从多个攻击者发送多个请求。另一种方法是发送一个直接的 IP 广播包。在这种情况下，如果路由器处理进入的广播包，它接受这个欺骗性 ICMP 回应请求数据包，并且将它广播到目标网络中的设备。然后所有计算机都用一个 ICMP 回应应答数据包回应受害计算机。这个攻击可以通过将路由器配置成不允许内部广播，或者不允许某些 ICMP 协议从外部进入来减

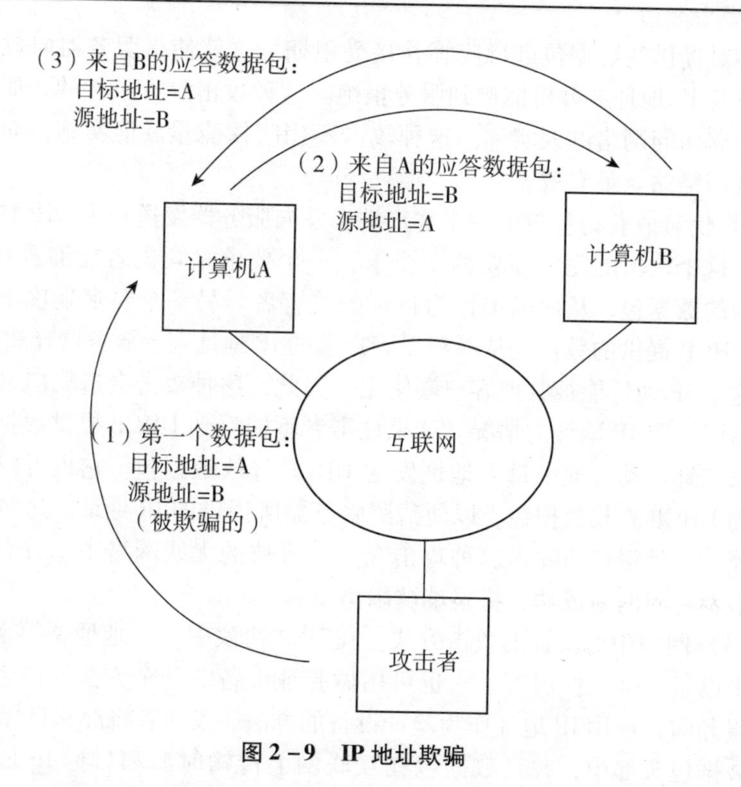

图2-9　IP地址欺骗

灾。此外，这种使用IP欺骗进行的攻击也能使用其他协议实现。使得这种攻击奏效的关键是找到一个协议，这个协议为了回应单一IP数据包需要回送一个IP数据包。

一个不正确的观念是，在隐藏你的真实身份或者让它看上去是另一个设备所为的情况下，不可能使用IP地址欺骗盗取一个设备的身份，这经常称为IP会话欺骗。两个设备为了通信，它们需要交换数据包。再看一下图2-9，我们能发现使用欺骗性IP地址进行多数据包交换的问题。我们能使第一个数据包到达目标地址，但是回应不会回到攻击者。如果攻击者能访问受害者所在的同一网络，IP欺骗就能够完成。在那种情况下，攻击者经常使用ARP协议使路由器确信，它是一个具有受害者IP地址的设备。如前所述，如果受害者计算机正在工作，那么这种方法就有些问题。一个更常见的场景是，盗取一个可访问网络的未使用的IP地址。这正是不安全无线网络的一个问题。如果攻击者能够从物理上访问网络，那么不使用网络访问控制就难以消除这样的攻击。

同样的问题也会发生在应用端口号上，因为源端口也可能是一个欺骗端口。因此真正的问题是，当目标地址接收到一个数据包时它知道些什么？

目标设备知道这个数据包是由同一网络中的设备发送的，要么是这个设备自身产生了这个数据包，要么是从互联网上其他设备转发的这个数据包。目标设备也知道一个设备产生的数据包具有一个源 IP 地址和一个源端口号，然而目标设备不能知道是哪个设备产生了这个数据包。

刚才所描述的看上去可能是很差的设计。然而，我们已经使用类似的系统 200 多年了。美国邮政服务允许发信人提供全部信息，包括返回地址。我们并不能确切知道信件已经走了多远？也不知道信件是从哪进入邮政系统的。邮政系统若取消了邮票，并去除邮票后印上邮局的名字，则能使收信人看出信件的出发地。我们的确不知道信件来到我们手上所经历的路径，除非看到邮差将信件放到我们的邮箱，我们甚至不能确信信件是从邮政系统发来的。

人们一直设法使 IP 地址欺骗变得困难。大多数路由器被配置成检查与它直接相连的网络上发数据包设备的 IP 地址。这只对与路由器直接相连的设备有效，或者说对在一个常用的路由器之后的设备有效。

在 IPv6 协议中，BOOTP 和 DHCP 协议是非验证的。对服务器而言，它们对来自任何客户端的请求进行回应。对 BOOTP 或静态 DHCP 来说，只有当硬件地址匹配配置文件中的值时才做出回应。如果我们关注一下未验证客户端地址分配问题，就会了解最典型的解决方案是使用访问控制，其他类型的验证攻击是服务器身份不能被识别的情况。攻击者可能伪装成一个来自有效服务器的客户端向 BOOTP 和 DHCP 请求做出回应。这通常称为欺骗性 DHCP 服务器。

BOOTP 服务器在回应前，需要在配置文件中发现对应的匹配，这就允许同一个网络中存在多个 BOOTP 服务器。由于 DHCP 服务器不用匹配配置文件中的任何条目，就可以回应来自设备的请求，因此如果同一个网络中有多个 DHCP 服务器，那么一个客户端可能收到多个回应。如果所有 DHCP 服务器配置合理且给出有效不重叠的地址，则这种情况就不成为一个问题。

一个欺骗性 DHCP 服务器能够给一个客户端分配一个网络中无效的地址。如果客户端从欺骗性服务器接受无效地址一段租期，那么它将无法进行通信。当攻击者有意扰乱网络服务或者 DHCP 服务配置错误时都会出现这种情况。由于地址请求是一个广播包，因此欺骗性 DHCP 服务器不需要能够看到所有流量就能实施攻击。攻击者也能够在回应客户端请求续租时，发送一个伪造的应答数据包。为了实施这种攻击，攻击者需要能够看到来自客户端的 DHCP 请求数据包。

这些攻击指出了验证协议所存在的问题。不对协议进行全部重新设计，就想消除这些攻击是很困难的。为了增加额外的验证，需要某种类型的密码或密钥交换。验证在一个封闭的环境中能够工作得很好，但是在开放的无线网络环境中则不然。

（4）网络中对流量的攻击。在 IP 层基于嗅探的攻击比基于本地网络的嗅探攻击更加复杂，且有些情况在我们的控制 之外。图 2－10 显示了一个 IP 嗅探的例子。

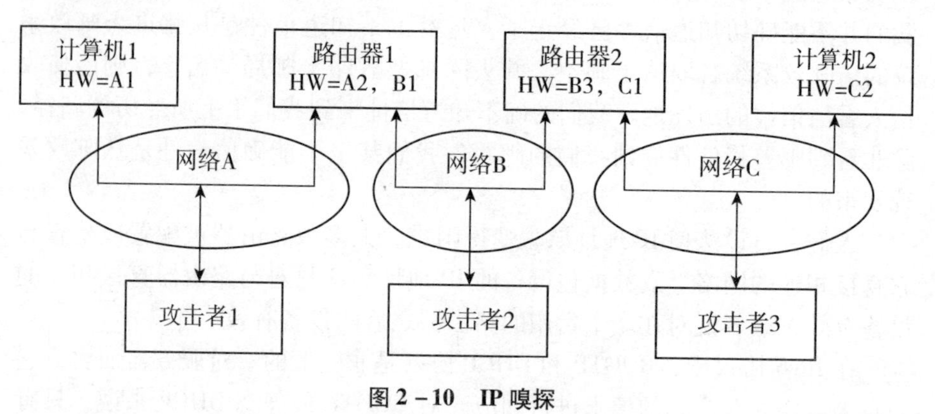

图 2－10　IP 嗅探

攻击者 1 能够嗅探网络 A 中的流量，但不能嗅探网络 B 或 C 中的流量。一个值得关注的问题是，如何嗅探到网络 B 中的流量？网络 B 中的攻击者 2 能够嗅探网络 B 中任何它能看到的流量。如果流量是在计算机 1 和计算机 2 之间传递的，那么攻击者 2 能够嗅探计算机 1 和计算机 2 间的流量。这就引出这样一个问题，攻击者能嗅探互联网上的流量吗？典型情况下骨干网络是物理保护的，这使得嗅探骨干网络非常困难。一般情况下，一旦流量进入互联网服务提供商，我们就不担心嗅探问题了。对数据包的嗅探最常见的地方是在无线网络中，像那些位于咖啡馆里具有免费无线互联网接入的地方。

由于 IP 层允许攻击者向一个目标网络或主机发送数据包，因此有导致雪崩的可能。在最简单的情况中，攻击者仅仅向一个网络发送很大数目的流量就可能使路由器或目标主机崩溃。例如，一个变得非常热门的 Web 站点可能由于收到太多请求，以至于路由器或主机无法处理流量。消除这些攻击也没有好的办法。有些设备可以根据流量特征减少进入网络的流量，这些设备一般工作在传输层。也有些情况是大量攻击者都瞄着一个网络或网络中的一台主机。攻击形成了如此多的流量，以至于介于攻击者和目标主机间的路由器都受到了影响。互联网路由协议甚至试图将流量重定向到载荷经过的路由器以外，但是在一些情况下重定向流量是不可能的。对一个客户端用户来说，消除互联网中引起路由器停止运转的攻击是非常困难的。

有些基于雪崩的攻击使用 IP 广播地址。最常见的是前面讨论的，攻击者向一个远程网络发送一个 IP 广播包并且使所有主机应答。其目标是引起网络中大量设备的回应以致使网络形成雪崩。采取禁止直接广播通过路由器进入网络可以消除这种攻击。

另一种雪崩攻击是使用 ARP 协议。我们知道攻击者能够在他或她所连接到的网络中使用 ARP 协议造成问题。有一种攻击，攻击者能够远程制造一个 ARP 广播雪崩。图 2－11 则显示了一个 ARP 广播雪崩的例子。

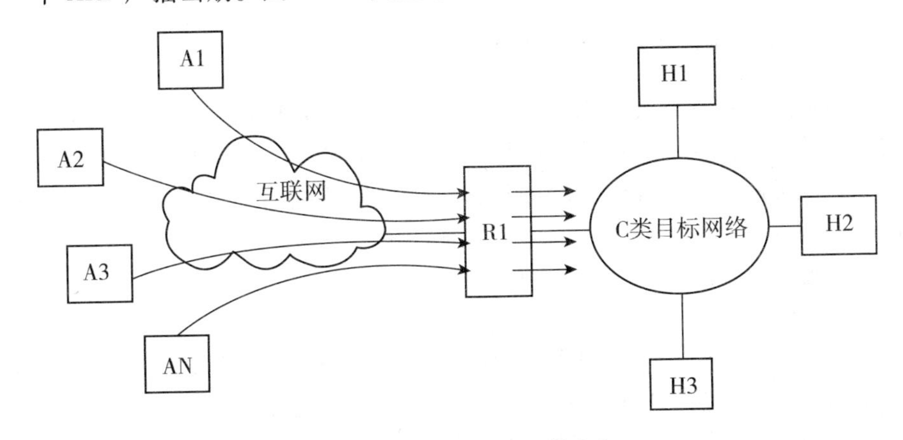

图 2－11　ARP 广播雪崩攻击

如图 2－11 所示，目标网络是一个 C 类网，主机不多。在前面描述过，当来自另一个网络的数据包其目标是目标网络中的主机时，路由器检查它的 ARP 表以确认它是否需要向目标发送一个 ARP 请求。如果攻击者向目标网络中的各个地址发送一个数据包，则攻击者在完成攻击后，路由器 ARP 表将包含 4 个条目。由于主机数目可能达到 254 台，因此路由器可能发送多达 253 个 ARP 请求。这 253 个 AKP 请求中，249 个是没有回应的，并且一般情况下路由器对每个请求重新尝试 4 次，这将导致近 1000 个 ARP 请求的产生，这对其自身来说可能不是一个问题。但是，若攻击者继续扫描目标网络地址空间，向每台存在可能的主机发送一个数据包。每次扫描目标网络能够导致路由器发送 1000 个 ARP 请求。可以试想，多个攻击者以相同方式瞄向同一个网络，这样就能够导致成千上万个广播包的产生。

这种攻击可能是另一种攻击的后果。举例来说，来自上万个攻击者的分布式攻击，每个攻击扫描数百个目标网络，就能够对一个平时不被关注的网络造成 ARP 请求雪崩。这个网络中的每个地址每秒收到上万个 ICMP 回应请求。ICMP 回应请求是作为另一个攻击的一部分发送的，但结果却是它们的网络垮掉了。通过在路由器上禁止 ICMP 回应请求数据包的进入，能够消除这种攻击。

在 IPv6 协议中，嗅探 DHCP 数据包能有助于实施前面所述的几种验证攻击。然而，由于客户端和服务器间信息交换不是一个真正的秘密，对 DHCP 来说嗅探并不是一个主要的关注点，也没有太多有效的雪崩式攻击。攻击者可能试图用请求使服务器崩溃，但攻击者需要能访问 DHCP 服务器所在的网络。

3. 传输层协议的攻击方式

传输层负责端到端的用户数据传输。传输层是应用程序开发人员常用的编程接口，传输层提供错误控制，负责可靠数据传输。传输层协议很复杂，并且可能是大量安全威胁的目标。传输层的漏洞经常伴随着物理层和 IP 层的漏洞。我们将探讨互联网中经常使用的传输协议（TCP），也将探讨一个无连接传输协议（UDP），同时考察一个负责将名称转换成 IP 地址的协议（DNS）。

TCP 是整个互联网上使用的面向连接的传输协议。TCP 支持可靠的端到端用户数据传输，TCP 层提供数据传输的基本功能及建立两个应用间连接的能力，TCP 层还为应用层提供服务。

UDP 协议的设计目的是为了允许应用使用无连接的传输层。UDP 有一个很简单的数据包格式，并且没有一个实际的协议。UDP 头部的设计目的是为了支持多路应用，就像在 TCP 中见到的，UDP 使用端口号来允许多个应用共享 UDP 层。不同于 TCP、UDP 是基于数据包的，UDP 不支持任何端到端的可靠传输或任何连接的建立。UDP 一般应用于一些应用，它们需要发送一个数据包并得到一个简单的回应。此外还有些应用使用 UDP，并且使用应用协议建立它们自己连接的概念。

DNS 是通过一系列称为名称服务器的应用来完成将一个域名转换成一个 IP 地址的。几乎所有互联网上的应用使用域名而不是 IP 地址命名，这使得从域名到 IP 地址的转换过程成为攻击者的首要目标，如果攻击者能够向客户端提供错误答案，就能欺骗客户端去访问错误的 IP 地址。DNS 是一个非验证服务。

（1）网络中对头部的攻击方式。在 TCP 中，基于头部的攻击可以分为两类：第一类是攻击者发送无效的头部信息，其目标是扰乱 TCP 层的运行；第二类是攻击者使用回应发送无效头部，这可作为探测操作系统类型的一种方法，被称为探测攻击。攻击者能够使用来自探测攻击的信息，形成一个针对设备的攻击计划。

TCP头部中最常被攻击的字段是标志字段。一种类型的攻击是创建一个在标准中没有明确规定的含标志组合的数据包。举例来说，攻击者可以将所有标志设成1或0。过去一些操作系统在处理无效标志组合时有问题，会退出或放弃所有连接，目前这个问题已经在绝大多数操作系统的所有当前版本中修正了。另一种攻击是在一个已经打开的连接中发送无效序列号，这种攻击通常只会中断单个连接。

在使用TCP头部进行探测攻击中，可使用一些不同的字段。一个常见的探测攻击是发送无效标志组合来确认操作系统如何回应。探测攻击软件使用一个特征列表，这些特征对某特定操作系统是唯一的。举例来说，攻击者可能知道哪10个操作系统以某一特定方式回应一个无效标志组合。使用其他头部信息还能进一步缩小列表中操作系统的范围。其他探测攻击使用初始序列号，一些操作系统使用某种模式确定序列号的初始值。通过打开多个连接（或者发送多个SYN数据包），攻击者就可以确定一个初始序列号生成模式。启动窗口尺寸也能帮助缩小可能的操作系统列表，TCP标准没有指定启动窗口尺寸的值，因为不同操作系统使用不同的值。

攻击者可以使用几种公共域工具实施这些探测攻击，这些工具也能实施针对协议的探测攻击，探测攻击很难消除，因为他们利用了操作系统实现TCP协议的特征。在操作系统中TCP的实现都是合理的，问题是标准没有规定头部值所有可能的组合。

UDP有一个长度固定的头部（图2-12），还有一个源端口号和一个目标端口号，这些端口号和TCP端口号的使用方式一样。由于UDP是一个独立的协议，因此UDP端口号独立于TCP端口号。它也有一个总长度字段，表示UDP数据包的总长度（头部加载荷），校验和的计算方式与TCP一样。UDP头部较简单且没有针对头部的攻击，因为没有协议，所以没有针对协议的攻击。

源端口	目标端口
UDP总长度	校验和

图2-12 UDP头部

尽管DNS头部很复杂，但对头部的攻击很少是有效的。如果头部值不正确，DNS客户端或服务器将拒绝这个头部。有些程序使用DNS头部作为一种攻击方法，目的是经过防火墙泄露数据。由于DNS数据包常常不被检测，因此它们能形成一个转换通道，这是泄漏数据的一个缓慢方法，并不是很有效。

（2）网络中对协议的攻击方式。TCP协议是目前最复杂的协议。由于该协议的复杂性，所以针对它的攻击很多，而且消除这样的攻击也是很困难的。将针对协议的攻击分成两类，第一类是攻击者能够嗅探流量，并将数据包插入到TCP协议流中。第二类是攻击者在端点，并与攻击目标进行不正确通信。

端点协议攻击通常包括发送超出序列的数据包或者没有一次完整的握手，发送超出序列的数据包通常只是扰乱当前的连接，对攻击者不是很有用。攻击者可以使用序列外的数据包帮助确认操作系统类型。一个众所周知的端点攻击涉及TCP连接建立协议就是SYN雪崩。

第二类针对协议的攻击发生在攻击者能够看到流量时。这些攻击不同于常见的数据包嗅探，在常见的数据包嗅探中攻击者试图从网络上读取数据。在这一攻击中攻击者将数据包插入到协议流中，其目标要么是切断连接，要么是窃取连接。反之如果攻击者能看到流量，那么他就能很容易通过伪造IP地址并向双方发送复位数据包（RST）切断该连接。

需要注意的是，直到现在复位数据包序列号和回应号在TCP实现时都是不检查的，因此攻击者只要发送一个复位数据包，就能猜测源IP地址和目地IP地址及源端口和目标端口。由于攻击者只是在一个地址和端口范围进行扫描的，所以这种攻击是很难精确实施的。近来TCP协议的实现要求序列号在当前序列号相近的范围内。这样攻击者会因无法嗅探到网络流量而减少攻击，但并没有减少在看到网络流量情况下的攻击。如果攻击者能够看到网络流量并且能够将数据包插入网络中，那么这种攻击是不可能消除的。如果攻击者也将源硬件地址设置成受害者的路由器硬件地址，就不能确定是哪个设备执行的这一攻击，那么这个攻击可以通过加密消除。

另一个针对协议的攻击类型称为会话劫持，这个攻击也要求攻击者能够看到受害者和服务器间的流量。会话劫持的目标是从两方中的一方窃取连接，并伪装成其中一方的设备。

如图2－13所示，攻击者嗅探受害者和服务器间的流量。攻击者监控这个流量，等待受害者和服务器间的会话建立起来。典型情况下攻击者寻找某些类型的应用，在这些应用中受害者建立一个到服务器经过验证的远程访问连接，一旦受害者通过了应用验证，攻击者就劫持这个会话。在这种方式中，当攻击者从受害者那里劫持了这个会话时，就如同他是受害者本人那样连接到那个应用。

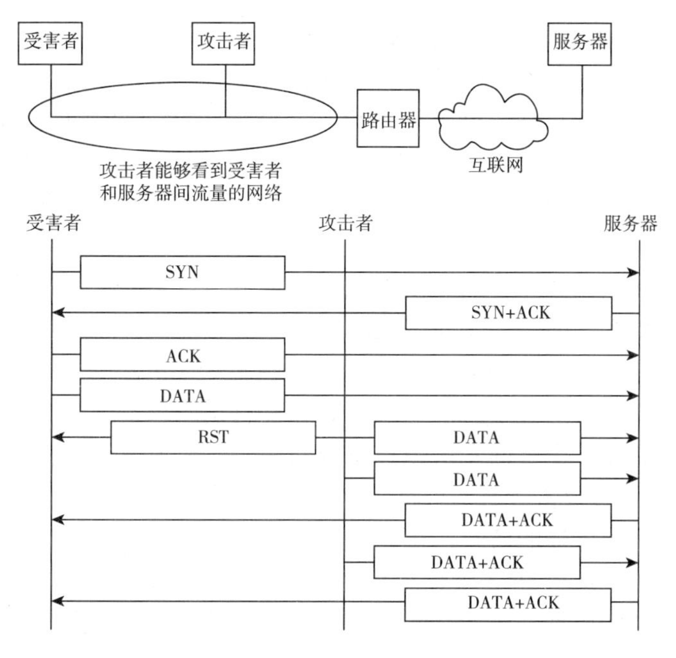

图 2 - 13　RST 连接切断

如图 2 - 13 所示，攻击者等到看到数据信号，攻击就开始了。攻击者向受害者发送一个复位数据包，通过将数据包的源 IP 地址设置成服务器 IP 地址并将数据包的目标地址设置成受害者 IP 地址，伪装成服务器。攻击者使用在流量嗅探中发现的序列号向服务器发送数据。从攻击者发往服务器的数据包看上去像是来自受害者，服务器使用自身的数据回应受害者。攻击者需要连续嗅探流量，以便获取发给受害者的数据。受害者仍在接收服务器的流量，但由于连接已经被关闭，服务器没有了回应。

如同 RST 连接终止攻击一样，如果不采用某种类型的加密手段，那么会话劫持攻击是不可能消除的。在这种情况下，如果加密 TCP 载荷，则攻击者将不能向服务器发送数据，即使他劫持了这个会话。典型情况下 TCP 负载是由应用方加密的。

DNS 协议非常简单，它由查询和回应组成。由于不建立连接，攻击者没有太多的文章可做，除非发送欺骗数据并伪装成一台 DNS 服务器，这种类型的攻击最好划入针对验证的攻击类别中。有一种协议攻击是一个恶意软件使用 DNS 端口号与防火墙外的另一个恶意软件进行通信。想通过使用 DNS 端口号创建点到点软件的尝试从来就没有停止过。由于多数组织机构并不监控 DNS 流量，导致了恶意通信经常能毫无知觉地经过组织机构。

（3）网络中对验证的攻击方式。TCP 不支持验证，它用 IP 层提供全部验证，使用端口号的攻击可以看成是基于验证的攻击，任何应用可以使用任何它想使用的端口号。网络安全设备不能依赖端口号去验证应用流量，多数操作系统严格限限制某些应用只能使用低数值的端口（1024 以下），这些应用需要由管理员用户运行，但这并没有阻止恶意用户在保留端口上运行应用程序。

UDP 协议有与 TCP 一样的验证问题。一般情况下一个组织会过滤掉除 53 端口（DNS）外的所有 UDP 流量。

DNS 客户端相信 DNS 服务器返回的问题答案是正确的，DNS 系统中唯一的验证是服务器的 IP 地址。如果攻击者能够用恶意条目替换 DNS 服务器中的条目或者向一个查询发送他自身的回应，那么他就能欺骗客户端连接到错误 IP 地址。攻击者有两种将恶意条目插入到 DNS 服务器中的方式。第一种是获取对服务器的访问，并且修改名称与 IP 地址映射的内部表格，这要求攻击者进入运行 DNS 服务器的主机。第二种是攻击者向已经查询了其他服务器的某服务器发送恶意信息，这种攻击需要在 DNS 服务器的缓存中放入恶意条目，称之为 DNS 缓存区中毒。DNS 缓存区中毒要求攻击者能够看到查询数据包，使他能够创建一个恶意回应，这要求攻击者能够嗅探两台服务器间的流量。破坏范围取决于什么服务器受到了攻击。

另一种攻击是使用欺骗应答回应客户端请求。这种攻击就像 UNS 缓存区中毒攻击一样，不同之处是它的目标是一个单一的设备，其破坏范围也是那个单一的设备，在这种攻击中，攻击者也必须能够看到 DNS 服务器和客户端间的流量。

不改变 DNS 协议很难消除这些 DNS 攻击。曾有人提出使用安全 DNS 协议，其目标是验证 DNS 服务器，但这些协议尚未被广泛采纳。

（4）网络中对流量的攻击方式。在 TCP 中，嗅探可能成为一个问题，因为它给会话劫持和 TCP 连接终止攻击提供了机会。有各种各样的雪崩攻击，其目标都是消耗 TCP 层资源。由于 TCP 是资源密集的，因此大量的流量能够降低服务性能。在 SYN 雪崩中，雪崩不一定是由攻击引起的，服务器也可能因为一个流行的应用而变得不堪重负。无论雪崩是由攻击引起的还是由过量流量引起的，都有消除雪崩的技术。最常用的方法是使用网络设备，如流量整形器，这些设备使用最广泛的术语是服务质量（QOS）。

UDP 和 TCP 一样，是嗅探的目标。加密可以消除嗅探，然而这需要由应用来完成。雪崩不是一个大问题，因为使用 UDP 的应用通常回应较慢，很难产生大量的 UDP 流量。多数交换多个 UDP 数据包的应用使用一个命令回应协议，在每个数据包（命令）发送后，发送者必须等待回应。

最常见的针对 NDS 的流量攻击是通过大量请求使 DNS 服务器产生雪崩，但 DNS 服务器的进程很简单，难以用请求造成雪崩。如果 UDP 接收缓冲区被塞满，那么 UDP 层将丢弃那些数据包，这在通常情况下不会造成太大的破坏，因为 DNS 客户端如果没有在一定时间内收到回应，它将重试几次请求。

因为由 DNS 提供的信息是公开信息，嗅探攻击不会造成问题，除非它们被用于实施一个针对验证的攻击。

DNS 仍然是互联网上一个薄弱环节，大多数减少 DNS 攻击的方法是对关键 DNS 服务器实行冗余设置。根服务器由不同组织机构运营，并且在地理上是分散的，且跟服务器不运行相同的操作系统，这也有助于提升冗余性。

2.2.2　应用层安全的攻击方式

1. 电子邮件的攻击方式

电子邮件是通过一系列服务器进行数据的存储和转发，使数据在网络上传递；同时将外送的电子邮件发送到下一个服务器，并接收和存储传入的电子邮件。图 2－14 显示了电子邮件的生成、发送、接收和阅读的协议。

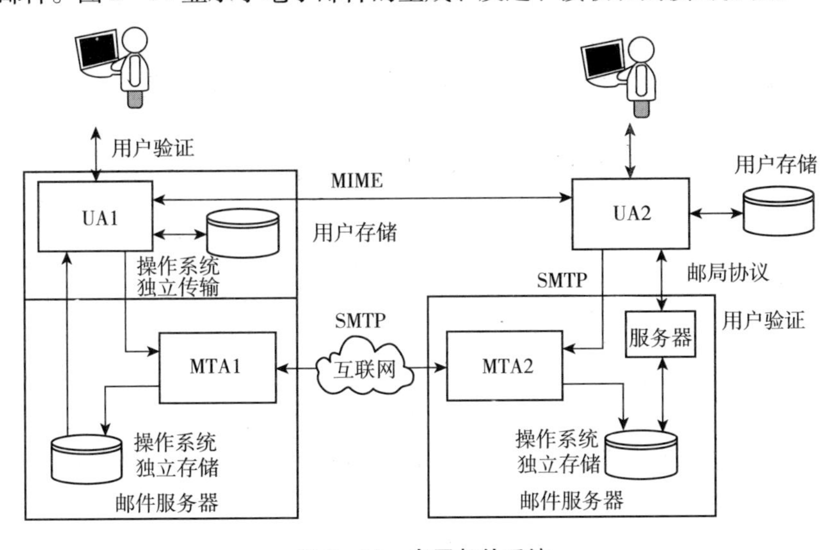

图 2－14　电子邮件系统

在电子邮件中包括几种常用的协议，它们分别是 SMTP、POP 和 EMAP、MIME。其中，SMTP 可与传输控制协议（TCP）连接，将电子邮件从一个服务器传输到另一个服务器上，是应用协议。此时，存储在中间服务器上的电子邮件可被传输到其他服务器。而当电子邮件从一个服务器传输到另一个服务器时，就要需要 SMTP 协议进行交换。而邮局协议（POP）和网际消息访问协议（EMAP）是辅助远程模式下数据传输的协议。最后一种是多用途网际电子邮件扩充协议（MIME），它是帮助显示消息内容的协议。MIME 用于告诉用户代理，数据是如何编码的及电子邮件消息中的数据类型。

（1）网络中对头部的攻击方式。SMTP 很直观，而且它的头部比较简单，针对它头部的漏洞不是很常见，并会忽略掉无效的命令和回应。早期版本的电子邮件服务器对 SMTP 命令和回应有一个缓冲区，而这个缓冲区的大小是固定的。这使得早期版本的电子邮件可受到针对缓冲区溢出的攻击，其中比较常见的是通过发送过长的命令来攻击缓冲区的。现在的电子邮件服务器通过在固定长度的缓冲区上处理所有输入的命令和回应，对该问题进行了修补，使电子邮件可以接受任意长度的输入消息。不过仍然有攻击代码，通过命令行缓冲区溢出攻击 SMTP 服务器。对某些特别的服务或协议发动的攻击，且大多数无法防范。

关于 POP 和 IMAP 协议，这两个协议都很简单，且头部是非限制性的自由文本格式，目前还没有发现太多的头部和协议漏洞。

在 MIME 中，基于头部的最大漏洞是头部可以用于隐藏消息的实际内容，这些攻击是由用户代理来处理，而处理的结果是电子邮件消息无法显示。当电子邮件内容由用户代理来显示内容类型，就能让攻击者产生一个电子邮件，并宣称是图片附件，实际上却是可执行代码。另一类攻击方法是使用基于 HTML 的电子邮件来隐藏电子邮件消息中的实际内容，例如，如果一个电子邮件消息包含一个 Web 页面链接，用户就会点击超链接看看里面说些什么，这样用户就会被诱惑去点击链接。

（2）网络中对协议的攻击方式。在 SMTP 中，协议消息的时序和顺序是有控制的且任何冲突都会被忽略，所以针对协议的攻击不是很常见。

在 MIME 中，针对 MIME 协议的攻击是使 MIME 协议带有恶意文件，那么用户在浏览电子邮件或打开附件时就会激活恶意代码，使恶意代码攻击计算机上的程序。许多用户代理有直接显示附件的功能，这对用户来说很方便，但也带来了严重的安全问题。许多蠕虫和病毒能够利用用户代理直接浏览各类数据，有一种称为尼姆达蠕虫的病毒，只要阅读电子邮件消息，蠕虫就能将自己复制到用户计算机的硬盘上，并将病毒传递给接收方地址簿中。虽然有些用户代理不打开附件，但是只要用户打开附件，计算机就会被感染。

（3）网络中对验证的攻击方式。在 SMTP 中，由于大多数 SMTP 协议中缺少验证，因此最常见的攻击类型是针对验证的攻击。最常见的 SMTP 验证攻击是电子邮件欺骗，它是攻击者采用伪冒发送者进行直接或间接的过程调用中继手段来实现的。如图 2 – 15 所示，客户端告诉服务器发送者的电子邮件地址，但没有过程或协议来验证电子邮件消息的发送者。被广泛采纳的唯一对策是采用域名服务（DNS）中的域名查询协议来实现检查发送者的域看是否有效的方法。

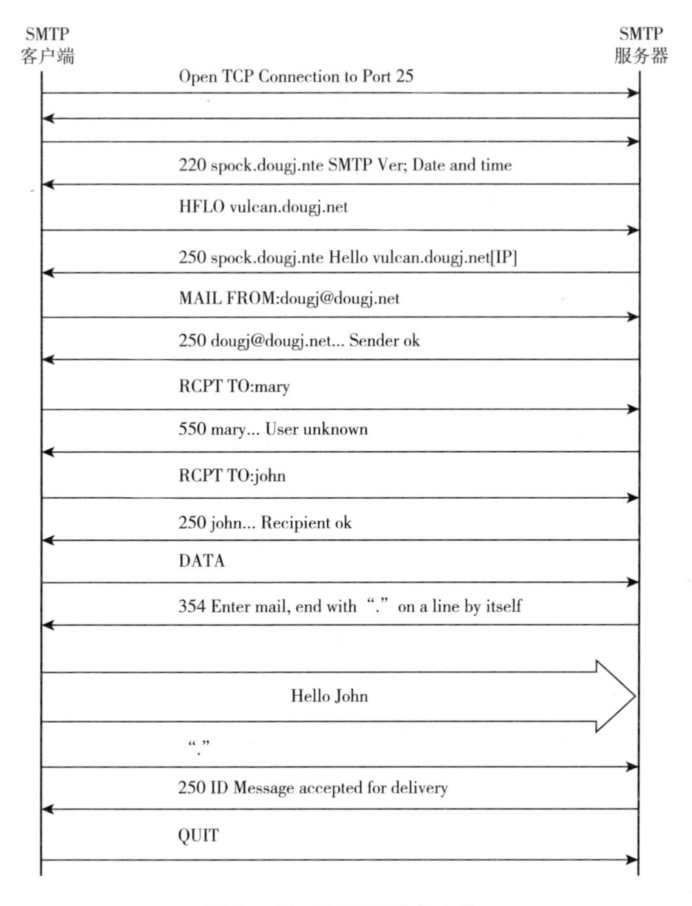

图 2 – 15　SMTP 消息交换

电子邮件地址欺骗也被用于垃圾邮件和其他恶意邮件消息的传递。发送带有欺骗地址的电子邮件的方式包括在 UA 中设置返回地址。垃圾邮件发送者使用与 MTA 交互的客户软件发送邮件，其中要求 MTA 使用 SMTP 协议。由于 UA 只对用户显示了精简的头部，因此用户不容易看出消息中包含有发送者发送的欺骗地址。但如果最终接收者的地址是无效的，那么电子邮件会按照被伪冒的发送者的地址返回。如果攻击者使用的地址是实际存在的地址，电子邮件被返回将导致过多的流量发送到被伪冒的地址，最终导致电子邮件服务器系统磁盘存储空间被填充。这种攻击也可被认为是基于流量的攻击。电子邮件系统的另一个缺点是允许远程用户伪造返回地址。这就使得连接到一个单独的电子邮件服务器的 UA 可以有一个机构的返回地址，而不是发送者的计算机地址。

SMTP 中，另一类基于验证的攻击是用户名探测，很容易实施。

在 POP 和 IMAP 协议中，许多网络要求用户必须通过用户名和密码验证才能应用，这时攻击者可以发送用户名和密码攻入计算机。而用户登录 POP 则是不受限制，那么针对 POP 或 IMAP 协议用猜测密码的方式来写攻击代码是很容易的，但成功概率很低。每个密码都有很多可能的组合，攻击者经常依赖单词字典来猜测密码。这种通过猜测密码来对配置漏洞进行直接攻击是很容易成功的，因为默认密码没有被修改。对于 POP 和 IMAP 协议，每一次注册都需要对各自的电子邮件事务进行处理并记录该处理，这样就会使得注册文件变得很大，系统管理员只能粗略的看。在远程用户验证中，还没有什么好的方法来避免攻击，比较可行的方法有两种。

一种方法是限制用户验证，可从用户计算机的 IP 地址入手。例如只允许 POP 和 IMAP 协议访问一定范围的 IP 地址，这可以利用防火墙或过滤路由器来限制 POP 和 IMAP 协议跨过网络边界来实现。但是，我们发现大多数用户想在他们的位置访问电子邮件，所以通过限制用户在规定的 IP 地址范围或机构的网络访问是不太可行的。另一个方法是不允许远程访问 POP 和 IMAP 协议，但允许远程电子邮件用户访问 Web 客户端，如图 2－16 所示。Web 服务器有自己的验证系统，并支持加密流量，因此有些机构全部采用基于 Web 的用户代理的方式来访问电子邮件。

在 MIME 协议中，由于 MIME 协议不直接支持用户验证，使得攻击者可以产生看起来像是来自确定机构的电子邮件。另一方面，攻击者可以将一个图片插入到电子邮件文档中来作为电子邮件的补丁，然后利用电子邮件补丁追踪电子邮件在何处和何时被打开。这个图片大小是 1 ×1 个像素，并存储在远程 Web 服务器上。当用户阅读电子邮件消息时，图片就从远程服务器被下载，远程 Web 服务器上记录了用户的访问信息，如日期、时间、IP 地址等有关客户端软件的信息。常用的解决方法是让代理在电子邮件消息中显示图片之前就提示用户，然而，如果用户总是点击 yes，那么这个方法就没有作用了。

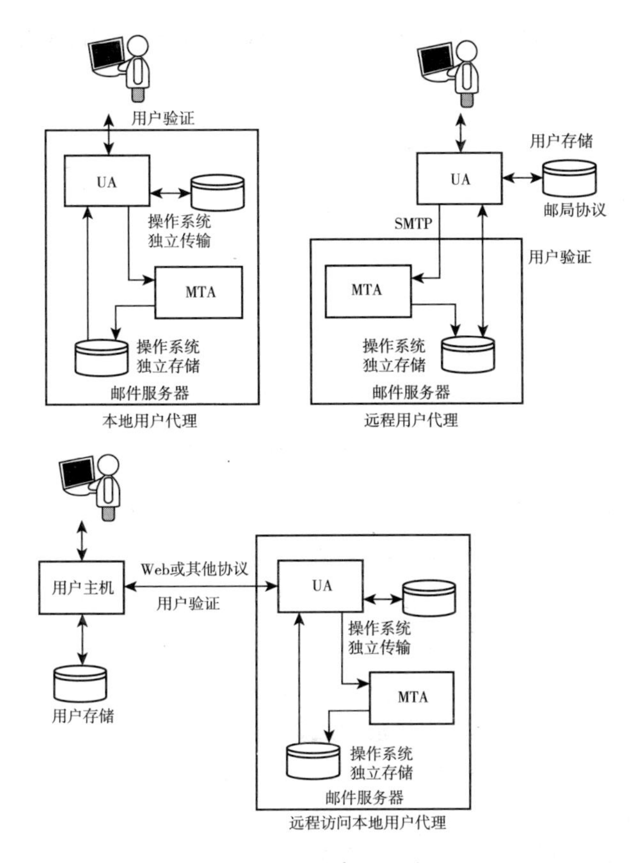

图 2－16　用户代理访问

（4）网络中对流量的攻击方式。在 SMTP 中，对电子邮件系统实施的对于流量的攻击常见的是用大量的信息消耗磁盘空间而导致电子邮件服务器崩溃。随着磁盘空间的增加，这类攻击不太起作用了。此外，现在许多电子邮件系统对外来电子邮件分配一定的配额空间，那么攻击者就只能对单个用户作用，而不会对整个电子邮件系统造成破坏。其中一种常见的雪崩式攻击是在某个用户使用中继方式给一批用户发送电子邮件时发生。一个发送者可以多次发送命令 RCPT TO，并在中继 MTA 为每一个外送电子邮件复制消息。如果发送的电子邮件很大，将会它占满外送消息队列。另一种雪崩式攻击是可以让电子邮件服务器对一个伪冒的返回地址进行回应。例如，一个攻击者由主机 A 发送电子邮件到主机 B，但返回地址是主机 C，那么主机 B 将对主机 C 回应。

另外一个对流量的攻击是嗅探 SMTP 流量。互联网嗅探流量是很困难的，但攻击者如果能够访问机构内的网络，就可以嗅探到机构内的流量。

而且 SMTP 协议是不加密的，所以攻击者可以读取电子邮件消息。

代码	回应
214	帮助消息
220	服务准备好
250	请求行动完成
354	开始电子邮件输入
450	邮箱忙
452	请求行动失败，系统存储空间不够
500	句法错误，不认识的命令
501	参数中有句法错误
502	命令未实现
550	邮箱未发现

图 2-17　常用的 SMTP 回应码

在 POP 和 IMAP 协议中，受到针对流量的攻击的程度是有限的，攻击者很难利用流量去破坏 POP 和 IMAP 协议。

在 POP 和 IMAP 协议中，最大的问题是用户名和密码以纯文本形式传输，攻击者可以捕捉到用户名和密码。攻击者连接到流量经过的网络后，可以嗅探数据包。根据应用的不同，这种漏洞的影响不同。一般采用加密技术确保数据不被读到，如公共密钥加密交换对称密钥，加密所有的流量。但是方法并没有被广泛使用，大多数新用户代理采用传输层安全（TLS）的 POP 和 IMAP 协议。

在 MIME 协议中，没有关于流量的漏洞，却有偏向产生大尺寸的电子邮件消息，还有大附件的影响。对此最常用的对策是设置 MTA 可以接收的电子邮件消息的大小，但依然有人发送大量的较小的消息。此外，网络嗅探也威胁着 MIME 协议的安全。

2. Web 安全的攻击方式

万维网不仅是由协议集合而成，也是由大量用主机名标识的服务器组成的。万维网的每一个服务器包含着大量文档，有了万维网，几乎可以通过互联网访问任何地方。万维网已经将互联网才能够面向研究人员和学者使用的网络变成大众使用的网络。由于其用户多，数据量大，以至其成为黑客的主要目标。下面从超文本传输协议（HTTP）、超文本表语言（HT-ML）、服务器端安全、客户端安全四方面来介绍其受到的攻击方式。

（1）网络中对头部的攻击方式。超文本传输协议（HTTP）是一种基于 ASCII 码指令的指令回应的协议。它的结构比我们所见到的电子邮件协议要复杂很多。指令与回应协议的基本信息结构如图 2-18 所示。

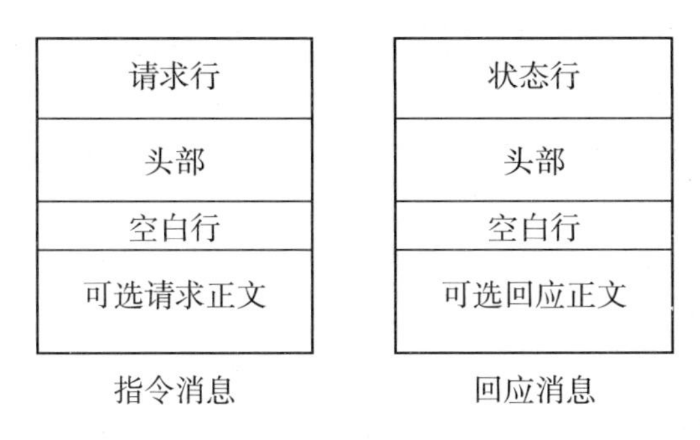

图 2－18　HTTP 指令与回应消息的结构

对 HTTP 头部的攻击不是很常见，一种是因为任何无效的指令或回应都因其简单的头部而被忽略了。由于客户端（浏览器）和服务器都使用自由头部，且都包含了一些能够控制数据解析方式的选项，因此 HTTP 协议出现一些问题需要注意。早期版本的 Web 服务器和浏览器容易受到攻击，是因易缓冲溢出引起的。攻击者能够发送过长的指令来占据固定长度的缓冲区。如图 2－19 所示，Web 服务器可以处于另一个程序的前端，从浏览器直接向另一个应用传递数据。攻击者就有机会使用 HTTP 协议向另一个应用发出攻击。

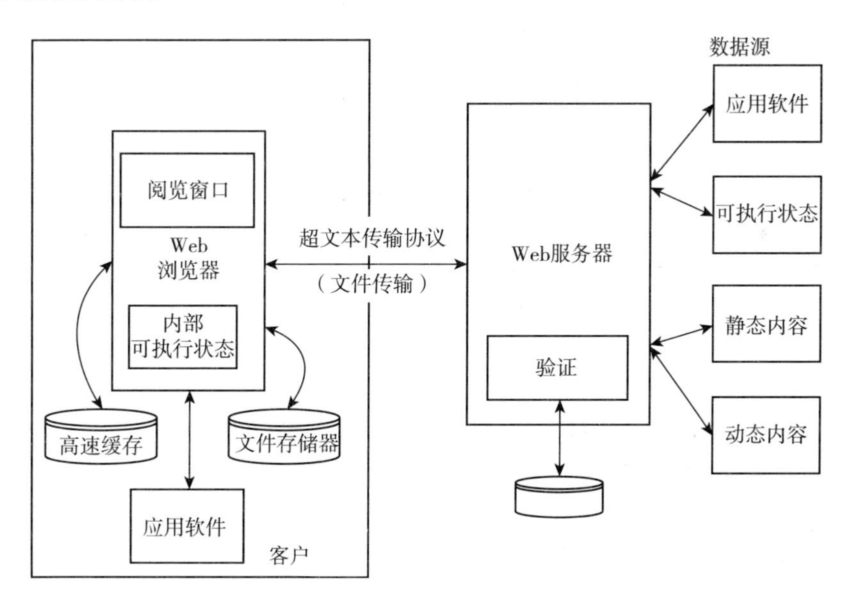

图 2－19　Web 客户端/服务器

另一种对头部的攻击是获取不属于任何超链接文档集合的文件，它是通过使用 HTTP 协议来得到的。普通的配置错误就可能使 Web 密码文件遗忘在文档目录里。某些文件有时是通过在 URL 里包括一个文件名而默认被留在服务器上的，这时攻击者会为了这些文件而搜索一个网站。虽然，这些文件通常包含的是无用的信息，但有时也可能包含验证信息或其他重要数据。

超文本标记语言（HTML）是在万维网中用来显示内容的主语言。HTML 文档由浏览器翻译，文档的指令指导文档内容是如何显示的。文档是由浏览器处理的，因此服务器产生的文档可能存在安全风险。在协议的某几个方面中的确能引起安全问题。如图 2－20 所示，HTML 文档由标签组成，一般包含头部和正文两部分。标签用来指导浏览器如何显示内容，头部含有浏览器要使用的信息，正文含有在页面上要显示的信息。

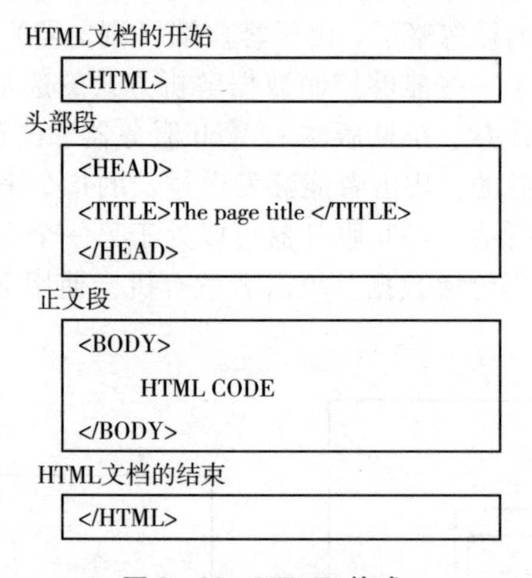

图 2－20　HTML 格式

因此，在 HTML 文档中，对 HTML 头部的攻击大多涉及三个标签：image、applet 和 hyperlink。image 标签允许网站中含有可能存储于另一个网站的图像。这就可能导致保密顾虑。当图像被访问时，Web 服务器能记录那些包含指向此图像的链接的站点，并追踪用户所访问的地方，这就被称为 Web bug 或 clear gif。这种图像一般为一个 1 像素宽的清晰图像。

applet 标签能使 Web 服务器将代码下载到你的本地运行的浏览器上。applet 也给 Web 服务器返回数据。当 applet 第一次被执行时，applet 能读取不应该被访问的文件的数据，这就出现了漏洞。首先是允许攻击者在运行的浏览器中写入恶意代码，从而从计算机里抽取数据。如今浏览器限制了 applet 能够访问的数据。但是，许多用户和机构都只是简单地禁止了来自于不信任源的 applet。

hyperlink 标签的漏洞与将与 URL 不相关的内容设置显示在屏幕上的链

接信息的能力有关。它可将人们引入到具有欺骗性的网站。相同的情况也出现在网站中，超链接也能够误导其他用户进入他们并不想进入的某个地方。超链接不仅能将用户指向其他网站或其他的 HTML 文档，也能指向其他类型的文档。而这些超链接中或许包含有恶意代码，或许它们自身就是恶意的。

图 2－21 是一个 CGI 程序如何与浏览器、Web 服务器和其他应用程序交互的示意图。HTML 文档让代码在服务器上执行，URL 指向一个在服务器上被运行的程序，Web 服务器从可执行程序那里得到数据。目前使用最多的公共网关接口（CGI）是定义一个程序如何与 Web 服务器进行连接的标准。CGI 程序能够是通过 URL 或 HTTP POST 指令传递的参数。

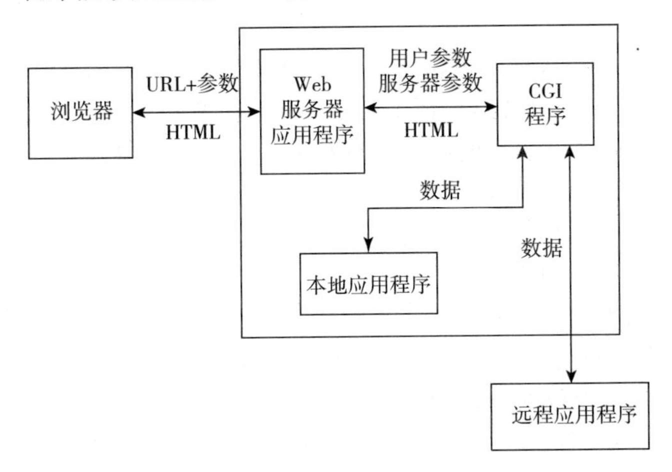

图 2－21　CGI 与其他程序的交互

因为 CGI 脚本从网络接受参数，因此缓冲溢出就成了对头部攻击的常见问题。CGI 脚本经常提供网络访问到应用程序，而这些应用程序并不是为网络访问而设计的，这就使得针对缓冲溢出的问题变得更加复杂。此外，编写 CGI 脚本的语言是不强制缓冲保护的，受到缓冲溢出攻击更加容易。这就使得当使用 CGI 脚本访问应用程序时，应用程序可能没有强制性的参数类似检查。当 CGI 脚本用于访问应用程序时，它就会给应用程序传递无效的参数，此时 CGI 脚本可能绕过前端直接访问应用程序。

当在 CGI 脚本中存在错误并且没有限制参数时，攻击者使用 CGI 脚本访问没有打算被访问的文件或程序时，就出现了第三个常见的漏洞。

基于头部的攻击不仅与 CGI 脚本有关，也与应用程序有关。当 CGI 脚本提供对文件或其他应用程序的访问时，还要特别注意所有输入数据的有效性。

在客户端中，由于没有头部或协议，所以没有基于头部和协议的漏洞。

（2）网络中对协议的攻击方式。HTTP 协议很简单，几乎没有对针对协议的漏洞的攻击。

在 HTML 协议中，基于协议的攻击有两种，一种是 HTML 代码设计者将信息嵌入到 HTML 文档中，另一类是以注释的形式或者以固定值传递到服务器端运行。HTML 代码在被浏览器处理时，是用清晰的文本显示出来的，所以任何人都可以在 URL 所指页面读到源代码。最为著名的例子就是攻击者将商品的价格嵌入到 HTML 文档中修改过的网页上，然后通过在 HTML 文档中改变价格，再以极低的价格购买商品。

由于 CGI 并不是一种真正的网络协议，所以不存在针对协议漏洞的攻击。

（3）网络中对验证的攻击方式。在 HTTP 中就常见的就是基于验证的攻击方式。HTTP 协议支持验证来控制对存储在 Web 服务器上文件的访问。在 HTTP 数据包中验证数据作为载荷发送。Web 服务器包含许多文档，它们被存储在文件中，而这些文件能被组织成一系列的目录与子目录。HTTP 的验证设计要控制对基于用户名和密码的目录访问，对目录中文档可以基于浏览器的 IP 地址进行访问。

但是，因为用户名和密码是用明文发送的，因此 HTTP 验证提示并不安全，而且密码能被猜出来。解决密码的安全问题就是教育用户要选择安全的密码。另一个针对验证的攻击是电子欺骗。一个假的网站伪装成某个机构的网站，从而诱骗用户进入。由于从网站上很容易捕捉任何信息，因此建立一个看起来就像真实站点的伪装网站是很容易的。伪装的网站能够使用户不知不觉地暴露出像密码、账户信息和个人信息的数据。包含超链接的电子邮件信息经常被作为一种使用户登录虚假网站的方法。

在 HTML 中，HTML 并不直接支持验证，因此没有出现基于用户验证的漏洞的攻击。

在服务器端，存在于对另一个应用程序验证系统的提供访问的 CGI 脚本。目前，还没有设计出来接受基于网络的验证的 CGI 脚本。而且编写得蹩脚的 CGI 脚本可能把用户验证作为参数在 URL 中传递，这样攻击者就更容易猜到密码。另一种类型的验证漏洞是客户没有办法去验证 Web 服务器或去服务器端的可执行程序是否正被使用。用服务器端可执行程序来针对实际浏览器的威胁很少，但是能被用来收集关于用户的数据。对 CGI 而言，CGI 脚本是否从用户那里请求发布的信息，是它最特别、最秘密的漏洞，例如社会安全号等。

客户端可执行程序大多没有被验证，这就导致了恶意代码的产生。恶意文档可被插件（一种帮助性应用程序）处理，或者在有浏览器的计算机上运行。插件是被自动处理的，有时用户都不知道插件已经被激活，因此插件攻击是最难被侦察到的。文档和浏览器插件中一般没有漏洞，但一旦有漏洞，就很难解决，因为插件是第三方编写的。还有就是与帮助性应用程序相关的漏洞，电子邮件似乎就是传播帮助性应用程序攻击的首要途径。最后通过Web下载的可执行文件是最大的客户端漏洞。当Web中有一个方便下载可执行文件的网站时，下载的文件就可能包含恶意代码，如侦探工具、特洛伊木马等。恶意代码能被植入其他应用程序后，其他程序就开始执行恶意代码要进行的操作。当然，也可以使用电子邮件将人们引入到有恶意代码的网站，然后利用社会工程使他确信下载并执行一个附带恶意代码的程序，攻击者就能够绕过电子邮件病毒扫描程序。

（4）网络中对流量的攻击方式。在Web服务器中，Web服务器允许同时连接的数量是有限的，攻击者就会通过制造数量巨大的请求来控制服务器。有时只是正常的流运就能导致Web服务器数量达到极限，然后开始拒绝连接。当一个站点在短时间内变得非常火爆时，这种情况就发生了；当然，也有一些工具会导致相同效果，这是很简单的事情。这些工具可以打开多重连接并保持它们的激活状态，从而使服务器的连接数量达到极限。

对网站而言，网站的目标是去吸引流量，而不是限制流量，因此没有好办法来阻止这一情况的发生。这类的攻击将产生一个副作用就是导致接近Web服务器的路由器因流量过载而成为瓶颈，从而使互联网的访问几乎中断。

对于HTTP协议来说，它是一个明文协议，所以它的数据包更容易被嗅探到。HTTPS使用端口443，对用户一般是透明的。当连接被加密时，Web浏览器将通过一个显示在屏幕上的图标（通常是一个挂锁）指示出来。浏览器有Web服务器的公钥或签名权（它已经签署了Web服务器的公钥）的公钥。

在HTML中，基于流量漏洞的攻击就是流量嗅探。

在服务器端，目前还没有因为CGI脚本的使用引发额外的基于流量的攻击。

与客户端中，除了嗅探漏洞之外，可执行程序相关的基于流量的漏洞是不多的，尤其在客户端下载量较少的情况下。但在客户端可执行程序产生巨大流量时，会导致网络问题的出现。例如，提供实时的股票市场信息或实时的气候数据的插件和网站，服务器将产生到客户端插件的巨大的流量。

2.3 常用的对策

2.3.1 低层网络安全的常用对策

1. 物理网络层安全的常用对策

物理网络层安全的常用措施主要有虚拟局域网（Virtual Local Area Network，VLAN）和网络访问控制（Network Access Control，NAC）。

（1）虚拟局域网。虚拟局域网旨在超出交换机的物理网络的基础之上构建逻辑网络。在一个交换环境中，我们已经隔离了网络流量。该隔离不会扩展范围也不会超过广播域。在一个 VLAN 中，广播流量被限制在 VLAN 中。如图 2－22 所示为一个具有三个交换机及两个 VLAN 的简单 VALN。

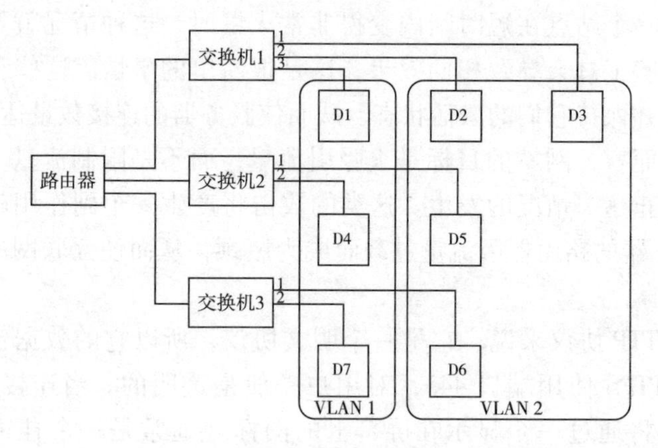

图 2－22　VLAN

从图 2－22 中可以看到，每台设备都会连接到交换机的一个端口，每个端口均分配到两个 VLAN 中的一个。从 VLAN1 来的所有流量与 VLAN2 的流量是被隔离的。若 D2 想与 D1 通信，那么就要经过路由器，由此产生两个网络，逻辑上如图 2－23 所示。

VLAN 可以分为两种类型：静态的 VLAN 和动态的 VLAN。其中，静态的 VLAN，它是基于固定端口划分的。一种是动态 VLAN，它是基于设备的硬件地址的。在图 2－22 中显示了一个静态 VLAN，连接到交换机 1 端口 3 上的任何设备都划归 VLAN1。从安全的角度来说，静态 VLAN 对 ARP 中毒提供了某种程度的保护，并防止了对交换机的端口映射表的攻击。然而，

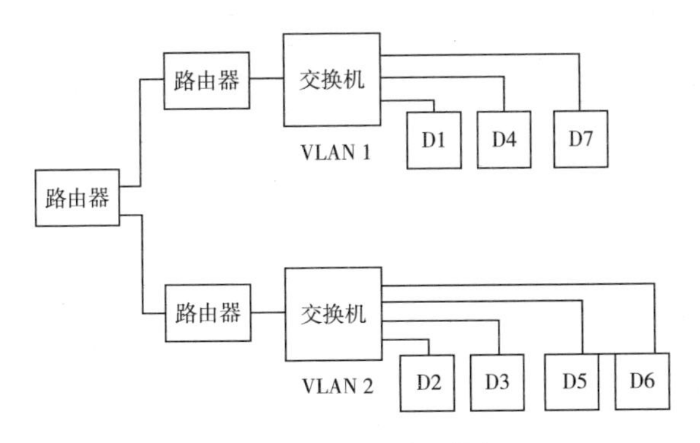

图 2－23　VLAN 的逻辑视图

如图 2－23 所示，一个 VLAN 是一个小型的网络，每个网络都有同样的问题。

而动态的 VLAN 配置则是根据设备的硬件地址来划分 VLAN 的。这提供了一定程度的安全性，因为只知道那个网络的设备的硬件地址。可以划分尽量多的动态 VLAN 系统，把未知的设备划分到某个 VLAN 中，以便限制甚至不允许访问。从安全的角度来看，一个动态 VLAN 通过根据硬件地址对设备的验证提供了额外的保护。因为硬件地址可被修改，所以动态 VLAN 在一定限度内可以提升安全性。

这两种 VLAN 都潜在地增加了安全系数，因为所有 VLAN 之间的流量均会经过路由器，这就会增加安全性。

保护无线网络是利用 VLAN 的一种方法。访问接入点可放置在一个或者一个以上的 VLAN 中，这就使得无线网络流量仅通过它自己的路由器及其他安全设备。访问接入点被划分在一个 VLAN 中，它们的流量被限制在具有附加安全功能的设备上。这些设备是同样类型的，都具备在互联网与主网络之间执行安全的功能。

（2）网络访问控制（NAC）。网络访问控制的基本思想不仅仅是验证用户，还要验证网络上的每台设备，有时还会验证设备的配置信息，进而连续监控设备来决定设备是不是应该保留在网络上。对于 NAC 环境的部署没有普遍的公认的标准，有几个基于提供商的解决方案，但在实现手段上每一个都有不同的地方。

当一台设备连接到网络上时，其自身会进行验证，这属于用户验证的一部分。设备验证将机构的策略作为基础，往往是由设备的信息构成的。比较常用的设备信息有操作系统和应用系统的版本号与补丁级别。根据用户和设备验证的结果，NAC 会决定设备有什么样的访问权限。NAC 环境通常使用动态 VLAN 强制通过基于策略分隔的设备执行策略。当使用 NAC 时，若设备没有授权，那么将会不允许它访问网络或者隔离成一个独立的网络。

由 NAC 提供的安全重点在防护网络错误配置或受感染的设备上。这个目标很好，但 NAC 并没有推广使用。这可能是由于其实现的复杂性或者对投资回报不确定的缘故。这种情况在机构不划分 VLAN 或者不使用支持 NAC 的提供商的设备时更为明显。

2. 网络层协议的常用对策

（1）IP 过滤方法。IP 过滤是基于 IP 头中的值阻止 IP 流量的概念。这一般是在路由器中完成的，在大多数路由器中都能够见到这个对策。最常用于过滤标准的是 IP 地址字段、端口号和协议类型。通常过滤标准被定义为一张值域表，表中列出应阻止的值（经常称为黑名单）。阻止一些应用和协议是常见的事情。例如，阻止进入的 ICMP 回应请求以防止互联网中某些人确定哪些 IP 地址是在线的。另一种常被阻止的协议是 UDP。在大多数组织机构中，唯一需要传递到互联网中的 UDP 流量是支持域名服务（Domain Name Service，DNS）。所以有些组织机构阻止除执行域名服务协议外的所有其他 UDP 协议。DNS 数据包是通过 UDP 头中的端口号来确定的。这意味着过滤路由器需要查看数据包的载荷，所以也增加了每个数据包的处理时间。此外，端口号是由数据包的发送者放置的。所以即使路由器可能只允许 DNS 端口（53 号端口），并不表示数据包正运载 DNS 作为它的载荷。端口阻止并不完善：例如，许多欺骗性应用（端到端应用等）可以使用任何端口，基于端口号阻止它们较困难。

基于 IP 地址过滤的问题是确定哪个地址是恶意的。产生的恶意地址列表能被加载到路由黑名单中。此外，有时合理的 IP 地址也可能被加入到黑名单中。通常来说，大多数组织机构不使用大规模的 IP 黑名单。如果管理员发现来自某一地址或某些地址的攻击或大量的数据包，有时他可能将一个 IP 地址添加到黑名单中。使用 IP 黑名单的另一种情况是在内部计算机受到攻击时。管理员能够切断去外界的所有访问，来保障攻击者无法再访问他所攻击的计算机。

通常使用 IP 过滤器作为路由器的第一道防线，但这并不能取代其他网络防护，例如防火墙。

（2）虚拟专用网。虚拟专用网（Virtual Private Network，VPN）用来提供双方设备间的加密和验证通信信道。根据双方设备间如何连接，有几种不同类型的 VPN。有多种支持 VPN 概念的协议。有几种用于加密和验证的标准可供 VPN 使用。一些公司已经产生了专有协议。图 2－24 所示为一个网络到网络 VPN 示例。

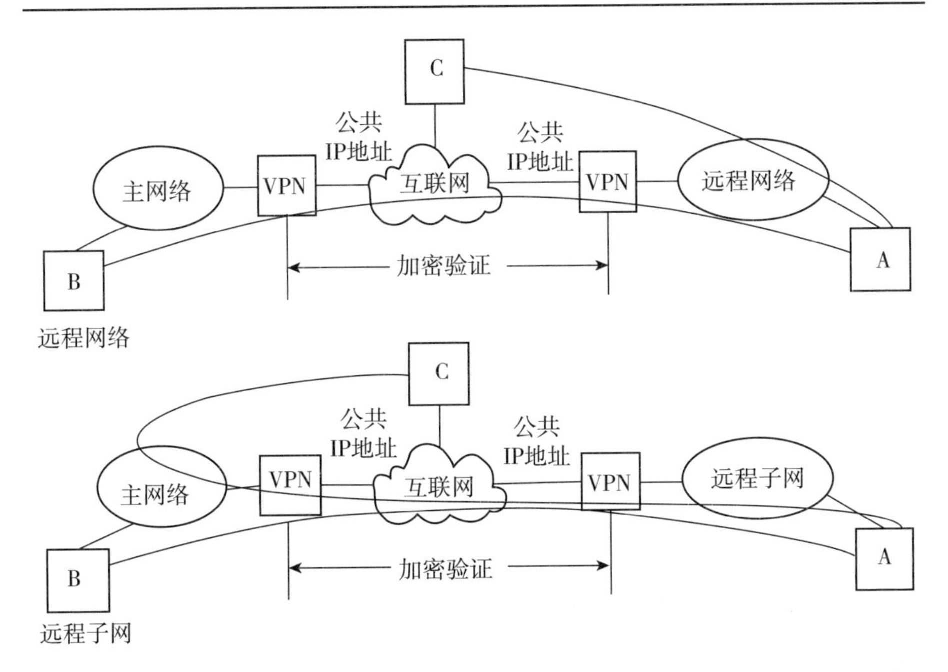

图 2－24　网络到网络 VPN

图 2－24 所示的第一个配置是两个网络使用一个 VPN 连接的情况。这两个网络可能是不相邻的，具有各自的地址范围，或者远程网络可以是主网络的一个子网。VPN 提供两个 VPN 节点间的加密。VPN 节点通常要求验证以防止未验证的连接。通常情况下，网络到网络 VPN 是由两个硬件设备实现的。

通过 VPN 的两个网络间所有流量的典型配置如图 2－24 所示的计算机 A 和计算机 B 间的流量。所有其他互联网流量将由每个网络处理，如图 2－24 所示的计算机 A 和计算机 C 间的流量。

配置 VPN 的另一种方法是使远程网络成为主网络的一个扩展。这在图 2－24 中显示为一个远程子网。在这种情况下，远程网络通过 VPN 变成主网络的一部分，而主网络为两个网络都提供到互联网的连接。对外部世界来说，远程网络看上去像是主网络的一部分。主网络能够控制、监控两个网络的流量并为其提供安全。

另一种类型的 VPN 称为客户端到客户端 VPN，如图 2－25 所示。可以看到，客户端设备是一个正在运行 VPN 的客户端，实现与远程 VPN 服务器的通信，远程服务器使得 VPN 客户端可以接入。这两个设备间的所有流量都是经过加密的。为建立这两个设备间的连接，VPN 要求附加验证。这种方式在 IP 层并不常见。还有一个更常见的用于客户端的 VPN 连接，称为客户端到网络 VPN，如图 2－26 所示。

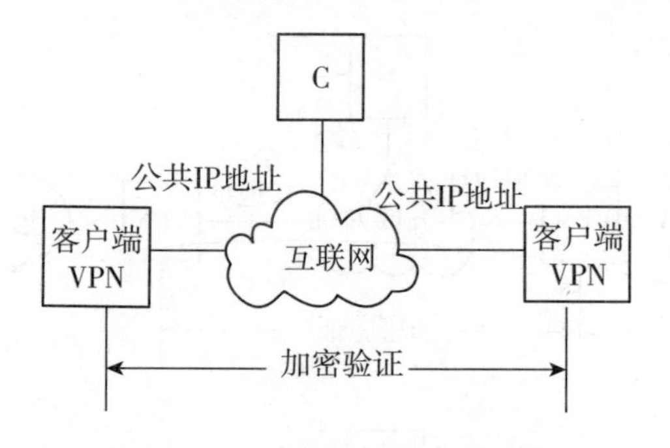

图 2-25　客户端到客户端 VPN

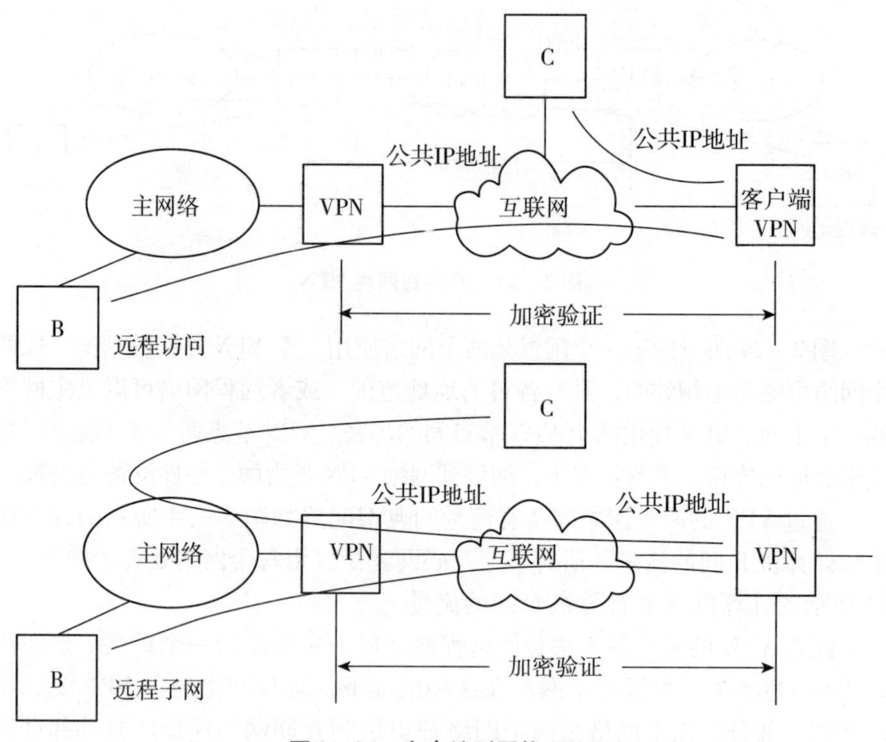

图 2-26　客户端到网络 VPN

如图 2-26 所示，客户端到网络 VPN 是后两种 VPN 配置的结合体。远程客户端使用 VPN 连接到主网络。这个连接提供到主网络的远程访问，并使得远程客户端看上去像在主网络上一样。远程客户端可以有两种配置，第一种配置是远程客户端有两个 IP 地址（用于和 VPN 连接的互联网上初始地址和用于和主网络上连接的客户端本身的地址）。所有到主网络上设备的流量都使用 VPN，所有不到主网络设备的流量都使用互联网。这种场景模仿了图 2-24 所示的远程网络 VPN。

第二种配置是来自客户端的全部流量进入主网络，如果它的目标地址是互联网，那么主网络就让这个流量通过，这种配置模仿了图 2－24 所示的远程子网 VPN。在这种场景中，客户端计算机应服从所有安全策略支配，这些策略可运用到主网络中的任何计算机。

VPN 有助于避免嗅探和验证。基于客户端的 VPN 在公共无线网络中很有用。VPN 也提供到受控网络的访问，因为主网络能够配置成只允许 VPN 流量通过，换句话说，允许任何经过验证的设备对网络进行访问，就像它在这个网络内一样。

（3）IP 安全（IPSEC）。IPSEC 指的是一种为 IPv6 设计的支持加密和验证的协议。IPSEC 可以用作 VPN 协议。IPSEC 使用一个头部支持验证，使用另一个头部支持加密和验证。IPSEC 并未指定加密算法或方法去管理密钥。图 2－27 为用在 IPv6 中的验证头部。

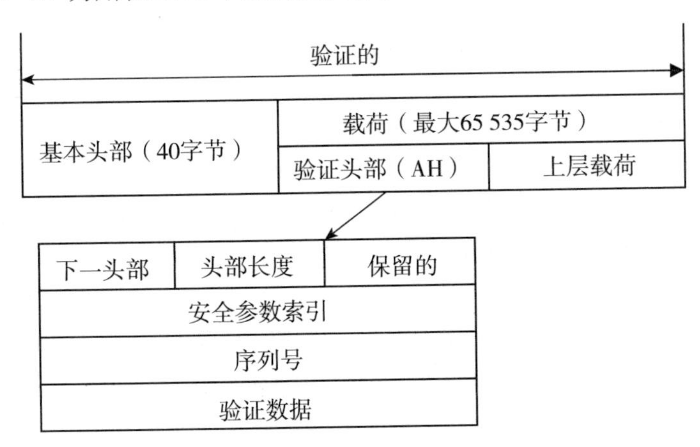

图 2－27　IPv6 数据包的验证

如图 2－27 所示，验证头部是一个扩展头部，用于验证数据。它确保数据不被更改。这是通过对整个数据包进行哈希计算（修改后的 IP 字段除外），然后使用安全密钥对这个哈希加密实现的。当接收者收到这个数据包时，它解密这个哈希值并计算接收数据包的哈希值，看它是否与随数据包发送的哈希相匹配。如果这两个哈希值匹配，那么接收者知道是一个安全密钥的设备发送了这个数据包。图 2－27 显示的验证头部有几个字段，包括了安全参数索引，用来区分同一数据流中所有数据包。序列号用来防止数据包的重发，发送的每个数据包有一个不同的序列号。验证数据字段是存储加密哈希值的字段。需要注意的是，验证头部不能阻止网络嗅探。对 IPv4 来讲，验证头部是载荷的一部分，因为 IPv4 不支持扩展头部。由于加密协议同时支持验证和加密流量，所以验证协议并没有被广泛采用。

第二个头部支持载荷加密，并且支持验证。加密协议称为封装安全载荷（Encapsulating Security Payload，ESP），如图 2－28 所示。

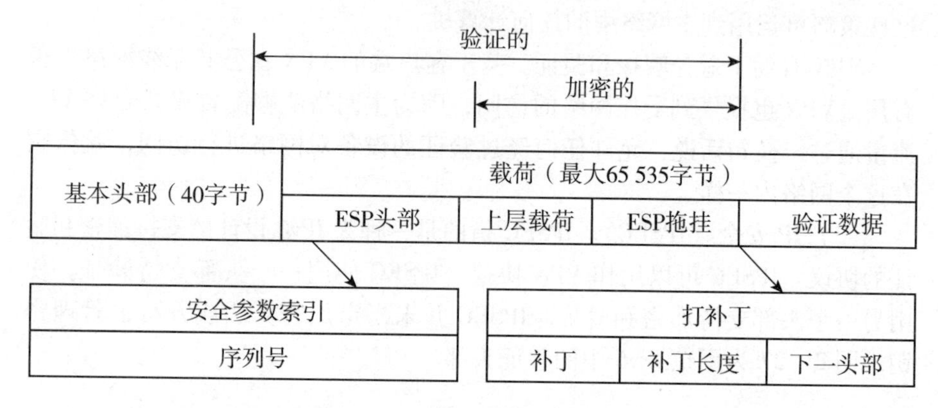

图 2－28　IPv6 数据包中的 ESP

如图 2－28 所示，ESP 由一个头部和一个尾部外加验证数据组成。由此可见，ESP 头部由一些与验证头部一样的参数构成。载荷是由安全密钥和 ESP 尾部一起加密的，ESP 尾部为加密算法填充载荷，并包含下一头部信息。验证数据是 ESP 头部、载荷和 ESP 拖挂的哈希值，ESP 头部也是 IPv4 载荷的一部分。

IPSEC 可以减少嗅探与验证攻击。IPSEC 实现的真正问题是密钥的分发。IPSEC 在 VPN 中运行得很好，密钥也很容易分发。如果对跨越互联网的通信使用 IPSEC，那么每个设备都不得不有一个加密密钥，且对方要知道这个密钥。

3. 传输层协议的常用对策

传输层安全的对策并不是很多，是由低层或者应用层提供的。现在已经有一个提供传输层安全的标准，也就是传输层安全或安全套接层。

传输层安全协议是设计成一个单独的层，位于应用与 TCP 之间，如图 2－29 所示。TLS/SSL 是为消除攻击者伪装成另一个设备时的嗅探攻击和针对主机的验证攻击而设计的。

TLS 协议的设计是为了验证服务器与可选客户端，只要是完成验证，客户端与服务器就会创建一个加密密钥，它们可使用这个密钥来加密流量，这些都是由 TLS/SSL 层处理的，并且该层对应用来说是透明的。图 2－30 显示了该协议的一个简化版本。

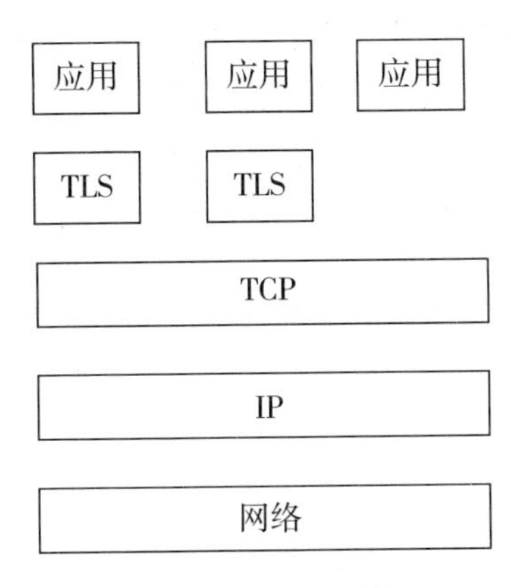

图 2－29　TLS 栈

如图 2－30 所示，该协议包括四个阶段。第一阶段是客户端和服务器同意使用加密和验证方法。第二阶段是服务器提供它的证书，并有选择地询问客户端的证书，相应的第三阶段是可选择的，即客户端提供它的证书。第四阶段是客户端和服务器交换会话密钥，会话密钥将用于客户端和服务器间所有的数据加密。TLS/SSL 被认为是安全的，虽然有些针对该协议的一般性攻击，其中唯一成功的攻击是中间人攻击。为了使中间人攻击得以

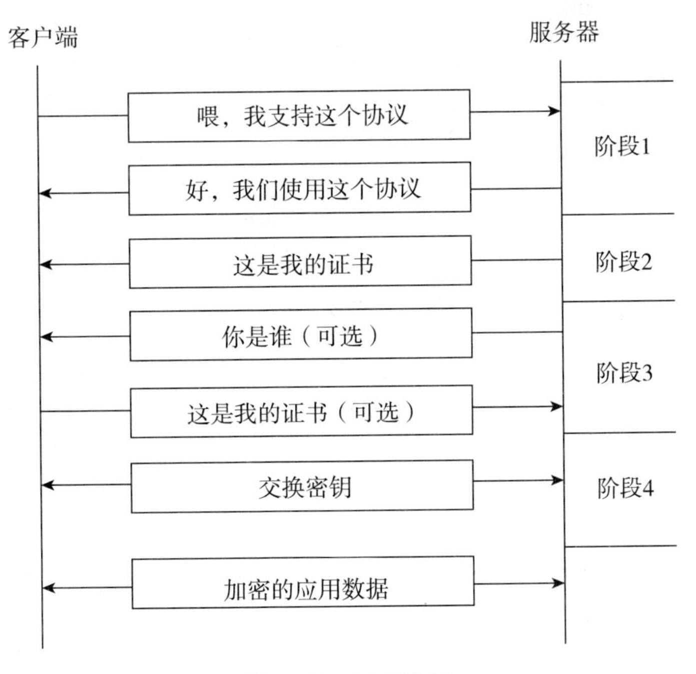

图 2－30　TLS 协议

实施，攻击者要把自己伪装成一个有效服务器，这种伪装是较困难的，除非客户端和有效服务器以前进行过通信或者客户端对服务器的验证有先前记录。若客户端不了解服务器，那么攻击者可伪装成一个有效服务器，并与真的服务器建立一个有效连接。TLS/SSL 能够减少验证及嗅探攻击。

2.3.2 应用层安全的常用对策

1. 电子邮件安全的常用对策

电子邮件的常用对策之一就是加密和验证。加密通常是用于防止由于事故或者恶意地浏览数据，并且防止嗅探网络流量。加密可用于通信一方或者双方的验证，对于电子邮件，有几个可以部署加密的地方，如图 2-31 所示。

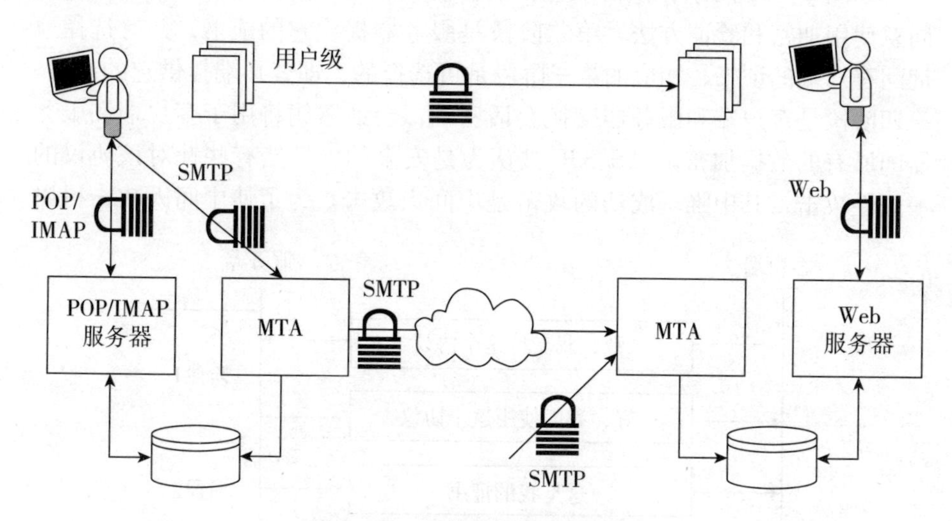

图 2-31 可能的加密和验证点

图 2-31 所示的每个可能的加密点提供了不同的安全级别，每个都有它自己的问题。第一个加密点是 MTA 之间的流量，有几个关于 MTA 之间的流量加密的提案可以提供每个 MTA 的验证，这些提案一直是作为减少垃圾邮件的方法而提出的，因为只有授权的 MTA 才可以发送电子邮件。从实现的角度来讲，还有几个问题有待解决，包括寻找每个 MTA 共享加密密钥的方法。加密密钥用于授权方，所以在 MTA 中必须受到保护，那么在 MTA 之间的密钥分配也一定要是安全的。

SMTP 可以加密的另一个位置是网络和 MTA 之间的用户，其最大的好处是用户的验证可以支持电子邮件的重放。但这仍然有密钥分配问题，可以采用公共密钥来处理，处理这个问题常用方法是使用用户代理的 IP 地址。

加密可以部署的下一个点是 MTA 和接收方的计算机，POP 和 IMAP 有安全版本，这些版本使用安全密钥提供附加的验证，也可以保护用户名和密码不被窃取。当用户通过 Web 站点访问电子邮件时，流量可以借助同样的方法进行加密，当然方法是由安全的 Web 站点来部署的。

上述内容为设备的验证，对于电子邮件来说真正需要的是发送方与接收方用户的验证。除此之外，若要关注未经授权而浏览电子邮件消息的问题，则电子邮件还应该受到端到端的加密保护。提供端到端的安全和验证的唯一合理的方法是依赖用户代理。最常用的是绝对私密协议（Pretty Good Privacy，PGP），它是由 Philip Zimmerman 在 20 世纪 90 年代的早期开发的。PGP 允许用户产生一个签名并加密的电子邮件消息，这样接收方是秘密的，并知道发送者的密钥。发送者也是秘密的，只有知道接收方密钥的用户才能阅读消息。图 2－32 显示了 PGP 消息的结构，以及电子邮件消息如何被签署和加密并传输到接收方。

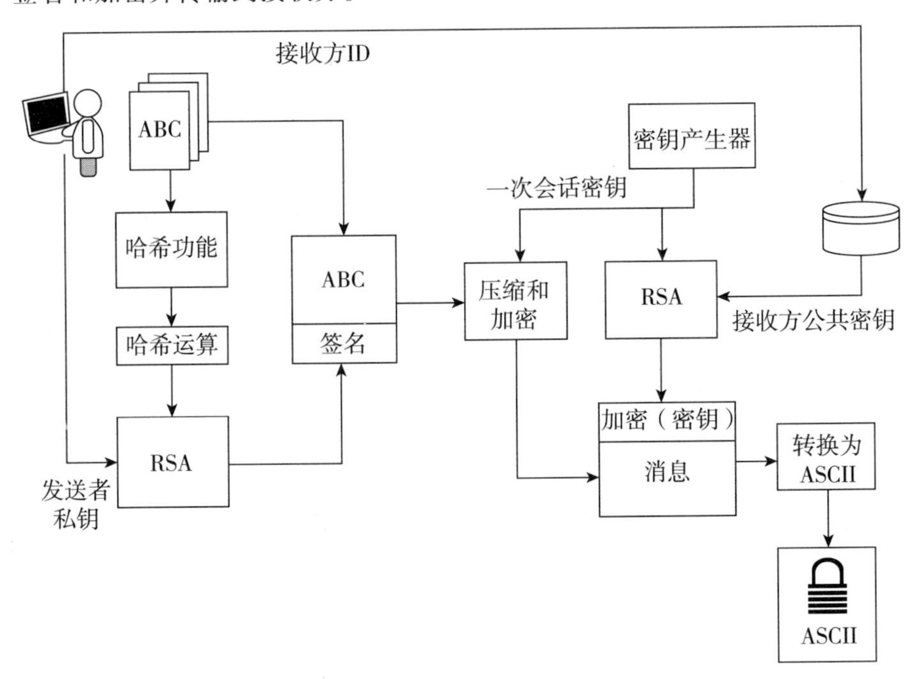

图 2－32　PGP 消息流程图

如图 2－32 所示，PGP 将用户消息输入到哈希功能模块中，并使用发送者的私钥对哈希值进行加密，其用于产生数字签名，数字签名被添加到消息中，签名后的消息被压缩，并使用对称密钥进行加密，加密密钥使用随机数发生器产生，一次会话密钥需要传输到接收方并且只有接收方才能打开，这是由加密会话密钥通过公共密钥加密完成的。加密密钥是接收方的公共密钥，加密会话密钥附在加密消息中，结果转换为 ASCII 码，使其便于通过电子邮件传输。

如图 2 - 33 所示，抽取消息的过程是相反的，外来的消息由 ASCII 码转换成二进制形式，并将加密会话密钥由消息中抽取出来。除了加密会话密钥，消息中还包含识别指定消息接收者的信息，这就允许有多个识别码，每个有不同的公钥、私钥对，加密密钥字段中的识别码是用于私钥的索引，接收者的私钥用于会话密钥的脱密，会话密钥用于消息的脱密。抽取消息数字签名，在数字签名字段中包含一个识别码用来指出发送消息的用户是谁。发送者识别码用于查询发送者的公共密钥，公共密钥又用于数字签名的脱密，并抽取哈希值，然后消息传输到哈希功能模块，对两个哈希值进行比较，如果它们相等，那么就表明消息被成功接收。

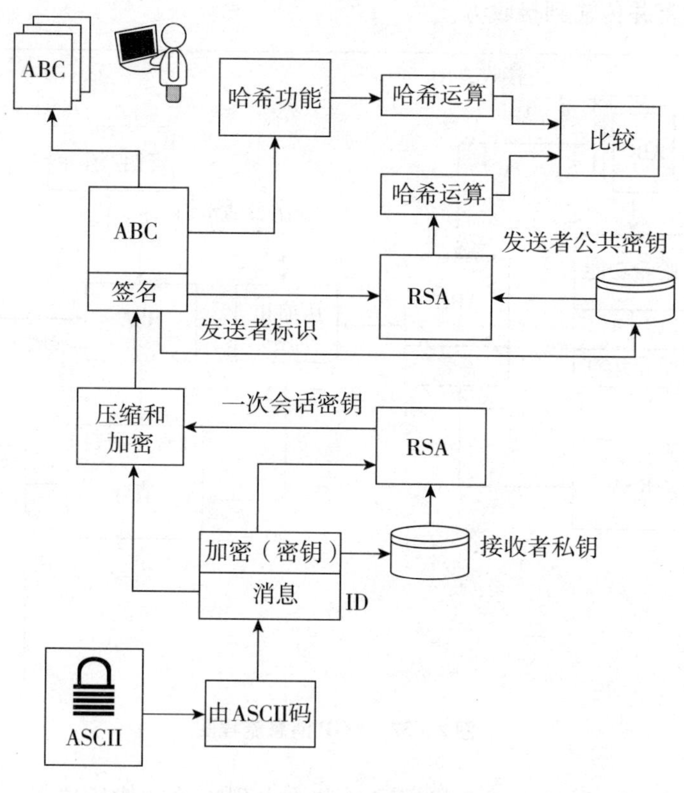

图 2 - 33　PGP 消息确认

PGP的采纳等级适当，PGP的强度可被很好地测试，一直没有主要的安全问题。它被广泛采纳的阻碍来自密钥分配和密钥管理问题。密钥分配的主要问题是如何知道公共密钥的所有者及如何获得某人的公共密钥。公共密钥分配及确认这些密钥代表的，实际上还没有一个被广泛采纳的方法。此外，大多数人并不认为他们的电子邮件重要到要采用这样的安全级别。但是，PGP可解决窃听问题，并能够用来进行电子邮件消息的发送者和接收者的识别。

2. Web安全的常用对策

客户端Web保护的方法之一就是使用URL过滤器，它可对用户可访问的网址进行控制。URL过滤器的判断依据为基于最终目的地址或者被请求的网址，主要包括三种方法：客户端、代理服务器和网络，而且每种方法都部署一个禁止访问站点的黑名单或者一个只由能访问站点组成的白名单。对于任何基于黑名单的过滤器，最大的问题是保持名单更新，这是十分困难的，劳动强度较高。如果名单要保持最新，名单提供者将需要不间断地搜索互联网以寻找与过滤标准匹配的URL。典型的做法是名单提供者将过滤名单上的URL进行分类，终端用户能够选择阻止哪一类网址，URL数据库一般只包含URL的哈希值，而不是实际的网址。这样做是为了加速搜索并减少存储需求，同时还可以对名单提供者的（网址名单）知识产权进行保护。

典型的情况是将客户端过滤器作为一个软件楔子进行部署，软件楔子被插入网络协议栈监控所有的Web流量。图2－34所示的就是软件楔子的可能位置。

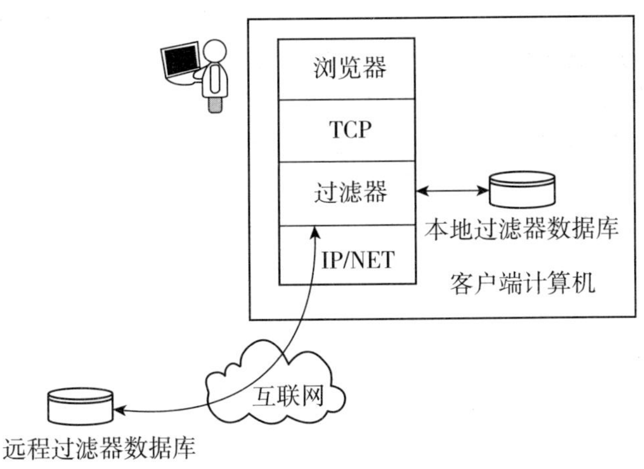

图2－34　客户端网址过滤器

将过滤器放入协议栈，用户禁止它就很困难了。在协议栈的准确定位依赖于过滤器的部署。如图 2 – 34 所示，过滤器既可以有本地站点数据库，也可以有远程数据库，远程数据库在查询之前要允许连接。

基于代理服务器的过滤器使用 Web 代理服务器，它负责处理来自浏览器的 Web 请求，并从互联网或本地高速缓存检索文档。Web 代理服务器是为减少网络流量和加速请求而设计的，因为它缓存了请求的应答。为了使用 Web 代理服务器，浏览器需要被告知它应当向代理服务器索求 URL。图 2 – 35 所示为在浏览器、代理服务器和远程网站之间的交互。过滤器数据库可以部署在代理服务器中或者位于远程，但感觉上好像和客户端过滤器是在一起的。

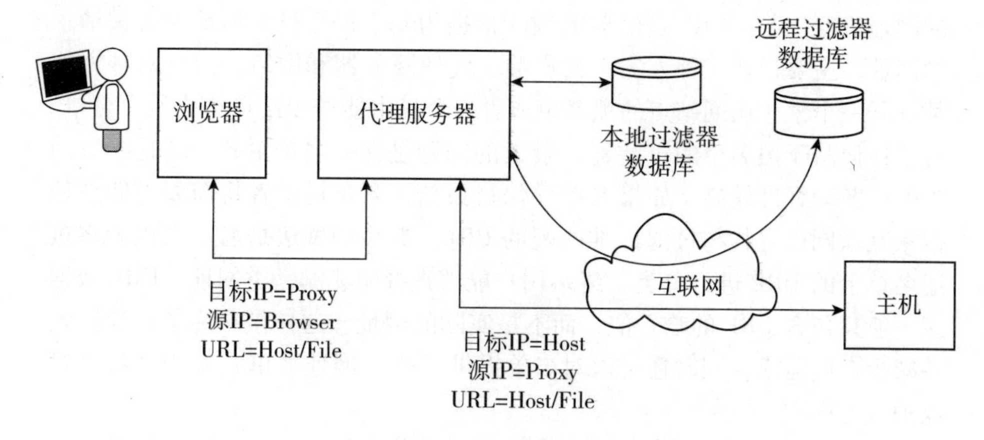

图 2 – 35　Web 代理服务器过滤器

从图 2 – 35 可看到，浏览器给包含文档网址的代理服务器发送一个 HTTP 请求，其使用的 IP 地址是代理服务器的 IP 地址。这与通常的 HTTP 请求是不同的，这里的 IP 地址是包含文档的目标主机的 IP 地址。代理服务器然后给最终主机发送一个 HTTP 请求，回应被缓存并返回到浏览器。如果 URL 与过滤器规则发生冲突，那么代理服务器返回一个网页，指出用户请求的网址不允许或不存在。就像我们将在关于匿名互联网的章节中看到的，由于每个使用代理服务器的客户端获得的返回地址是相同的，所以代理服务器也可以用来帮助隐藏客户端。

不同于基于客户端或基于代理服务器的方法，基于网络的 URL 过滤器部署在网络的出口点并检查通过网络的流量，它没有必要改变客户端。基于网络的方法可以把它作为一个网络设备（例如路由器）一样进行部署，有时作为防火墙的一部分。在这种情况中，这个设备需要有 IP 地址，还将路由数据包基于网络的过滤器也能作为一个透明设备部署。这个透明设备实际上并不传递流量，它嗅探网络上的流量并决定连接是否应当被终止。有两种类型的透明网络过滤器：联机的和被动式的。联机式的设备有两个网络连接，当监听流量时，从一个端口向另一个端口传递所有流量。被动式的设备使用一个混杂的模式接口来嗅探流量。图 2 - 36 所示为三个不同的基于网络的过滤器。

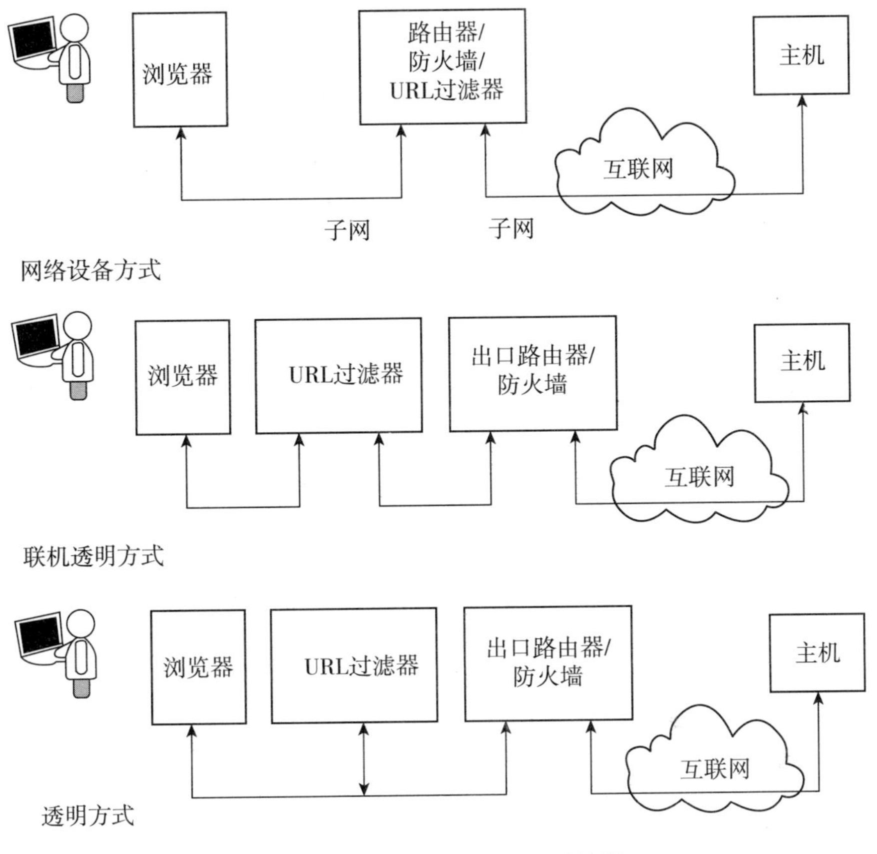

图 2 - 36　基于网络的 URL 过滤器

这三种方式均可以使用本地数据库或者远程数据库。在基于网络的过滤器与基于客户端或代理服务器的过滤器之间的另一个不同之处是用来停止连接的方法。在基于代理服务器或客户端的过滤器中，停止连接是容易的并能返回一条阻塞消息。基于客户端的过滤器可以因网络流量返回阻塞消息（一条作为 HTML 文档的一部分的阻塞消息）或通过操作系统返回一条消息。就像前面讨论的，代理服务器能返回包含阻塞消息的 HTML 文档。在基于网络的过滤器中，源计算机已经与目标之间建立了网络连接，且 URL 作为网络流量传递。这两个主要方法的使用，取决于你想要的结果，如果仅仅是要终止连接，那么这个设备能向源点和终点计算机发送一个数据包告知两边终止连接。网络过滤器可以欺骗浏览器和服务器的 IP 地址，双方就会认为是另一方在请求连接终止。

还有一种方法是从服务器方偷窃连接，并给浏览器发回一条 HTTP 重定向消息。具体做法是假装为客户端，向服务器发送一个连接终止数据包，又假装为服务器，向浏览器发送一条 HTTP 重定向消息。于是浏览器被改向到一个网页，并告知它做错了什么。

代理服务器可以设计为绕过基于网络的过滤器，它是通过在浏览器和代理服务器之间差用 SSL 加密流量实现的，这可以通过阻塞代理服务器的 IP 地址来处理。

第3章 信息加密技术

在密码学中，信息加密技术（算法）是研究信息的数学变换，以防止第三方对信息进行窃取、破坏其机密性的技术。信息加密技术是获得信息保密的实用工具，是信息安全的核心。

20世纪70年代以后，随着互联网技术的发展，信息加密技术已经扩展到涵盖身份认证、信息完整性检查、数字签名、安全多方计算等各类技术。

明文（Plaintext）是指未加密的信息，是密码算法的输入。密文（Ciphertext）是指已加密的信息，是密码算法的输出。加密变换（Encryption）是指实现明文到密文的变换过程，这种变换的规则称为加密算法。解密变换（Decryption）是指将密文还原成明文的过程，这种还原的规则称为解密算法。加密变换和解密变换一般是可逆的。为了恢复信息，加密变换必须是可逆的，逆变换就是解密变换。

设明文空间为 M，密文空间为 C，密钥空间分别为 K_1 和 K_2，其中，K_1 是加密密钥构成的集合，K_2 是解密密钥构成的集合。加密变换为 E_{k1}：$M \rightarrow C$，其中，$k_1 \in K_1$，它由加密器完成。解密变换为 D_{k2}：$C \rightarrow M$，其中 $k_2 \in K_2$，它由解密器完成，称总体（M，C，K_1，K_2，E_{k1}，D_{k2}）为密码系统或密码体制。对给定的明文 $m \in M$，密钥 $k_1 \in K_1$，加密变换将明文 m 变换成密文 c，即

$$c = E_{k1}(m) \tag{3-1}$$

利用解密密钥 $k_2 \in K_2$，对收到的密文 c 进行解密变换得到原明文 m，即

$$m = D_{k2}(c) \tag{3-2}$$

1883年，Kerchoffs 给出了密码算法重要假设：假设对手已经知道了密码系统的密码算法，即密码系统的安全性只依赖于密钥。结合香农信息论原理，毛文波指出一个好的密码体制应该满足如下条件。

（1）加密算法和解密算法不包含秘密的成分或设计部分。

（2）加密算法 E 将有意义的消息（明文）均匀地分布在整个密文空间中，甚至可以由 E 某些随机的内部运算来获得随机的分布。

（3）使用正确的密钥，则加解密算法是实际有效的。

（4）密文恢复出相应的明文是一个由密钥安全参数的大小唯一决定的。

3.1 对称加密算法

如果密码系统每个关联的加/解密的密钥对相同，或者从一个确定另一个，在计算上都是容易的，则称此密码系统为对称密码体制（One－Key or Symmetric Cryptosystem）。对称密码体制的安全性主要取决于密钥的安全性。对称密码体制主要分为分组密码（Block Cipher）和流密码（Stream Cipher）。

3.1.1 流密码

流密码也称为序列密码，具有实现简单、便于硬件实施、加/解密处理速度快、没有或只有有限的错误传播等特点，因此在实际中有着广泛的应用。

1949 年香农证明了只有一次一密的密码体制是绝对安全的。然而，一次一密会造成密钥长度与明文一样长，存储和传递密钥的代价很大，所以在实际应用中很少使用。因此，人们通常是根据一组密钥源（种子密钥）和一个密钥序列生成（Key Generator）来产生伪随机密钥序列，这样就解决了密钥过长产生的存储和传递问题。

传统的流密码算法一般分为两个部分：驱动部分和非线性组合部分。它们的任务分别是：驱动部分控制存储器的状态转移，负责提供若干供组合部分使用的周期大的、性质好的密钥流序列。驱动部分通常由具有极大周期的 m 序列提供，而非线性部分通常由密码学性质良好的布尔函数构成。

代数攻击的提出，对传统流密码算法产生了极大的威胁。人们发现，通过对线性序列非线性化来生成伪随机序列越来越困难。因此，一些新的流密码算法（如 Trivium、Grain 等）采用变化的代数次数系统，从而可以有效地抵抗现有的代数攻击。

ECRYPT（European network of excellence for Cryptology）是欧洲欧盟第

六框架计划（Sixth Framework Programme，FP6）下的信息社会技术（Information Society Technologies，IST）基金支持的一个为期4年的项目。2004年ECRYPT启动了eSTREAM流密码计划的研究项目，广泛征集可以成为适合使用的新流密码的计划。该计划征集了多达34个流密码体制，这些密码体制几乎涉及了流密码的各个方面。该计划要求所提交的流密码体制（密钥为80bit、128bit或256bit）至少有一项指标优于高级加密标准（Advanced Encryption Standard，AES），同时鼓励征集带有认证机制的流密码，并将流密码体制分成软件实现和硬件实现两类，着重于研究在资源受限和大吞吐量环境中使用的流密码。本节通过介绍Grain算法来说明流密码算法设计的趋势。

Grain算法是由瑞典的Hell、Johans son和瑞士的Meier共同设计的一种面向硬件的流密码算法，适合于资源受限场合的信息加密，如移动通信采用的加密算法。在最初的算法版本Grain v 0.0中，由于其非线性布尔函数过于简单以及该算法的初始化过程存在弱点，设计者对Grain算法进行修改后又提交了Grain v1算法，算法密钥长度为80bit。此外，设计者还提交了128bit密钥版本的Grain算法。Grain v1算法是eSTREAM最终入选的7种流密码算法之一。

1. Grain v1 算法描述

Grain算法分为密钥流产生过程和初始化过程，密钥长度为80bit，初始向量（Initial Vector，IV）长度为64bit，适用于对硬件资源（如门电路数、能量消耗、内存）限制很大的环境。Grain算法由非线性反馈移位寄存器（Non－linear Feedback Shift Register，NFSR）、线性反馈移位寄存器（Linear Feedback Shift Register，LFSR）和输出函数 $h(x)$ 组成。Grain算法流程如图3－1所示。

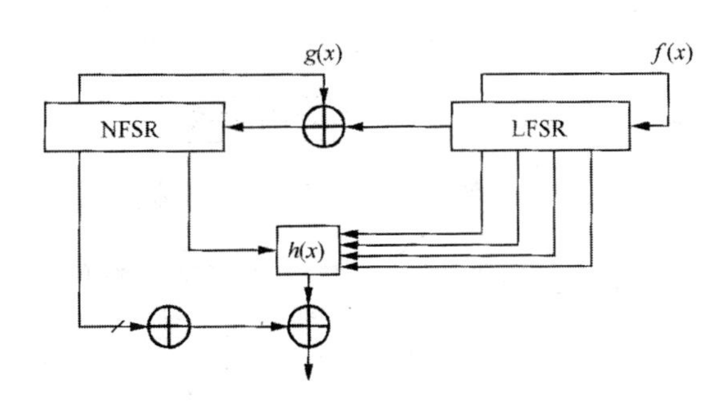

图3－1　Grain算法流程

2. 密钥流（Keystream）产生过程

（1）线性反馈移位寄存器。LFSR 为 80 级的线性反馈移位寄存器，反馈多项式为

$$f(x) = 1 + x^{18} + x^{29} + x^{42} + x^{57} + x^{67} + x^{80} \tag{3-3}$$

LFSR 从右向左运动，每个时钟周期运动 1 拍，状态位从左至右按比特记为 S_t，S_{t+l}，S_{t+2}，…，S_{t+79}。状态位的更新，可表示为 $S_{t+80} = S_{t+62} \oplus S_{t+51} \oplus S_{t+38} \oplus S_{t+23} \oplus S_{t+13} \oplus S_t$，其中，符号$\oplus$表示两个比特串的异或。

（2）非线性反馈移位寄存器。NFSR 为 80 级的非线性反馈移位寄存器，反馈多项式为

$$g(x) = 1 + x^{17} + x^{28} + x^{35} + x^{43} + x^{47} + x^{52} + x^{59} + x^{65} + x^{71} + x^{80} + x^{17}x^{20} + x^{43}x^{47} + x^{65}x^{71} + x^{20}x^{28}x^{35} + x^{47}x^{52}x^{59} + x^{17}x^{35}x^{52}x^{71} + x^{20}x^{28}x^{43}x^{47} + x^{17}x^{20}x^{59}x^{65} + x^{17}x^{20}x^{28}x^{35}x^{43} + x^{47}x^{52}x^{59}x^{65}x^{71} + x^{28}x^{35}x^{43}x^{47}x^{52}x^{59} \tag{3-4}$$

NFSR 从右向左运动，每个时钟周期运动 1 拍，状态位从左至右按比特记为 b_t，b_{t+1}，b_{t+2}，…，b_{t+79}，LFSR 的状态位 S_t，参与 NFSR 状态位的更新，NFSR 状态位的更新可表示为

$$b_{t+80} = S_t \oplus b_{t+63} \oplus b_{t+60} \oplus b_{t+52} \oplus b_{t+45} \oplus b_{t+37} \oplus b_{t+33} \oplus b_{t+28} \oplus b_{t+21} \oplus b_{t+15} \oplus b_{t+9} \oplus b_t \oplus b_{t+63}b_{t+60} \oplus b_{t+37}b_{t+33} \oplus b_{t+15}b_{t+9} \oplus b_{t+60}b_{t+52}b_{t+45} \oplus b_{t+33}b_{t+28}b_{t+21} \oplus b_{t+63}b_{t+45}b_{t+28}b_{t+9} + b_{t+60}b_{t+52}b_{t+37}b_{t+33} \oplus b_{t+63}b_{t+60} b_{t+21}b_{t+15} + b_{t+63}b_{t+60}b_{t+52}b_{t+45}b_{t+37} \oplus b_{t+33}b_{t+28}b_{t+21}b_{t+15}b_{t+9} \oplus b_{t+52}b_{t+45} b_{t+37}b_{t+33}b_{t+28}b_{t+21} \tag{3-5}$$

（3）滤波函数。滤波函数为五元布尔函数，表达式为

$$h(x) = x_1 \oplus x_4 \oplus x_0x_3 \oplus x_2x_3 \oplus x_3x_4 \oplus x_0x_1x_2 \oplus x_0x_2x_3 \oplus x_0x_2x_4 \oplus x_1x_2x_4 \oplus x_2x_3x_4 \tag{3-6}$$

其中，$x_0 = s_{t+3}$，$x_1 = s_{t+25}$，$x_2 = s_{t+46}$，$x_4 = s_{t+63}$。

（4）密钥流产生。从 NFSR 取 b_{t+1}、b_{t+2}、b_{t+4}、b_{t+10}、b_{t+31}、b_{t+43}、

b_{t+56}及滤波函数的输出的 h 共计 8bit 做模 2 加运算，得到 1bit 的密钥流，记为 ks，可表示为

$$ks = b_{t+1} \oplus b_{t+2} \oplus b_{t+4} \oplus b_{t+10} \oplus b_{t+31} \oplus b_{t+43} \oplus b_{t+56} \oplus h \quad (3-7)$$

3. 初始化过程

记 80 个比特密钥为 k_0，k_1，k_2，…，k_{79}，记 64 个比特 IV 为 v_0，v_1，v_2，…，v_{63}。首先，将密钥载入 NFSR，即 $b_{t+i} = ki$（$0 \leqslant i \leqslant 79$），将 IV 作为前 64bit 状态载入 LFSR，LFSR 后 16 位用 1 填充，即 $S_{t+i} = vi$（$0 \leqslant i \leqslant 63$），$S_{t+i} = 1$（$64 \leqslant i \leqslant 79$）。然后，密钥流 ks 与移位寄存器 NFSR 及 LFSR 的反馈进行模 2 加运算，运行密钥流产生过程 160 拍，完成初始化过程。初始化过程如图 3 -2 所示。

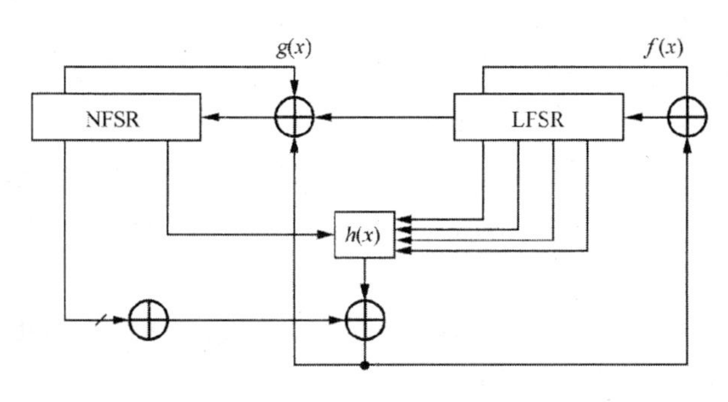

图 3 -2　初始化过程

在 FSE2006 上，Berbain、Gilbert 和 Maximov 通过恢复密钥攻击，破解了 Grain v0。Grain v1 为 Grain v0 的修改版本，可抵抗前述攻击。Cannire 等人对 Grain v1/128 的密钥初始化过程进行了分析，Lee 等进行了相关密钥选择 IV 攻击。以上关于 Grain v1/128 的攻击本质上均为相关密钥攻击。2008 年，eSTREAM 最终评估报告认为 Grain v1/128 是很安全的，但指出，密钥初始化过程需要修改。

3.1.2　分组密码

现代分组密码的研究始于 20 世纪 70 年代中期，至今已近 40 年的历史，这期间人们在这一领域已经取得了丰硕的研究成果。分组密码的研究主要包括分组密码的设计理论、分组密码的安全性分析、分组密码的统计性能测试。

顾名思义，分组密码每次作用于固定大小的分组。分组密码首先将明

文分为 m 个分组，即 p_1，p_2，…，p_m，然后对每个分组执行相同的变换，最终得到 m 个密文分组 C_1，C_2，…，C_m。

分组密码算法设计要遵循香农于 1949 年提出的混乱（Confusion）原则和扩散（Diffusion）原则。混乱是使得密文的统计特性与密钥的取值之间的关系尽量复杂，以至于这种统计特性对密码分析者来说是无法利用的。扩散是指密钥的每一比特影响尽可能多的密文比特，以防止对密钥进行逐段破译，而且明文的每一比特也应影响尽可能多的密文比特，以便隐蔽明文数字的统计特性。

1. 数据加密标准

美国国家标准局（National Bureau of Standards，NBS）于 1977 年 1 月 15 日正式公布数据加密标准（Data Encryption Standard，DES）算法，并将其作为美国联邦信息处理标准。2001 年 11 月，美国公布了新的 AES，不再使用 DES。尽管如此，DES 极大地推动了密码理论的发展和应用，对于研究分组密码的基本理论、设计思想等方面仍有极其重要的作用。

（1）DES 加密算法。DES 是一个 16 轮的 Feistel 型密码，它的分组长度为 64，用一个 56bit 的密钥来加密一个 64bit 的明文串，并获得一个 64bit 的密文串，具体加密过程如下。

1）给定一个明文 x，通过一个固定的初始置换（Initial Permutation，IP）作用于明文 x 获得 x_0，即

$$x_0 = IP(x) = L_0R_0 \tag{3-8}$$

式中：L_0和 R_0分别为 x_0的左边 32bit 和右边 32bit。

2）进行 16 轮相同的运算，每一轮运算为

$$\begin{cases} L_i = R_{i-1} \\ R_i = L_{i-1} \oplus f(R_{i-1}, K_i) \end{cases} \tag{3-9}$$

式中：符号⊕表示两个比特串的异或；f 是轮函数；$1 \leqslant i \leqslant 16$；$K_i$是轮子密钥，长度均为 48bit，轮子密钥 K_i是密钥 K 的一个置换选择。

3）对比特串 $R_{16}L_{16}$做初始置换 IP 的逆置换 IP^{-1}，得到密文 y，即 $y = IP^{-1}$（$R_{16}L_{16}$）。

需要注意一点，最后一轮运算后，左右两边没有交换，而是将 $R_{16}L_{16}$作为 IP^{-1}的输入，这样保证了算法的加密和解密的相似性。

轮函数 f 的第一个自变量是 R_{i-1}，第二个自变量是 K_i，计算 f（R_{i-1}，

K_i）的过程如下。

A. 首先根据一个固定的扩展函数 E，将 R_{i-1}，扩展成一个长度为48bit的串 K_i。

B. 计算 E（R_{i-1}）$\oplus K_i$，并将结果写成8个6bit串的并联，即 $B=B_1B_2B_3B_4B_5B_6B_7B_8$。

C. 使用8个S盒 $S_1S_2S_3S_4S_5S_6S_7S_8$，每个 S_i 是一个固定的4x16阶矩阵，它的元素为0~15这16个数字。给定一个长度为6的比特串，例如 $B_j=b_1b_2b_3b_4b_5b_6$，按下述办法计算 S_j（B_j），用二进制数 b_1b_6 对应的十进制整数 r（$0\leqslant r\leqslant 3$）来确定矩阵 S_j 的行，二进制数 $b_1b_2b_3b_4b_5$ 对应的十进制数 C（$0\leqslant C\leqslant 15$）来确定矩阵 S_i 的列，S_j（B_j）就等于矩阵 S_i 第 r 行第 C 列的整数所对应的二进制表示，记为 $C_i=S_j$（B_j），$1\leqslant j\leqslant 8$。

D. 根据置换 P，对32bit的串 $C=C_1C_2C_3C_4C_5C_6C_7C_8$ 作置换，则 f（R_{i-1}，K_i）$=P$（C）。

（2）DES解密算法。由于DES结构具有对称性，因此解密和加密算法一致，把密文 y 作为输入，逆序使用轮子密钥 K_{16}，K_{15}，……，K_1，输出将是明文 x。

（3）DES的密钥扩展算法。DES共有16轮迭代，每轮迭代要使用一个不同的从初始密钥 K 得到的长度为48bit的子密钥 K_i（$1\leqslant i\leqslant 16$）。K 是一个长度为64的比特串，其中，第8位，第16位，…，第64位为校验位。校验位使得每一个字节（8bit）含有奇数个1。在轮子密钥的计算中，不考虑校验位，计算方法如下。

1）给定一个64bit的密钥 K，删掉8*b*it校验位，并利用一个固定置换 $PC-1$ 置换 K 剩下的56bit，记 $PC-1$（K）$=C_0D_0$，其中，C_0 是 $PC-1$（K）的左28bit，D_0 是 $PC-1$（K）的右28bit。

2）对每一个 i，$1\leqslant i\leqslant 16$，将 C_{i-1} 和 D_{i-1} 分别左循环移 l 位得到 C_i 和 D_i，其中，当 $i=1$，2，9，16时，$l=1$；否则 $l=2$。

3）对 C_iD_i 做固定置换 $PC-2$ 得到轮子密钥 K_i，即 $K_i=PC-2$（C_iD_i）。

（4）DES的安全性。几乎所有人都认为DES密钥长度只有56bit，安全性密钥空间的规模256对实际而言确实是太小了，无法抵抗穷尽密钥搜索攻击。而事实证明的确如此，美国科罗拉多州程序员VerSer从1997年3月13日开始，耗时96天利用Internet分布式计算能力成功找到DES的密钥，获得了RSA公司颁发的10000美元奖金。1999年，钉子边境基金会用22.25个小时就宣告完成RSA公司发起的DES挑战。

在 DES 使用期间，人们对分组密码的研究取得了重要的理论进展，20 世纪 90 年代提出的差分分析和线性分析是分组密码安全性分析进程中最有意义的进展，具有抵抗这两种攻击能力，也成为分组密码一项重要的安全性指标。利用差分分析和线性分析在理论上可以破解 DES 密码。

2. 三重数据加密算法

密码学中，3DES（或称为 TripleDES）是三重数据加密算法（Triple Data EnCryption Algorithm，TDEA）的通称。它相当于是对每个数据块应用 3 次 DES 加密算法。由于计算机运算能力的增强，原版 DES 密码的密钥长度变得容易被暴力破解。3DES 只是用来提供一种相对简单的加密方法，即通过增加 DES 的密钥长度来避免类似的攻击，而不是设计一种全新的块密码算法。

（1）3DES 加解密算法。3DES 使用密钥包，其中包含 3 个 DES 密钥，即 K_1、K_2和 K_3，均为 56 位（除去奇偶校验位）。加密算法为

$$C = E_{k_3}(D_{k_2}(E_{k_1}(P))) \tag{3-10}$$

也就是说，使用 K_1为密钥进行 DES 加密，再用 K_2为密钥进行 DES 解密，最后以 K_3进行 DES 加密。而解密则为其反过程，即

$$P = D_{k_1}(E_{k_1}(D_{k_3}(C))) \tag{3-11}$$

即以 K_3解密，以 K_2加密，最后以 K_1解密。

（2）3DES 密钥选项。三重数据加密算法有 3 种密钥选项。

1）密钥选项 1：3 个密钥是独立的。

2）密钥选项 2：K_1和 K_2是独立的，而 $K_3 = K_1$。

3）密钥选项 3：3 个密钥均相等，即 $K_1 = K_2 = K_3$。

密钥选项 1 的安全强度最高，拥有 $3 \times 56 = 168$ 个独立的密钥位。密钥选项 2 的安全性稍低，拥有 112 个独立的密钥位。该选项比 DES 两次的安全强度稍高，即仅使用 K_1和 K_2，因为它可以防御中间人攻击。密钥选项 3 等同于 DES，只有 56 个密钥位。这个选项提供了与 DES 的兼容性，因为第 1 次和第 2 次 DES 操作相互抵消了。

无论是加密还是解密，中间一步都是前后两步的逆。这种做法提高了使用密匙选项 2 时的算法强度，并在使用密钥选项 3 时与 DES 兼容。

3. 高级加密标准 AES

1997 年 1 月 2 日，美国国家标准技术研究所（National Institute of

Standards and Technology，NIST）宣布征集一个新的对称密钥加密算法作为取代 DES 的新加密标准，命名为高级加密标准。高级加密标准在密码学中又称 Rijndael 加密算法，是美国联邦政府采用的一种对称加密标准。这个标准用来替代原先的 DES，已经被多方分析且广为全世界所使用。经过 5 年的甄选流程，高级加密标准由美国国家标准技术研究所于 2001 年 11 月 26 日发布于 FIPSPUB197，并在 2002 年 5 月 26 日成为有效的标准。2006 年，高级加密标准已成为对称密钥加密中最流行的算法之一。

该算法为比利时密码学家 Joan Daemen 和 VinCent Rijmen 所设计，结合两位作者的名字，命名为 Rijndael。不同于 DES，Rijndael 使用的是置换一组合架构，而非 FeiStel 架构。AES 在软件及硬件上都能快速地加/解密，相对来说较易于实现。

（1）AES 状态矩阵。AES 的分组长度固定为 128bit，加解密过程的中间各步的结果被称为一个状态（State），每个状态也是 128bit。将每个状态从左至右划分为 16 个字节：S_{00}，S_{10}，S_{20}，S_{30}，S_{01}，S_{11}，S_{21}，S_{31}，S_{02}，S_{12}，S_{22}，S_{32}，S_{03}，S_{13}，S_{23}，S_{33}，将这 16 个字节依次排成一个 4x4 的矩阵，即

$$\begin{pmatrix} S_{00} & S_{01} & S_{02} & S_{03} \\ S_{10} & S_{11} & S_{12} & S_{13} \\ S_{20} & S_{21} & S_{22} & S_{23} \\ S_{30} & S_{31} & S_{32} & S_{33} \end{pmatrix}$$

我们称之为状态矩阵，AES 的加密过程是基于状态矩阵来进行的。

AES 的分组长度固定为 128bit，密钥长度则可以是 128bit、192bit 或 256bit。密钥的长度以 4 个字节为单位来表示，记为 N_k，$N_k=4$，6，8，分组长度记为 $N_b=4$，迭代轮数记为 N_r，它们之间的关系见表 3－1（Rijndael 算法中 $N_b=4$，6，8，而 AES 规定 $N_b=4$）。

表 3－1　Rindael 的轮数和密钥长度的关系

N_r	$N_b=4$	$N_b=6$	$N_b=8$
$N_k=4$	10	12	14
$N_k=6$	12	12	14
$N_k=8$	14	14	14

（2）AES 的加密算法。同 DES 一样，AES 也是由基本的变换单位轮变换多次迭代而成。AES 轮变换记为 *Round*（*State*，*RoundKey*）。这里 *State* 是状态矩阵，既是输入，也是输出；*RoundKey* 是轮子密钥矩阵，由初始密钥扩展得到。一轮的完成会改变 *State* 的值。

轮变换（除了最后一轮）由 4 个不同的变换组成，这些变换如下。

Round（***State***，***RoundKey***）

{

SubBytes（***State***）

ShiftRow（***State***）

MixColumns（***State***）

AddRoundKey（***State***）

}

最后一轮轮变换记为 *FinalRound*（*State*，*RoundKey*），它等于不使用 *MixColumns*（*State*）函数的 *Round*（*State*，*RoundKey*），这类似于 DES 最后一轮的情形。

1）字节代替变换 *SubBytes*（*State*）为状态矩阵中每一个元素 x 提供一次非线性代换，任意非零字节 $x \in F_{2^8}^*$ 用下面变换所代替。

$$\boldsymbol{y} = \boldsymbol{A}\boldsymbol{x}^{-1} + \boldsymbol{b} \tag{3-12}$$

其中，

$$\boldsymbol{A} = \begin{pmatrix} 1 & 0 & 0 & 0 & 1 & 1 & 1 & 1 \\ 1 & 1 & 0 & 0 & 0 & 1 & 1 & 1 \\ 1 & 1 & 1 & 0 & 0 & 0 & 1 & 1 \\ 1 & 1 & 1 & 1 & 0 & 0 & 0 & 1 \\ 1 & 1 & 1 & 1 & 1 & 0 & 0 & 0 \\ 0 & 1 & 1 & 1 & 1 & 1 & 0 & 0 \\ 0 & 0 & 1 & 1 & 1 & 1 & 1 & 0 \\ 0 & 0 & 0 & 1 & 1 & 1 & 1 & 0 \end{pmatrix}, \boldsymbol{b} = \begin{pmatrix} 1 \\ 1 \\ 0 \\ 0 \\ 0 \\ 1 \\ 1 \\ 0 \end{pmatrix}$$

若 x 是零字节，那么 $y=b$。

2）行移位 *ShiftRow*（*State*）是将状态阵列的各行进行循环移位，不同状态行的（立移量不同。第 0 行不移动，第 1 行循环左移 1 个字节，第 2 行循环左移 2 个字节，第 3 行循环左移 3 个字节。

$$\begin{pmatrix} s_{00} & s_{01} & s_{02} & s_{03} \\ s_{10} & s_{11} & s_{12} & s_{13} \\ s_{20} & s_{21} & s_{22} & s_{23} \\ s_{30} & s_{31} & s_{32} & s_{33} \end{pmatrix} \xrightarrow{ShiftRow(\,)} \begin{pmatrix} s_{00} & s_{01} & s_{02} & s_{03} \\ s_{11} & s_{12} & s_{13} & s_{10} \\ s_{22} & s_{23} & s_{20} & s_{21} \\ s_{33} & s_{30} & s_{31} & s_{32} \end{pmatrix}$$

3）在列混合变换 *MixColumns*（*State*）中，将状态阵列的每列视为有限域 F_{2^8} 上的多项式，再与一个固定的多项式 a（x）进行模 x^4+1 乘法。

$$\begin{pmatrix} s_{00} & s_{01} & s_{02} & s_{03} \\ s_{10} & s_{11} & s_{12} & s_{13} \\ s_{20} & s_{21} & s_{22} & s_{23} \\ s_{30} & s_{31} & s_{32} & s_{33} \end{pmatrix} \xrightarrow{MixColumns(\,)} \begin{pmatrix} t_{00} & t_{01} & t_{02} & t_{03} \\ t_{10} & t_{11} & t_{12} & t_{13} \\ t_{20} & t_{21} & t_{22} & t_{23} \\ t_{30} & t_{31} & t_{32} & t_{33} \end{pmatrix}$$

令 s_j（x）$=s_{3j}x^3+s_{2j}x^2+s_{1j}x+s_{0j}$，$0\leqslant j\leqslant 3$；$t_j$（$x$）$=t_{3j}x^3+t2_jx^2+t_{1j}x+t_{0j}$，$0\leqslant j\leqslant 3$，做 F_{2^8} 上的多项式运算 t_j（x）$=a$（x）s_j（x）（$\bmod x^4+1$），其中 a（x）$=\{03\}x^3+\{01\}x^2+\{01\}x+\{02\}$。

4）轮密钥加变换 *AddRoundKey*（*State*）是将轮密钥简单地与状态进行逐比特异或。轮密钥由种子密钥通过密钥扩展算法得到。

$$\begin{pmatrix} s_{00} & s_{01} & s_{02} & s_{03} \\ s_{10} & s_{11} & s_{12} & s_{13} \\ s_{20} & s_{21} & s_{22} & s_{23} \\ s_{30} & s_{31} & s_{32} & s_{33} \end{pmatrix} \xrightarrow{AddRoundKey(\,)} \begin{pmatrix} t_{00} & t_{01} & t_{02} & t_{03} \\ t_{10} & t_{11} & t_{12} & t_{13} \\ t_{20} & t_{21} & t_{22} & t_{23} \\ t_{30} & t_{31} & t_{32} & t_{33} \end{pmatrix}$$

$$(t_{0j},t_{1j},t_{2j},t_{3j}) = (s_{0j},s_{1j},s_{2j},s_{3j}) \oplus (k_{0j},k_{1j},k_{2j},k_{3j}),0 \leqslant j \leqslant 3 \quad (3-13)$$

5）密钥扩展（KeyExpanSion）算法是指从种子密钥得到轮密钥的过程，它由密钥扩充和轮密钥选取两部分组成。其基本步骤如下。

A. 种子密钥被扩充成为扩展密钥。

B. 轮密钥从扩展密钥中取，其中第 1 轮轮密钥取扩展密钥的前 N_b 个字，第 2 轮轮密钥取接下来的 N_b 个字，依此类推。

密钥扩展范围如下。

种子密钥范围为 $W[0]:W[N_k-1]$。

扩展密钥范围为 $W[0]:W[N_b(N_r+1)-1]$。

例如，当 $N_b=N_k=4$，$Nr=10$ 时，种子密钥为 $W[0]:W[3]$ 的 4B（共 128bit），扩展密钥除以上 4B，还扩展出了 $W[0]:W[43]$ 的 40B，总共 $4+40=44$B。

扩展算法根据 $N_k \leqslant 6$ 和 $N_k>6$ 不同，分为两种算法，详细描述请参阅文献。

RijNdael 的开发者设计了密钥扩展算法来防止已有的密码分析攻击。使用了与轮数相关的轮常量以有效防止不同轮中产生的密钥相似性。

（3）AES 安全性分析。

1）对于 Rinjdael 密码算法，不存在可预测的扩散率大于 2^{-150} 的 4 轮差分轨迹，即不存在大于 2^{-300} 的 8 轮差分轨迹。

2）对于 Rinjdael 密码算法，不存在可预测的线性逼近率大于 2^{-75} 的 4 轮差分轨迹，即不存在大于 2^{-150} 的 8 轮差分轨迹。

4. 分组密码的研究现状

随着 DES 的出现，国际上对分组密码进行了深入的研究和分析。目前已经有很多分组密码分析技术，如强力攻击（包括穷尽密钥搜索攻击、字典攻击、查表攻击、时间—存储折中攻击）、差分密码分析、线性密码分析（包括多重线性密码分析）、差分—线性密码分析、插值攻击、能量分析、错误攻击、定时攻击等。

AES 的征集活动在国际上又引起了一次新的分组密码研究热潮。欧洲和日本分组密码的研究活动相继启动，推动了相关标准的征集和制定工作，例如欧洲的 NES SIE（New European Schemess for Signatures，Integrity and Encryption）计划。我国也在筹划将制定密码标准化的课题列入“863”计划中。

目前，分组密码的重点研究方向有以下几个方面。

（1）新型分组密码的研究。

（2）分组密码的实现，包括软件优化、硬件和专用芯片的实现等。

（3）用于设计分组密码的各种组件研究。

（4）分组密码安全性综合评估原理与准则的研究。

（5）AES 和 NESSIE 分组密码的分析及其应用研究。

3.1.3 分组密码的工作模式

分组密码的工作模式是：根据不同的数据格式和安全性要求，以一个具体的分组密码算法为基础，构造一个分组密码系统。分组密码的工作模式应当力求简单、有效和易于实现。1980 年 12 月，FIPS81 标准化了为 DES 开发的 4 种工作模式。这些工作模式适合任何分组密码。仅以 DES 为例介绍分组密码主要的 4 种工作模式。

（1）电码本模式

直接使用 DES 算法对 64bit 的数据进行加密的工作模式就是电码本（EleCtroniC Code Book，ECB）模式。在这种工作模式下，加密变换和解密变换分别为

$$c_i = DES_k(p_i) \tag{3-14}$$

$$p_i = DES_k^{-1}(c_i) \tag{3-15}$$

其中，$i=1, 2, \cdots$，k 是 DES 的种子密钥，p_i和 c_i分别是第 i 组明文和密文。在给定密钥下，p_i有 2^{64}种可能的取值，c_i也有 2^{64}种可能的取值，各（p_i，c_i）彼此独立，构成一个巨大的单表代替密码，因而称其为电码本模式。

每次加密均产生独立的密文分组，密文分组相互不影响。优点是算法简单，没有误差传递的问题，即一个分组在传输或处理的过程中发生错误不会影响到其他分组；缺点是不能隐藏明文的模式，在密钥一定的情况下，相同明文分组对应密文分组也相同，在某些环境中可能会造成严重的安全问题。

（2）密码分组链接模式。如上所述，ECB 工作模式存在一些显见的缺陷。为了克服这些缺陷，这里应用分组密码链接技术来改变分组密码的工作模式。

密码分组链接（Cipher Block Chaining，CBC）工作模式是：在密钥固定不变的情况下，改变每个明文组输入的链接技术。在 CBC 模式下，每个明文组 p_i在加密之前，先反馈至输入端的前一组密文 c_{i-1}逐比特模 2 相加后再加密。假设待如密的明文分组为 $p=p_i$，p_2，$\cdots$，p_m，按如下方式加密各组明文 p_i（$i=1, 2, \cdots$）。

$$c_0 = IV(\text{初始值}) \tag{3-16}$$

$$c_i = DES_k(m_i + c_{i-1}), i = 1,2,\cdots \tag{3-17}$$

明文加密前需先与前面的密文进行异或运算，然后再加密，因此，选择不同的初始向量相同的明文加密后也能产生不同的密文，使用 CBC 链接技术的分组密玛的解密过程为

$$c_0 = IV(\text{初始值}) \tag{3-18}$$

$$p_i = DES_k^{-1}(c_i) + c_{i-1} \tag{3-19}$$

优点是：密文上下文关联，能隐蔽明文的数据模式，数据如果被替换、重排、删除或网络错误都无法完成解密还原。缺点是：密文中任一位发生变化会涉及后面一些密文组，即出现错误传播。

（3）密码反馈模式。分组密码算法也可以用于同步序列密码，就是所谓的密码反馈（Cipher Feedback，CFB）模式。若待加密消息需按字符、字节或比特处理时，可采用 CFB 模式，并称待加密消息按 j 比特处理的 CFB 模式为比特 CFB 模式。图 3－3 上端是一个开环移位寄存器。加密之前，先给该移位寄存器输入 64bit 的初始值 IV，它就是 DES 的输入，记为 x_0。DES 的输出 y_j的最左边 s 比特和第 i 组明文 p_i逐比特模 2 相加得密文 C_i。C_i作为第 i 组密文发出，并反馈至开环移位寄存器最右边的 s 个寄存器，使下一组明文加密时 DES 的输入 64bit 依赖于密文 C_i。

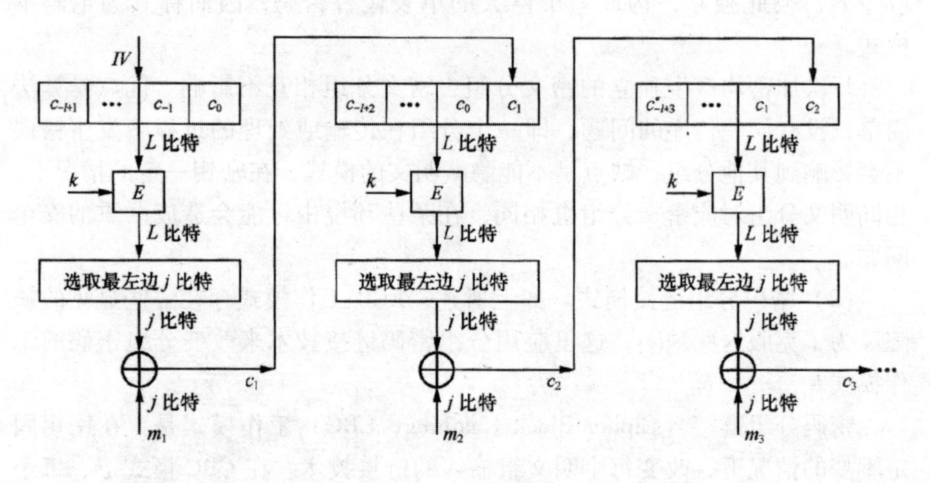

图 3－3　CFB 模式

CFB 模式优点如下：①CFB 模式可使明文数据的统计规律得到较好的隐蔽，还适应用户不同数据格式的需求；②具有有限步的错误传播，可用

于认证；③可实现自同步。

CFB 模式不足如下：①存在错误传播的问题；②加密效率低：一次只能完成 j 个比特的明文数据加密。

（4）输出反馈模式。

输出反馈（Output Feedback，OFB）模式类似于 CFB 模式。两种模式均将分组密码算法作为一个密钥流生成器，二者区别在于，OFB 模式中将分组密码算法 E 输出的 L 比特的最左边 j 比特直接反馈至移位寄存器的右方，而 CFB 模式则是将比特密文单元反馈回移位寄存器。

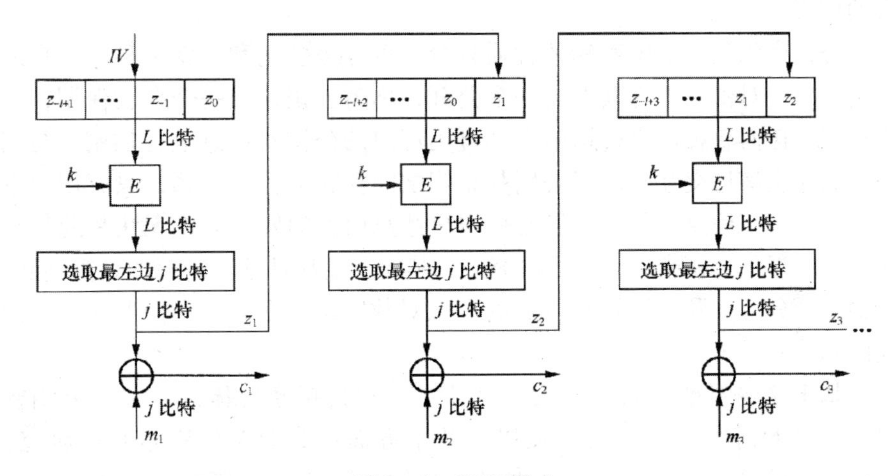

图 3－4　OFB 模式

OFB 模式优点如下：①这是将分组密码当作序列密码使用的一种方式，但轮数与明文和密文无关这里的轮数指的是被作为序列密码使用时的密钥流序列；②不具有错误传播特性。

OFB 模式缺点如下：①加密效率低；②不能实现报文的完整性认证。

上述介绍的模式有各自的特点和用途：ECB 模式适用于对字符加密，如密钥加密；OFB 模式常用于卫星通信中的加密；对于 CBC 和 CFB 模式，当改变一个明文分组 x_i 时，从 y_i 开始，其后所有密文分组都会受到影响，这一性质说明这两种模式都适用于认证系统。更明确地说，这些模式可被用来产生一个消息认证码，即 MAC。它能使消息接收方相信给定的明文序列的确来自合法发送者，而没有被篡改，这样可保障消息的完整性。

3.2　非对称加密算法

公钥密码体制的概念是于 1976 年由美国密码学专家 Diffie 和 Hellman

提出的，有两个重要的原则：第一，要求在加密算法和公钥都公开的前提下，其加密的密文必须是安全的；第二，要求对于所有加密的人和把握私人秘密密钥的解密人的计算或处理都较为简单，但对于其他不把握秘密密钥的人，破译应是极其困难的。

随着计算机网络的发展，信息保密性要求的日益提高，公钥密码算法体现出了对称密钥加密算法不可替代的优越性。近年来，公钥密码加密体制和PKI、数字签名、电子商务等技术相结合，保证网上数据传输的机密性、完整性、有效性、不可否认性，在网络安全及信息安全方面发挥了巨大的作用。

公钥密码算法中的密钥依性质划分，可分为公钥和私钥两种。用户或系统产生一对密钥，将其中的一个公开，称为公钥；另一个自己保留，称为私钥。任何获悉用户公钥的人都可用用户的公钥对信息进行加密，与用户实现安全信息交互。由于公钥与私钥之间存在的依存关系，只有用户本身才能解密该信息，任何未经授权用户甚至信息的发送者都无法将此信息解密。在近代公钥密码系统的研究中，其安全性都是基于难解的计算问题。例如大数分解问题、计算有限域的离散对数问题、平方剩余问题、椭圆曲线的对数问题等。

基于这些困难性问题，人们设计了各种公钥密码体制。关于公钥密码有众多的研究，主要集中在以下几个方面：①RSA公钥体制的研究；②椭圆曲线密码体制的研究；③其他公钥密码体制的研究；④数字签名研究。

公钥加密体制具有以下优点：①密钥分配简单；②密钥的保存量少；③可以满足互不相识的人之间进行私人谈话时的保密性要求；④可以完成数字签名和数字鉴别。

3.2.1 RSA

RSA加密算法是一种非对称加密算法，在公开密钥加密和电子商务中被广泛使用。RSA于1977年由Ron Rivest、Adi Shamir和Leonard Adleman一起提出的，RSA就是他们3个人姓氏开头字母拼在一起组成的。大整数因数分解的难度决定了RSA算法的可靠性。换言之，对一个极大整数做因数分解越困难，RSA算法越可靠。

尽管如此，还是有一些RSA算法的变种被证明为其安全性依赖于因数分解。假如有人找到一种快速因数分解的算法，那么用RSA加密的信息的可靠性就会极度下降，但找到这种算法的可能性非常小。现在只有极短的

RSA 钥匙才可能被强力方式破解。

1. 公钥与私钥的产生

假设 Alice 想要通过一个不可靠的媒体接收 Bob 的一条私人消息，可以用以下的方式来产生一个公钥和一个私钥。

（1）随意选择两个大的质数 p 和 q，p 不等于 q，计算 $N=pq$。

（2）根据欧拉函数，求得 $r=\varphi(N)\ \varphi(p)\ \varphi(q) = (p-1)(q-1)$。

（3）选择一个小于 r 的整数 e，求得 e 关于模 r 的模逆元素，命名为 d（模逆元素存在，当且仅当 e 与 r 互质）。

（4）将 p 和 q 的记录销毁。

（N，e）是公钥，（N，d）是私钥。Alice 将她的公钥（N，e）传给 Bob，而将她的私匙（N，d）保存起来。

2. 加密消息

假设 Bob 想给 Alice 发送一个消息 M，他知道 Alice 产生的 N 和 e。他使用事先与 Alice 约好的格式将 M 转换为一个小于 N 的整数 m，比如，他可以将每一个字转换为这个字的 UNicode 码，然后将这些数字连在一起组成一个数字。假如他的信息非常长，则可以将这个信息分为几段，然后将每一段转换为 m。利用式（3－20）可以将 m 加密为 c。

$$m^e \equiv c \pmod N \tag{3-20}$$

计算 c 并不复杂。Bob 算出 c 后就可以将它传递给 Alice。

3. 解密消息

Alice 得到 Bob 的消息 c 后就可以利用她的密钥 d 按式（3－21）来将 c 转换为 m。

$$c^d \equiv m \pmod N \tag{3-21}$$

得到 m 后，就可以将原来的信息 M 重新复原。

4. RSA 参数的选择

（1）模数 N 的选择。虽然迄今人们无法证明，破解 RSA 系统等于对 N 因子进行分解，但一般相信 RSA 系统的安全性等同于因子分解，也就是说若能分解因子 N，就能攻破 RSA 系统；若能攻破 RSA 系统，即能分解因子 N。因此，在使用 RSA 系统时，对于模数 N 的选择非常重要。在 RSA 算法中，通过产生的两个大素数 p 和 q 相乘得到模数 N，而后分别通过对它们的数学运算得到密钥对。由此，分解模数 N 得到 p 和 q 是最显然的攻击方法，当然也是最困难的方法，如果模数 N 被分解，攻击者利用得到的 p 和 q 便可计算出 $\varphi(N)=(p-1)(q-1)$，进而通过公开密钥 e 得到解密密钥 d，则 RSA 体制立刻被攻破。相当一部分对 RSA 的攻击就是试图分解模数 N，选择合适的 N 是实现 RSA 算法并防止漏洞的重要环节。一般地，模数 N 的确定可以遵循以下几个原则：①p 和 q 的长度相差不能太大，一般要求 p 和 q 等长；②$p-1$ 和$q-1$ 的最大公因子应很小；③p 和 q 必须为强素数，即 $p-1$ 和 $q-1$ 都应该包含大的素因子，且 $p-1$ 和 $q-1$ 的最大公因子要尽可能地小；④p 和 q 应大到使得因子分解 N 在计算上不可能发生。

（2）加密指数 e 的选取。在 RSA 算法中，e 和 $\varphi(N)$ 互素的条件容易满足，如果选择较小的 e，则加/解密的速度加快，也便于存储，但会导致安全问题。一般选择固定的加密指数 $e=2^{16}+1$，既可以有效防止攻击，又有较快速度。

（3）解密指数 d 的选取。根据初等数论知识，在 e 和 $\varphi(N)$ 互素的情况下，由欧几里得扩展算法求得 d，使得 $ed=1 \bmod \varphi(N)$，为了抵抗解密指数攻击，解密指数 d 的长度要求大于大合数 N 长度的1/4。

5. 安全性

假设攻击者乙获得了甲的公钥 N 和 e 以及丙的加密消息 c，但他无法直接获得甲的密钥 d。要获得 d，最简单的方法是将 N 分解为 p 和 q，这样他可以得到同余方程 $de \equiv 1 \bmod (p-1)(q-1)$，并解出 d，然后代入解密公式导出 m，恢复出消息 M。但至今为止还没有人找到一个多项式时间的算法来分解一个大的整数，同时也还没有人能够证明这种算法不存在。

1994 年，Peter Shor 证明一台量子计算机可以在多项式时间内进行因数分解。假如量子计算机有朝一日可以成为一种可行的技术，那么 Peter Shor 的算法可以淘汰 RSA 和相关的衍生算法（即依赖于分解大整数困难性的加密算法）。假如有人能够找到一种有效的分解大整数算法，或者假如量子计算机可行，那么在解密和制造更长的钥匙之间就会展开一场竞争。但从原理上来说，RSA 在这种情况下是不可靠的。

3.2.2 ElGamal 公钥系统

ElGamal 加密算法是由 T. ElGama1 于 1985 年开发的。这样的加密算法安全性是基于求解离散对数问题的困难性。

1. 有限域 F_p 上的离散对数问题

该离散对数问题指的是：给定一个素数 p 和 F_p 上的一个本原元 g，对 $y \in F_p^*$，求整数 x，$0 \leqslant x \leqslant p-2$，使得 $y = g^x \bmod p$ 成立。

通常用 $x = \log_g^y$ 来表示，并称 x 是 y 的以 g 为底关于模 p 的离散对数。对于 $y = g^x \bmod p$，给定 g、x 和 p，计算 y 是容易的。反过来，若已知 y、g 和 p，当 p 是大素数时，找到一个 x，使等式 $y = g^x \bmod p$ 成立则是困难的。如果 p 较小，该问题就可以用穷尽查找法来解决。对于大素数 p，模 p 指数运算是一个单向函数。

ElGamal 公钥体制的密钥是通过选择一个大素数 p 生成的。通常建议 $p-1$ 能被另一个大素数整除，计算出一个生成器数字（即 Z_p^* 的本原元）g，并选择一个比 $p-1$ 小的随机数 a。有了这些数字后，计算 $b = g^a \pmod p$。公钥是由（p，g，b）这 3 个数字组成。要找出给定公钥的私钥 a，攻击者必须要能求解这个离散对数问题才可以。

2. 加解密算法

如果 Bob 要发送一条消息给 Alice，可以先找到 Alice 的公钥（p，g，b），并用整数 m（$0 \leqslant m \leqslant p-1$）表示该消息，然后选用一个随机密钥 k（$k < p-1$）。有了这些数字后，Bob 可计算以下两个数。

$$C_1 = g^k \tag{3-22}$$

$$C_2 = mb^k \tag{3-23}$$

Bob 就可以将密文 $C =$（C_1，C_2）发送给 Alice。当 Alice 接收到该密文后，利用私钥 a，通过以下计算就可以还原明文。

$$m = C_2 C_1^{-a} \bmod p \tag{3-24}$$

因为 $C_2 C_1^{-a} = mb^k (g^k)^{-a} = mg^{ak} g^{-ak} = m \bmod p$，所以式（3-24）是成立的。

3. 生成器数字

Bob 和 Alice 在使用 ElGamal 公钥系统中面临的唯一问题是，找一个生成器数字（本原元），该数字与他们选的素数 p 相关联。

寻找素数 p 及其生成器数字 g 的最好方法是构建已知其因子分解形式的 $p-1$。

实现这种方法的步骤如下。

（1）选择一个随机数n，它将确定 $p-1$ 的素数因子个数。

（2）选择n个随机素数 q_1，q_2，…，q_n。

（3）选择n+1个随机数 e_0，e_1，…，e_n作为指数。

（4）定义素数 p 为 $p=(2^{e_0}q_1^{e_1}q_2^{e_2}\cdots q_n^{e_n})+1$。

（5）验证 p 是否为素数。

如果 p 是素数，就有了 $p-1$ 的分解因子，从而可用它们来得出生成器数字。

需要注意的是，ElGamal 加密方案是一种随机化加密方案（使用了随机数 k），随机化加密技术的思想就是通过随机化的方法增加加密的安全性。ElGamal 加密方案使用不同的随机数 k 加密不同的消息。假设使用同一个 k 加密两个消息 m_1和 m_2，结果为（C_1^1，C^1，2）和（C_1^2，C^2，2），由于 C_2^1/C^2，$2=m_1/m_2$，若 m_1是已知的，则 m_2就很容易算出来。

3.2.3　背包公钥体制

1978 年，Merkle 和 Hellman 首先提出了一个现在称为 MH 背包体制（Knapsack System）的公钥密码体制。虽然它和其几个变形在 20 世纪 80 年代初被 Shamir 等破译了，但它的思想和有关理论揭示了公钥密码算法的本质，所以仍然具有深刻的理论研究价值。

一般的背包问题可以描述为：已知向量 $A=(A_1, A_2, \cdots, A_n)$，$A_i$为整数，给定向量 $x=(x_1, x_2, \cdots, x_n)$，$x_i\in\{0, 1\}$，求 $s=\sum_{i=1}^{n}a_ix_i$，$x_i\in\{0, 1\}$ 是容易的，但已知 A 和 s，求 x 使上式成立却非常困难。称此问题为背包问题或子集和问题，A 为背包向量。

一般的，若背包向量 $A=(a_1, a_2, \cdots, a_n)$ 满足 $a_i>\sum_{j=1}^{i=1}a_j$，$i=2, \cdots, n$，则称 A 为简单背包向量，相应的背包问题为简单背包问题。简单背包容易求解。这是因为给定 A 和 s 后，容易证明下式成立。

$$\begin{cases} x_n=1 \Leftrightarrow s \geqslant a_n \\ x_n=0 \Leftrightarrow s < a_n \end{cases} \tag{3-25}$$

由该式可以解简单背包的贪心算法（Greedy Algorithm）。先选最大的数 a_n放入背包，若能放入，令相应的 x_n为 1；否则令相应的 x_n为 0。再从 s 中减去 x_na_n后求 x_{n-1}。依此类推，直到求出 x_1为止。

利用解简单背包容易而解一般背包困难这一事实，Merkle 和 Hellman 设计了如下的公钥密码体制。Merkle－Hellman 公钥体制（简称 M－H 体制）构造如下。

（1）每个用户随机选择一个简单背包向量 $\{a_i\}_{i-1}^{n}$，模数为 $M > \sum_{i=1}^{n} a_i$，Z_M^* 中一对互逆元 w 和 w^{-1}。

（2）计算 $b_i = wa_i \pmod M$，$i = 1, 2, \cdots, n$。用户公开密钥为 $\{b_i\}_{i=1}^{n}$，私人密钥为 $\{a_i\}_{i=1}^{n}$、w^{-1}及 M。

（3）用户欲加密 $m = (m_1, m_2, \cdots, m_n)$，只要计算 $c = E_k(m) = \sum_{i=1}^{n} m_i b_i$。

（4）解密时，用户先计算 $s \equiv w^{-1}c \pmod M$，再以 $\{a_i\}_{i=1}^{n}$和 s 作为贪心算法的输入，所得解 $m = (m_1, m_2, \cdots, m_n)$。这是因为 $s \equiv w^{-1}c \sum_{i=1}^{n} m_i b_i \pmod M \equiv \sum_{i=1}^{n} m_i (w^{-1} b_i) \pmod M \equiv \sum_{i=1}^{n} m_i (w^{-1} w a_i) \pmod m = \sum_{i=1}^{n} m_i a_i$，然而有两种成功的破译方法可以破译 Merkle－Hellman 公钥体制：Shamir 的破译法和 Lagarias 与 Odlyzko 的破译法。另外，用遗传算法可以破译 $n = 100$ 的 Merkle－Hellman 公钥体制的密码。因此，这种背包体制不再成为未来公钥密码的候选体制。

3.2.4 公开密钥算法的研究现状

自从 1976 年公钥密码的思想提出来以后，国际上已经有许多种公钥密码体制，例如基于大整数因子分解问题的 RSA 体制和 Rabin 体制、基于有限域上离散对数问题的 Diffie－Hellman 公钥体制和 ElGamal 公钥体制、基于背包问题的 Merkle－Hellman 体制和 Chor－Rivest 体制等。

目前比较流行的公钥密码体制主要有两类：一类是基于大整数因子分解问题的，其中最典型的代表是 RSA 体制；另一类是基于离散对数问题的，如 ElGamal 公钥体制和椭圆曲线公钥密码体制。由于分解大整数的能力日益增强，为保证 RSA 体制的安全性，需要不断地增加模长。目前 768 位模长的 RSA 体制已经不安全。一般建议使用 1024 位模长，预计要保证 20 年的安全性，就要选择 2048 位的模长，模长的增加大大增加了计算和通信的负荷。但基于离散对数问题的公钥密码只需要 512 位的模长就能够保证安全性，特别是因为椭圆曲线上离散对数的计算比有限域上离散对数的计算要困难，目前只需要 160 位模长就可以保证其安全性。

1994年，Shor利用量子纠缠性和叠加性，提出了著名的大数因子分解的量子算法——Shor算法。利用该算法的思想并借助量子计算机，可以有效地解决离散对数和椭圆曲线上的离散对数问题。Shor算法使得目前广泛使用的基于以上3类难解问题的公钥密码系统受到了巨大挑战，一旦量子计算机制造出来，这些公钥密码系统将不能继续使用。因此，研究既能抵抗传统密码分析，又能抵抗量子密码分析的公钥密码体制是公钥密码学发展中的一个重要方向。

目前，公钥密码的重点研究方向如下。

（1）用于设计公钥密码的新数学模型和单向陷门函数的研究。

（2）针对实际应用环境的公钥密码设计。

（3）公钥密码的快速实现研究，包括算法优先和程序优化、软件实现和硬件实现。

（4）公钥密码的安全性评估问题，特别是椭圆曲线公钥密码的安全性评估问题。

（5）公钥密码在当今热点技术（如网络安全、电子商务、PKI、信息及身份认证等）中的应用还将是持续研究热点。

3.3 量子密码技术

经典密码学中的对称密码体制和公钥密码体制虽然能在一定程度上实现保密通信，但在实际应用中都存在不足：对称密码体制需要通信双方提前共享大量绝对安全的密钥，这些密钥本身必须通过安全的信道分发，然而这并不是一个容易实现的问题，因为目前为止没有证明存在绝对安全的信道；公钥密码体制的安全性是建立在用经典计算机求解诸如大数分解、离散对数等数学问题是困难的基础上，但是随着经典计算机计算能力的提高和量子计算机取得的重大突破，该类密码体制将面临严峻的挑战。在这种情况下，20世纪80年代，量子密码学应运而生，为安全保密通信提供了一个全新的方法。

与经典密码通信不同，量子保密通信的安全性不是基于计算的复杂性，而是源于量子物理学的基本特性，其安全性由海森堡定理所保障。这使得量子保密通信具有两个基本特征，即通信无条件安全性及对窃听的可检测性。量子通信协议正是量子保密通信技术的核心，其研究主要集中在量子密匙分发（Quantum Key Distribution，QKD）协议方面。QKD 协议解决了经典密码体制中的密钥安全分发问题，使得攻击者即使手中拥有了无限的计算能力，也仍然无法对密码系统的安全性构成威胁。目前，量子保密通信研究已不仅停留在理论阶段，它已经在逐步走向实用化研究的新阶段。

本节将主要介绍两个经典的 QKD 协议，即 BB84 协议和 B92 协议。

3.3.1　量子比特与量子测量

在经典信息理论中，信息的载体是比特（bit）。经典比特有两种状态，1 或者 0，分别来表示其所携带信息的两种状态。与其相对应，在量子通信理论中，最基本的单位是一个量子比特（qubit），用 $|\psi\rangle$ 表示。数学上，量子系统可以用线性代数的语言描述。在二维 Hilbert 状态空间 f^2 中，两个标准的基态 $|0\rangle=(1,0)^T$ 和 $|1\rangle=(0,1)^T$，它们构成了状态空间中的一组正交基。在这种描述下，任意一个单量 $|\psi\rangle$ 可以表示为

$$|\psi\rangle = \alpha|0\rangle + \beta|1\rangle \tag{3-26}$$

其中，α，$\beta \in f$ 且满足归一化条件 $|\alpha|^2+|\beta|^2=1$。从式（3-26）可以看出，量子比 $|\psi\rangle$ 不再只表示 $|0\rangle$ 和 $|1\rangle$ 两种状态，它可以落在这两种状态之外，处于 $|0\rangle$ 和 $|1\rangle$ 的任意线性叠加态。$|\psi\rangle$ 的对偶向量记为 $|\psi\rangle$，两个向量 $|\psi\rangle$ 和 $|\varphi\rangle$ 的内积记为 $\langle\psi|\square\rangle$。

量子测量是提取量子信息的有效手段。一般的量子测量由一组线性算子 $\{M_m\}$ 来描述。这些算子作用在要测量系统的状态空间上，且满足如下完备性条件。

$$\sum_m m M_m^{\hat{e}} M_m = I \tag{3-27}$$

其中，m 表示测量可能产生的结果。假设测量前系统处于状态 $|\psi\rangle$，测量后得到结果 m 的概率为

$$p_m = \langle\psi|M_m^{\hat{e}} M_m|\psi\rangle \tag{3-28}$$

测量后系统的状态为 $\dfrac{M_m|\psi\rangle}{\sqrt{\langle\psi|M_m^{\hat{e}} M_m|\psi\rangle}}$。

例如，当用 $|0\rangle$ 和 $|1\rangle$ 测量量子比特 $|\psi\rangle=\alpha|0\rangle+\beta|1\rangle$ 时，得到 0 的概率是 $|\alpha|^2$，得到 1 的概率是 $|\beta|^2$，其概率之和为 1。这表明测量结果要么为 0，要么为 1，且结果是随机的、具有不确定性。Hilbert 空间上基矢

有无穷组，常见的基矢还有物理基矢$|+\rangle$和$|-\rangle$，即

$$\begin{cases} |+\rangle = \frac{1}{\sqrt{2}}(|0\rangle + |1\rangle) \\ |-\rangle = \frac{1}{\sqrt{2}}(|0\rangle - |1\rangle) \end{cases} \tag{3-29}$$

3.3.2 BB84 协议

1984 年 Bennett 和 Brassard 借鉴 Wiesner 的共轭编码思想，首次正式提出了 QKD 协议，也就是著名的 BB84 协议。该协议是基于单粒子设计，在物理实现上较为容易，并被证明是无条件安全的。BB84 协议通过线偏振态（即水平和垂直偏振方向的态）及圆偏振态（即左旋和右旋偏振方向的态）的互补性来进行编码。线偏振光子两个状态为$|\leftrightarrow\rangle$和$|b\rangle$，圆偏振光子的两个状态为$|\backslash\rangle$和$|-\rangle$。这种偏振的光子态都是正交的，组成了两组测量基，即直线基$\perp = \{|\leftrightarrow\rangle, |b\rangle\}$和对角基$d = \{|\backslash\rangle, |-\rangle\}$。我们分别以态$|0\rangle$、$|1\rangle$表示线偏振光子的两个态，以$|+\rangle$、$|-\rangle$表示圆偏振光子的两个态。协议的具体步骤如下。

（1）Alice 随机生成一个量子比特串序列 $S = \{s_1, s_2, \cdots, s_n\}$，序列中的每一个量子比特 $s_i \in \{|0\rangle, |1\rangle, |+\rangle, |-\rangle\}$。Alice 记录序列中每一个量子比特的状态，并通过量子传输信道将 S 发送给 Bob。

（2）Bob 每接收到一个量子比特，便随机地选择直线基或者对角基对其进行测量，并记录测量结果。测量完 S 后，Bob 利用经典信道告知 Alice 其针对序列 S 中的每一个量子比特所采用的测量基。

（3）Alice 对比 Bob 所选用的测量基和自己准备量子比特时所采用的偏振基，并告知 Bob 他们选择了相同测量基的量子比特在序列中的位置。

（4）Alice 和 Bob 保存测量基相同的测量结果，放弃测量基不一致的测量结果。

（5）根据选用测量基的出错率来判断是否有攻击存在。设定错误率阈值ξ，若出错率超过了阈值，则推测量子信道中存在着窃听并终止协议；否则继续执行下一步。

（6）Alice 和 Bob 分别将对应于每一个量子比特的偏振态按照约定的方式转化为 0、1 比特，例如，$|0\rangle \to 0$、$|1\rangle \to 1$、$|+\rangle \to 0$、$|-\rangle \to 1$，这样就可以得到经典的原始密钥。

（7）利用数据协商方式对原始密钥进行处理。Alice 和 Bob 公开选取原

始密钥中的一个随机比特位置子集，并比较该子集中比特的校验位是否相同。若二者所选子集的校验位相同，则放弃子集中的一个比特。对 k 个独立的子集重复校验位的比较操作，确保 Alice 和 Bob 共享密钥相同的概率为 $1-2^{-k}$。

（8）双方对剩余的密钥比特进行信息调和保密放大处理，最终获得完全一致的两串经典密钥。

BB84 协议很好地利用了量子力学中原理来保证 QKD 的安全性，即使量子信道中存在着窃听者 Eve，她也不能获得 Alice 和 Bob 之间共享的密钥。假设 Eve 首先截获了 Alice 发送给 Bob 的光子，并对它进行了测量，由于 Eve 并不能分辨出每个光子究竟处于线性偏振还是椭圆偏振，因而想要通过测量的方式来窃取密钥将会不可避免地干扰量子态，增大 Alice 和 Bob 之间的错误率，进而很容易被 Alice 和 Bob 检测出。

3.3.3 B92 协议

BB84 协议提出之后并没引起人们的注意，直到 1991 年，Artur Ekert 提出了一个利用 EPR 纠缠关联进行密钥分发的 Ekert91 协议后，量子保密通信进入了一个崭新的时代。1992 年，Bennett 等证明了准备测量协议和基于纠缠的 QKD 协议的等价性，并于同年改进了 BB84 协议，提出了 B92 协议。

B92 协议是一个两态协议，是对 BB84 的简化。在 BB84 协议中可以看出，BB84 协议是一个四态协议，传送的量子态都来自于单粒子集 $\{|0\rangle, |1\rangle, |+\rangle, |-\rangle\}$，两组测量基 $\{|0\rangle, |1\rangle\}$，$\{|+\rangle, |-\rangle\}$ 中的量子比特都是正交的，但协议的设计并没有利用这种正交性质。B92 协议简化了用到的单粒子，采用两个非正交的量子比特，基于量子定理来实现密钥的安全分发。下面具体描述该协议。

取 Hilbert 空间中的任意两个非正交量子比特 $|\psi\rangle$ 和 $|\varphi\rangle$，并且内积满足如下条件。

$$|\langle\varphi|\psi\rangle| = \cos 2\theta \tag{3-30}$$

其中，$0<\theta<\pi/4$，2θ 是两个非正交量子比特的夹角。以 $|\psi\rangle$ 和 $|\varphi\rangle$ 构造两个算符（正算符），即

$$\begin{cases} P_\varphi = 1 - |\psi\rangle\langle\psi| \\ P_\psi = 1 - |\varphi\rangle\langle\varphi| \end{cases} \tag{3-31}$$

P_φ 与 P_ψ 的作用是把两个向量 $|\psi\rangle$ 和 $|\varphi\rangle$ 投影到与 $|\psi\rangle$ 和 $|\varphi\rangle$ 正交的子空间，即有

$$\begin{cases} P_{\varphi}|\psi\rangle = |\varphi\rangle - |\psi\rangle\langle\psi|\varphi\rangle \\ P_{\psi}|\psi\rangle = |\psi\rangle - |\varphi\rangle\langle\varphi|\psi\rangle \\ P_{\varphi}|\psi\rangle = |\psi\rangle - |\psi\rangle\langle\psi|\psi\rangle = 0 \\ P_{\psi}|\varphi\rangle = |\varphi\rangle - |\varphi\rangle\langle\varphi|\varphi\rangle = 0 \end{cases} \quad (3-32)$$

上面的表达式说明两个投影算符具有这样的性质：算符 P_{φ} 作用在量子比特 $|\varphi\rangle$ 上会得到一个确定的测量结果，而作用在量子比特 $|\psi\rangle$ 上会将此量子比特消掉。根据量子力学的基本假设，获得确定测量结果的概率为

$$P_{\psi} = \langle\psi|P_{\psi}|\psi\rangle = 1 - |\langle\psi|\psi\rangle|^2 \quad (3-33)$$

并且有

$$P_{\psi} = P_{\varphi} \quad (3-34)$$

B92 协议的具体步骤如下。

（1）Alice 以非正交的量子比特 $|\varphi\rangle$ 和 $|\psi\rangle$ 为基础产生一个随机量子比特串 S。Alice 记录序列中每一个量子比特的状态，并通过量子信道将 S 发送给 Bob。

（2）Bob 每收到一个量子比特，便随机地从 $\{P_{\varphi}, P_{\psi}\}$ 中选择一个算符作用到该量子比特上，并记录测量结果。

（3）Bob 通过经典信道告知 Alice 哪些操作能够获得确定的测量结果，但不公开所采用的具体算符。

（4）Alice 和 Bob 保留所有获得确定测量结果的量子比特和测量算符，而放弃其他量子比特。

（5）采用与 BB84 协议类似的方法对信道进行检查。

（6）双原始密钥进行信息调和保密放大处理，最终获得完全一致的两串经典密钥。

在 B92 协议中，Bob 随机选择两个算符中的一个对所收到的量子比特进行测量，因此获得确定测量结果的概率为 1/2，进而 Bob 每一次对收到的量子态进行测量获得结果是 $|\varphi\rangle$ 或 $|\psi\rangle$ 的概率为

$$p_t = \frac{1 - |\langle\varphi|\psi\rangle|^2}{2} = \frac{\sin^2(2\theta)}{2} \quad (3-35)$$

而错误的概率为

$$p_f = 1 - p_t = 1 - \frac{\sin^2(2\theta)}{2} \quad (3-36)$$

于是可知在理想信道的条件下，B92 协议出错的概率大于 50%。

第4章　电子邮件安全技术

随着信息时代的快速发展，当今世界上使用最频繁的商务通信工具毫无疑问就是电子邮件，根据可靠数据统计显示，每天全球会有超过五百亿条的电子邮件信息发送量。

由此可见，电子邮件已经普及，且已经深入到了普通百姓之家，但是电子邮件的持续升温使之成为那些企图进行破坏的人所日益关注的目标。黑客常常利用电子邮件系统的漏洞，用一些简单的工具达到攻击目的。在不断公布的漏洞通报中，邮件系统的漏洞是最普遍的一项。如今，黑客和病毒撰写者不断开发新的、有创造性的方法，以战胜安全系统中的“阻碍”。

电子邮件的安全问题也越来越得到使用者的重视，随着网络的进一步发展，电子邮件已经成为人们联系沟通的重要手段，基于简单邮件传输协议（Simple Mail Transfer Protocol，SMTP）的电子邮件系统被广泛应用，但邮件系统本身不具备安全措施，而且邮件在收、发、存的过程中都是采用通用编码方式，信息的发送和接收无鉴别和确认功能，信件内容容易被篡改，不怀好意的人甚至可以冒名发信而被害者却丝毫不知。显然，传统的电子邮件不利于重要信息的传递。

资料显示，每年因毫不设防的电子邮件导致泄密、误解等造成的经济损失至少在千亿美元以上。更重要的是，电子邮件泄露政治、军事秘密等恶性事件时常发生，因此导致的损失更是难以估计。

4.1　电子邮件安全技术的发展现状

4.1.1　端到端的安全电子邮件技术

目前，Internet上有两套成型的端到端安全电子邮件标准，即PGP和S/MIME。端到端的安全电子邮件技术保证邮件从被发出到被接收的整个过程中，内容保密、无法修改，并且不可否认（Privacy、Integrity、Non－Repudation)。

PGP(Pretty Good Privacy)特点是通过单向散列算法对邮件内容进行签名，以保证信件内容无法修改，使用公钥和私钥技术保证邮件内容保密且不可否认，是一种长期一直在学术圈和技术圈内得到广泛使用的安全邮件标准。

在PGP系统中，信任是双方之间的直接关系，或是通过第三者、第四者的间接关系，但任意两方之间都是对等的，整个信任关系构成网状结构，这就是Webol Trust。也就是说，发信人与收信人的公钥都分布在公开的地方，如FTP站点，而公钥本身的权威性则可以由第三方特别是收信人所熟悉或信任的第三方进行签名认证，没有统一、集中的机构进行公钥/私钥的签发。

最近，基于PGP的模式又发展出了另一种类似的安全电子邮件标准，称为GPG(Gnu Privacy Guard)。

S/MIME(Secure Multi - Part Internet Mail Extension)是从PEM(Privacy Enhanced Mail)和MIME(Internet邮件的附件标准)发展而来的。与PGP不同的主要有两点：首先，它的认证机制依赖于层次结构的证书认证机构，所有下一级的组织和个人的证书由上一级的组织负责认证。而最上一级的组织(根证书)之间相互认证，整个信任关系基本是树状的，这就是Tree of Trust；其次，S/MIME将信件内容加密签名后作为特殊的附件传送。在国外，Verisign免费向个人提供S/MIME电子邮件证书；在国内，也有公司提供支持该标准的产品；而在客户端，Netscape Messenger和Microsoft Outlook都支持S/MIME。

S/MIME的证书格式也采用X.509，但与一般浏览器网上购物使用的SSL证书还有一定差异，支持的厂商相对少一些。同PGP一样，S/MIME也利用单向散列算法和公钥与私钥的加密体系。

4.1.2　传输层的安全电子邮件技术

目前主要有两种方式实现电子邮件在传输过程中的安全，一种是利用SSLSMTP和SSLPOP，另一种是利用VPN或者其他的IP通道技术，将所有的TCP/IP传输封装起来，当然也就包括了电子邮件。

现存的端到端安全电子邮件技术一般只对信体进行加密和签名，而信头则由于邮件传输中寻址和路由的需要，必须保证原封不动。传统的邮件包括信封和信本身，电子邮件则包括信头和信体。

然而，一些应用环境下，可能会要求信头在传输过程中也能保密，这就需要传输层的技术作为后盾。这种模式要求客户端的 E-Mail 软件和服务器端的 E-Mail 服务器都支持，而且都必须安装 SSL 证书。

SSLSMTP 和 SSLPOP 是在 SSL 所建立的安全传输通道上运行 SMTP 和 POP 协议，同时又对这两种协议做了一定的扩展，以更好地支持加密的认证和传输。SMTP 是发信的协议标准，POP（Post Office Protocol）是收信的协议。

基于 VPN 和其他 IP 通道技术，封装所有的 TCP/IP 服务，也是实现安全电子邮件传输的一种方法。这种模式往往是整体网络安全机制的一部分。

4.1.3　邮件服务器的安全与可靠性

目前对邮件服务器的攻击主要分网络入侵（Network Intrusion）和服务破坏（Denial of Service）两种。

对于网络入侵的防范，主要依赖于软件编程时的严谨程度，一般选型时很难从外部衡量。不过，服务器软件是否经受过实战的考验，在历史上是否有良好的安全记录，在一定程度上还是有据可查的。

对邮件服务器本身的攻击需建立一个安全的电子邮件系统，采用合适的安全标准非常重要，但仅仅依赖安全标准是不够的，邮件服务器本身必须是安全、可靠、久经实战考验的。

第一个通过 Internet 传播的病毒 Worm，就利用了电子邮件服务器 Sendmail 早期版本上的一个安全漏洞。对于服务破坏的防范，则可以分成以下几个方面。

1. 防止来自外部网络的攻击

可疑的信件——暂时搁置、单个 IP 地址的连接数量——限制、来自指定地址和域名的邮件服务连接请求——拒绝、收信人数量大于预定上限的邮件——拒绝等。

2. 防止来自内部网络的攻击

实施 SMTP 认证——强制性、来自指定用户、IP 地址和域名的邮件服务请求——拒绝、SSLPOP 和 SSLSMTP 确认用户身份——以实现等。

3. 防止中继攻击

限制中继——按照收信人数、中继功能——完全关闭、灵活地限制中继——按照发信和收信的 IP 地址和域名等。

4. 专门接口

为了灵活地制定规则以实现上述的防范措施，邮件服务器应有专门的编程接口。

4.2 电子邮件安全保护技术和策略

4.2.1 系统漏洞和黑客对电子邮件系统的攻击

1. 黑客可利用的漏洞

在黑客圈中可利用的漏洞有很多种，下面列举一些比较常见的漏洞。

(1) 黑客可利用的漏洞——IMAP 和 POP。这些协议常见的弱点是密码脆弱，同时，不管是 IMAP 还是 POP 服务对于缓冲区溢出等类型的攻击也是比较薄弱的一个攻击面。

(2) 拒绝服务（DoS）攻击。

1）死亡之 Ping：发送一个无效数据片段，该片段始于包结尾之前，但止于包结尾之后。

2）同步攻击：极快地发送 TCPSYN 包（它会启动连接），使受攻击的机器耗尽系统资源，进而中断合法连接。

3）循环：发送一个带有完全相同的源/目的地址/端口的伪造 SYN 包，使系统陷入一个试图完成 TCP 连接的无限循环中。

(3) 系统配置漏洞。企业系统配置中的漏洞可以分为以下几类。

1）默认配置：大多数系统在交付给客户时都设置了易于使用的默认配置，被黑客盗用变得轻松。

2）空的/默认根密码：许多机器都配置了空的或默认的根/管理员密码，并且其数量多得惊人。

(4) 利用软件问题。在服务器守护程序、客户端应用程序、操作系统和网络堆栈中，存在很多的软件错误，分为以下几类。

1）缓冲区溢出：程序员会留出一定数目的字符空间来容纳登录用户名，黑客则会通过发送比指定字符串长的字符串，其中包括服务器要执行的代码，使之发生数据溢出，造成系统入侵。

2）意外组合：程序通常是用很多层代码构造而成的，入侵者可能会经常发送一些对某一层毫无意义，但经过适当构造后却对其他层有意义的输入。

3）未处理的输入：大多数程序员都不考虑输入不符合规范的信息时会发生什么。

（5）利用人为因素。黑客使用高级手段使用户打开电子邮件附件，包括双扩展名、密码保护的Zip文件、文本欺骗等。

（6）特洛伊木马及自我传播。结合特洛伊木马和传统病毒的混合攻击正日益猖獗，黑客所使用的特洛伊木马的常见类型有以下几种。

1）远程访问：过去，特洛伊木马只会侦听对黑客可用的端口上的连接。现在特洛伊木马则会通知黑客，使黑客能够访问防火墙后的机器。有些特洛伊木马可以通过IRC命令进行通信，表示了从不建立真实的TCP/IP连接。

2）数据发送：将信息发送给黑客，方法包括记录按键、搜索密码文件和其他秘密信息。

3）破坏：破坏和删除文件。

4）拒绝服务：使远程黑客能够使用多个僵尸计算机启动分布式拒绝服务（DDoS）攻击。

5）代理：旨在将受害者的计算机变为对黑客可用的代理服务器，使匿名的Tel Net、ICQ、IRC等系统用户可以使用窃得的信用卡购物，并在黑客追踪返回到受感染的计算机时，黑客能够完全隐匿其名。

2. 典型的黑客攻击情况

尽管并非所有的黑客攻击都是相似的，但以下步骤简要说明了一种典型的攻击情况。

（1）外部侦察。入侵者会进行whois查找，以便找到随域名一起注册的网络信息。入侵者可能会浏览DNS表（使用nslookup、dig或其他实用程序来执行域传递）来查找机器名。

（2）内部侦察。通过ping扫描，以查看哪些机器处于活动状态。黑客可能对目标机器执行UDP/TCP扫描，以查看什么服务可用。他们会运行rcpinfo、showmount或snmppwalk之类的实用程序，以查看哪些信息可用。黑客还会向无效用户发送电子邮件，接收错误口响应，以使他们能够确定一些有效的信息。此时，入侵者尚未作出任何可以归为入侵之列的行动。

（3）漏洞攻击。入侵者可能通过发送大量数据来试图攻击广为人知的缓冲区溢出漏洞，也可能开始检查密码易猜（或为空）的登录账户。而现实中，黑客可能已通过若干个漏洞攻击阶段。

(4) 立足点。在这一阶段，黑客已通过窃入一台机器成功获得进入对方网络的立足点：他们可能安装为其提供访问权的工具包，用自己具有后门密码的特洛伊木马替换现有服务，或者创建自己的账户。通过记录被更改的系统文件，系统完整性检测（SIV）通常可以在此时检测到入侵者。

(5) 牟利。这是能够真正给企业造成威胁的一步。入侵者现在能够利用其身份窃取机密数据，滥用系统资源（如从当前站点向其他站点发起攻击），或者破坏网页。

另一种情况是在开始时有些不同。入侵者不是攻击某一特定站点，而可能只是随机扫描 Internet 地址，并查找特定的漏洞。

由于企业日益依赖于电子邮件系统，它们必须防止电子邮件传播的攻击和易受攻击的电子邮件系统所受的攻击这两种攻击。解决方法如下。

在电子邮件系统周围锁定电子邮件系统：电子邮件系统周边控制开始于电子邮件网关的部署。电子邮件网关应根据特定目的与加固的操作系统和防止网关受到威胁的入侵检测功能一起构建。

确保外部系统访问的安全性：电子邮件安全网关必须负责处理来自所有外部系统的通信，并确保通过的信息流量是合法的。通过确保外部访问的安全，可以防止入侵者利用 Web、邮件等应用程序访问内部系统。

实时监视电子邮件流量：实时监视电子邮件流量对于防止黑客利用电子邮件访问内部系统是至关重要的。检测电子邮件中的攻击和漏洞攻击（如畸形 MIME）需要持续监视所有电子邮件。

在上述安全保障的基础上，电子邮件安全网关应简化管理员的工作，能够轻松集成，并被使用者轻松配置。

4.2.2 垃圾邮件及防范技术

许多人在网上碰到过被别人恐吓的情况，多是“我炸了你的邮箱”之类。此类话语听起来吓人，其实，轰炸邮箱无非就是发送大量的垃圾邮件造成对方收发电子邮件的困难。如果是 ISP（Internet 服务器提供商，如当地数据通信局）的收费邮箱，就会让用户凭空增加不少使用费；如果是 Hotmail 的邮箱，就会造成用户账号被查封；如果为其他的免费邮箱就可能造成正常邮件的丢失（因为邮箱被垃圾邮件填满并超出了原定容量，这时服务器会把该邮箱的邮件全部删除）。常用的电子邮件的轰炸方法有以下 3 种。

(1) 直接轰炸。即使用发垃圾邮件的专用工具，通过多个 SMTP 服务器进行发送。这种方法的特点是速度快，可直接见效。

(2) 电邮卡车。使用“电邮卡车”之类的软件，通过一些公共服务的服务器对邮箱进行轰炸。这种轰炸方式很少见，但是危害很大。攻击者一般使用国外服务器，只要发送一封电子邮件，服务器就可能给被炸用户发送成千上万的电子邮件，迫使用户更换新的邮箱。

(3) 给目标电子邮箱订阅大量的邮件广告。解决办法：首先申请几个免费电子邮件邮箱，最好别用 ISP 的收费邮箱。接着设置过滤器，下面以 163. corn 为例加以介绍。选择“收件过滤器”→“新建”→“如果邮件主题”→“包含”命令，然后在文本框中输入你要包含的文字，在“选择本规则操作”中选择“转发到指定用户”，然后输入想要转发的电子邮件的地址。163 邮箱的邮件过滤器还可以设置自动回复，如果对方的邮件主题中不包含你的关键字，对方会收到你设置的自动回复信息。

4.3 安全电子邮件系统

4.3.1 安全电子邮件工作模式

一般情况下，安全电子邮件的发送必须经过邮件签名和邮件加密两个过程，而对于接收到的安全电子邮件，则要经过邮件解密和邮件验证两个过程。其工作模式如图 4－1 所示。

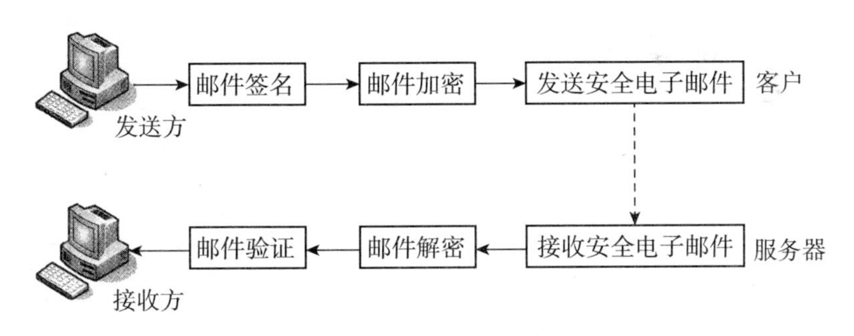

图 4－1 安全电子邮件工作模式

对于邮件加密，需要仔细研究采用什么样的加密算法。对称加密算法简便、高效，安全性高，但密钥必须秘密分配，管理大量的密钥十分困难。公开密钥算法虽然密钥分配简单，密钥保存量少，但加、解密速度慢，效率较低。所以在实际应用中可将两种算法结合起来使用，以充分发挥其各自的优势。邮件加密主要提供邮件的保密性，邮件签名主要提供邮件的完整性和不可抵赖性服务。一般地，通过随机生成一个会话密钥，采用对称加密算法加密邮件体，利用消息摘要、公钥技术来实现邮件的签名与验证，通过数字信封技术实现会话密钥的传递。从而有机地将这两种加密技术结合起来，使邮件加密安全、高效，同时又具备良好的密钥管理功能以下分别介绍邮件签名、邮件加密、邮件解密和邮件验证的具体过程。

1. 邮件签名

对于一封已格式化好的电子邮件（如 MIME 格式），用相应摘要算法（如 MD5、SHA－1）计算其摘要值，然后用发送者的私钥对数字摘要采用相应的公钥算法（如 RSA）加密得到该邮件的数字签名，最后合成数字签名和原邮件体得到已签名的邮件。对普通邮件进行签名的过程如图 4－2 所示。

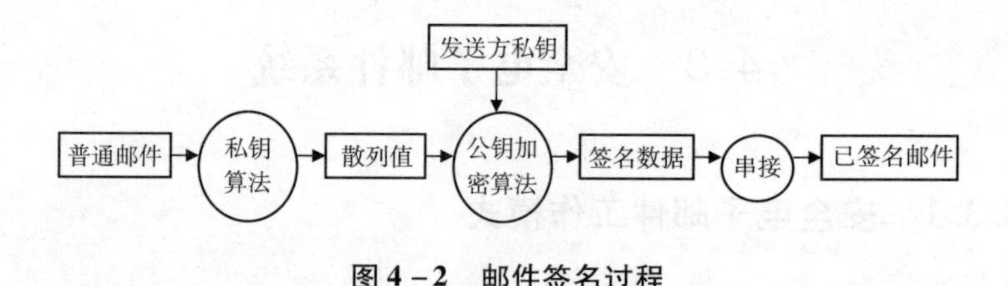

图 4－2　邮件签名过程

2. 邮件加密

只实现了数字签名的邮件在传送中仍然是明文，邮件有可能在传送过程中被截获而泄密，因此还必须对其加密，使其在传送过程中传送的是密文。这样即使邮件中途被截获，截获者得到的也只是密文，从而保证了邮件内容的安全性。对签名邮件进行加密的过程如图 4－3 所示。

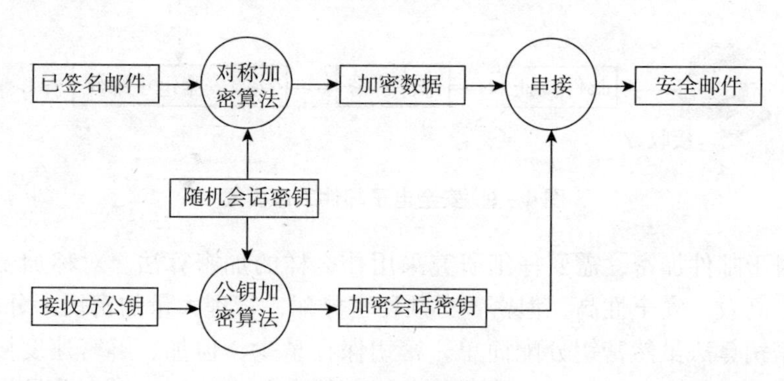

图 4－3　邮件加密过程

3. 邮件解密

当收到一封安全电子邮件后，首先将邮件按照相关协议拆分为两部分，一部分为经相应公钥算法加密后的会话密钥，另一部分是经相应对称加密算法加密后的签名邮件；然后用收件人的私钥解密会话密钥；最后用会话密钥解密加密的邮件得到明文的签名邮件。对安全邮件进行解密的过程如图 4 -4 所示。

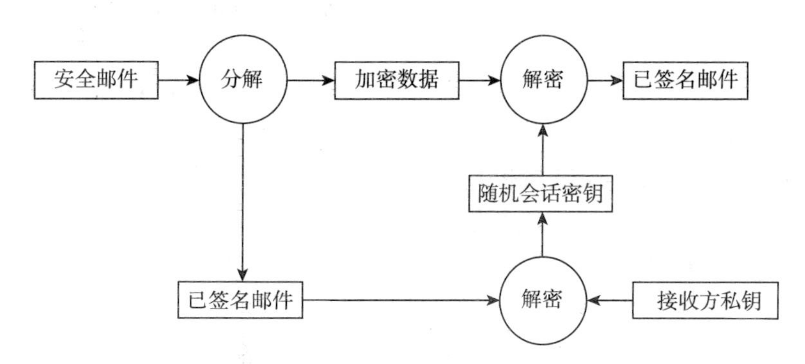

图 4 -4　邮件解密过程

4. 邮件验证

当邮件接收者得到签名邮件后，首先按照相关协议将邮件拆分为数字签名和原始邮件两部分，然后用发送者的公钥对数字签名进行解密得到数字摘要，同时对得到的原始邮件利用相应的摘要算法重新计算其数字摘要，将两个数字摘要进行比较。如果相等，则邮件通过完整性验证，确实来源于邮件声称的发送方；否则，邮件验证失败，该邮件不可信。对邮件进行验证的过程如图 4 -5 所示。

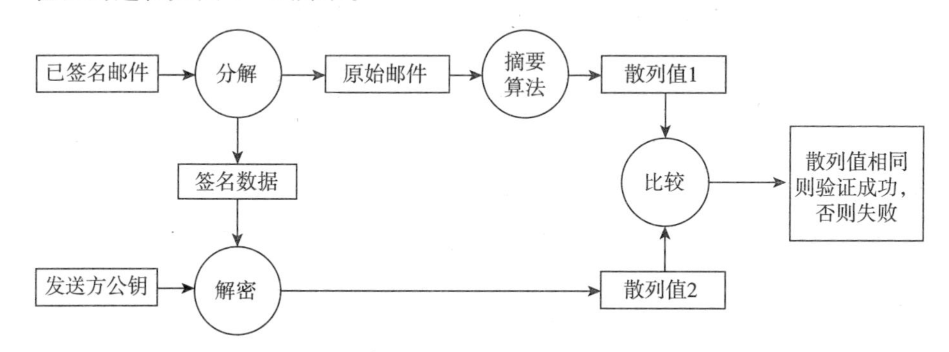

图 4 -5　邮件验证过程

4.3.2 安全电子邮件系统

良好隐私邮件（Pretty Good Privacy，PGP）是一个已经得到广泛应用的安全电子邮件系统。最初，它是 Philip Zimmermann 的个人作品，自 1991 年发布了 PGP V1.0 以来，经过他个人的努力推动和全球众多志愿者的通力合作，PGP 得到了长足的发展。

PGP 是一个完整的安全电子邮件软件包，提供了保密、认证、数字签名和压缩功能。PGP 本身并没有使用什么新概念，而是将现有的一些算法综合在一起，供使用者选择，如公钥加密算法 RSA、DSS 和 Diffie - Hellman，常规加密算法 IDEA、3DES 和 CAST - 128 以及 Hash 编码的 MD5、SHA - 1 等。这些算法经过实践检验和人们大量评审后被证实是非常安全的。POP 程序和文档在 Internet 可自由分发，并可以在各种平台（UNIX、Linux、Windows 和 MacOS 等）上免费运行。由于 POP 的适用范围广泛，它在机密性和身份验证服务上得到了大量的应用。

1. PGP 主要服务

PGP 软件包主要提供数字签名、保密性、压缩、邮件兼容和数据分段 5 种服务，主要功能描述如下。

（1）数字签名。使用 MD5、SHA - 1 等算法创建消息的 Hash 代码，使用 RSA、DSS 等算法和发送者的私钥加密消息摘要，然后将结果附加到消息中。

PGP 提供的数字签名服务包括 Hash 编码或消息摘要的使用，签名算法以及公钥加密算法。它提供了对发送方的身份验证，其操作步骤如下。

1）发送方生成所要发送的消息。

2）发送方使用 MD5 算法产生消息的 128 位 Hash 编码。

3）发送方采用 RSA 算法和发送方的私钥对 Hash 编码进行加密，将加密后的 Hash 编码附在原始消息的头部。

4）接收方使用 RSA 算法和发送方的公钥对加密的 Hash 编码进行解密。

5）接收方产生所接收消息的新 Hash 编码，并与解密的 Hash 编码进行比较。如果两者相同，则认为消息是可信任的。

RSA 的强度保证了发送方的身份，MD5 的强度保证了签名的有效性。当然，POP 还提供了备选方案，如使用 DSS 和 SHA - 1 来产生数字签名。

一般情况下，尽管签名是附于被签署的消息或文件上的，但也并不是都是这样：POP也支持分离的签名。分离的签名可以独立于它所签署的消息而被存储和传送，这在一些环境中很有效。例如，用户可能希望为所有发送和接收的消息维护一个单独的签名日志。又如对于可执行程序而言，分离的签名能够检测出随后的病毒感染。最后，当多个实体签署诸如合同之类的一个文档时，也可以使用分离的签名。每个人的签名都是独立的，因此仅仅适用于该文档；否则，签名就得嵌套，第二个签名的人需要对文档和第一个签名两者进行签名，以此类推。

（2）保密性。使用IDEA、3DES、CAST－128等算法和发送者产生的一次性会话密钥加密消息，使用Diffie－Hellman、RSA等算法和接收者的公钥加密会话密钥，然后将结果附加到消息中。

POP通过使用常规加密算法，对将要传送的消息或在本地存储的文件进行加密。在PGP中，每个常规密钥只使用一次。也就是说，对于每个消息，都会产生随机的128位新密钥。由于仅仅使用一次，所以会话密钥和消息绑定在一起并进行传送。为了保护会话密钥，还要用接收方的公钥对其进行加密。保密性服务的操作步骤如下。

1）发送方生成所要发送的消息。

2）发送方产生仅仅适用于该消息的随机数字作为会话密钥。

3）发送方使用会话密钥和IDEA（或3DES、CAST－128等）算法加密消息。

4）用接收方的公钥和RSA算法加密会话密钥，并将结果附在加密消息的开头部分。

5）接收方使用自己的私钥和RSA算法解密会话密钥。

6）接收方使用会话密钥解密消息。

数字签名和保密性这两种服务可以用在同一消息上。首先，对消息生成签名并附在原始消息上。然后，使用常规会话密钥对原始消息和签名一起进行加密。最后，用公钥加密算法加密会话密钥并将其附于加密的消息上。

（3）压缩。使用ZIP算法来压缩消息，方便保存与传输。

在默认情况下，PGP在数字签名服务和保密性服务之间提供数据压缩服务。也就是说，PGP首先对消息进行签名，然后进行压缩，最后再对压缩消息加密。

数据压缩对邮件传输和存储都有好处，有利于节省空间和提高传输效率。数据压缩的位置非常重要，将其执行在数字签名之后、加密之前，这会带来以下好处，如压缩之前生成签名，验证时无须进行压缩；此外，PGP压缩算法的多样性产生不同的压缩格式，而这些不同的压缩算法是可互操作的，如在加密前压缩，压缩后的消息比最初的明文具有更少的冗余，这样增加了密码分析的难度，提高了邮件的安全性。

（4）邮件兼容性。使用 Radix64 转换将加密后的消息从二进制数据流转换为 ASCII 字符流。

使用 PGP 的时候，所传送的消息通常是部分被加密的。如果只使用了数字签名服务，那么消息摘要是加密的（用发送方的私钥加密）。如果使用了保密性服务，那么消息和签名（如果有）都是加密的（用一次性的常规密钥加密）。这样一来，部分或者全部的结果块将由任意的 8 位二进制字节流组成。然而，很多电子邮件系统只允许使用纯 ASCII 文本构成的块。为了适应这种限制，PGP 提供了将原始的 8 位二进制字节流转换成可打印的 ASCII 字符串的服务。

（5）数据分段。PGP 执行数据分段与重组服务，以便满足最大消息大小的限制。

电子邮件常常受限制于最大消息长度（一般限制在最大 50000B），因此，更长的消息需要进行分段处理，每一段分别发送。为了满足这个约束，PGP 自动将过大的消息分割为可以使用电子邮件发送的较小的消息段，并在接收时重组。

2. PGP 工作原理

PGP 是一个基于 RSA 公钥加密体系的邮件加密软件。可以用它对用户的邮件保密以防止非授权者阅读，它还能对用户的邮件加上数字签名从而使收信人可以确信邮件是谁发来的。它让用户可以安全地和从未见过的人进行通信，事先并不需要任何保密的渠道用来传递密匙。它采用了审慎的密匙管理，一种 RSA 和传统加密的杂合算法，用于数字签名的邮件文摘算法、加密前压缩等，还具有良好的人机工程设计。

PGP 结合了传统和现代的密码学方法，是一种混合的密码体系。其工作过程如下。

（1）发送端。

1）首先对明文进行压缩。压缩明文一来可以减少传输量、缩短传输时间及节约成本等；更重要的是增加了加密、解密的强度。因为解密算法一般是通过分析明文中的 Pattern（字符码出现的规律等），压缩明文会减少这种相关性，因此其“耐解”强度会提高。

2）PGP 产生一个 Session Key（它是一个“One - Time - Only” Key 有时效性），该 Key 是根据鼠标的随机移动和键盘按键产生的一组随机数给出。接着该密钥对压缩后的明文进行加密，生成密文。之后，使用接收端传过来的“公开密钥”对 Session Key 进行加密（从理论上讲，从接收端的公开密钥无法计算出接收端的秘密密钥，但因为这两个密钥存在计算相关性，只要有足够的时间和计算能力，总会计算出结果），生成发送端的公开密钥。最后，将密文和发送端的公开密钥一起发给接收端。

（2）接收端。接收端用自己的秘密密钥对发送端的公开密钥进行解密，得到原来的 Session Key，用这个 Key 来解密收到的密文，最后解压缩即可。

第5章　网络攻击检测技术

在网络的广泛应用下，信息安全显得极为重要。传统的操作系统中加固技术与防火墙技术属于静态的安全防御技术，所以在不断更新的攻击手段中就不具备优势，故而入侵检测系统就是动态安全技术中的一种核心技术，从而提高信息安全基础解雇的完整性。下面从入侵检测技术与产品、漏洞检测技术与工具两个方面进行介绍。

5.1　入侵检测技术与产品

入侵检测作为这个信息安全防御系统的重要组成部分，同时更是信息安全领域的重要技术。它是通过计算机网络和计算机系统中的若干关键点来收集信息的，并对这些信息进行下一步分析，从中分析发现网络系统中所存在的反安全策略和被攻击的情况，从而对这些攻击现象采取相应的补救措施。本节内容主要从入侵检测的基本概念、发展、分类、模型、技术以及监测评估方法等方面进行介绍。

5.1.1　入侵检测技术基础

在“防火墙”“信息加密”等传统的安全保护方法之后，入侵检测技术作为新型的安全保障技术而产生。入侵检测（Intrusion Detection，ID）是指许多关键点从计算机系统或计算机网络收集信息并进行分析，发现系统或网络中是否有违反安全策略和攻击的迹象，同时实行安全技术。入侵检测的软硬件系统是入侵检测系统（Intrasion Detection，IDS）。它监视计算机系统或网络中的事件，并对其加以分析，找到对信息机密性、完整性、可用性存在危险的入侵行为。

1. 传统安全技术——防火墙技术

传统的安全技术大多数都是被动的防御技术，并不能主动地发现入侵，例如密码技术、防火墙技术等，下面以防火墙技术为例来分析传统安全技术的局限性。

防火墙是阻止黑客攻击的一种有效手段，但随着攻击技术的发展，这种单一的防护手段已不能确保网络的安全，它存在以下的弱点：

（1）防火墙无法阻止内部人员所做的攻击。

（2）防火墙对信息流的控制缺乏灵活性。

（3）在攻击发生后，利用防火墙保存的信息难以调查和取证。

2. 入侵检测技术

为了保证计算机系统和计算机网络的安全，必须建立一套多层次、多手段检测和保护的安全保护系统。入侵检测是安全保护系统的重要组成部分。它可以识别系统和网络中的入侵行为并实时报警。

入侵检测是对防火墙和其他技术的一种有益的补充。入侵检测系统可以在入侵造成有害攻击之前就检测到攻击的入侵，同时利用警报系统来排除入侵攻击。在入侵攻击过程中，可以减少入侵攻击造成的损失。入侵攻击后，可以收集到有关攻击的相关信息，并将其添加到知识库作为预防系统的知识，从而提高系统的预防能力，防止系统再次被入侵。入侵检测系统被认为是防火墙后的第二个安全门，在不影响网络性能的情况下可以对网络进行监控，从而提供内部攻击、外部攻击和误操作实时保护，大大提高了系统和网络的安全性。

入侵检测的优点如下：

（1）保证信息安全构造其他部分的完整性。

（2）提高系统的监控能力。

（3）从入口点到出口点跟踪用户的活动。

（4）识别和汇报数据文件的变化。

（5）侦测系统配置错误并纠正。

（6）识别特殊攻击类型，并向管理人员发出警报，进行防御。

入侵检测的缺点如下。

（1）不能弥补差的认证机制。

（2）如果没有人的干预，不能管理攻击调查。

（3）不能知道安全策略的内容。

（4）不能弥补网络协议上的缺陷。

（5）不能弥补系统提供质量或完整性的问题。

（6）不能分析一个堵塞的网络。

5.1.2　入侵的方法与手段

入侵是指一些攻击者试图进入或滥用用户的系统，从中窃取机密数据、滥用用户的电子邮件系统发送垃圾邮件等。由于信息入侵的方式逐渐增多，其中存在的问题也越来越多。

有很多方法和手段入侵信息系统（或攻击），还有越来越多的趋势。以下是网络入侵的主要方法和手段。

1. 端口扫描与漏洞攻击

许多网络入侵都是从扫描开始进入的。扫描工具可以用来查找目标主机上的各种漏洞，其中一些即使已经公开，仍然存在于某些系统中，从而使外部入侵得以成功。

短而实用的端口扫描工具是获取主机信息的好方法。端口扫描是一种寻找网络主机开放端口的方法。正确使用端口扫描可以防止端口攻击。管理员可以使用端口扫描软件进行端口扫描测试。端口扫描在一个主机上意味着扫描目标主机上的多个监听端口。端口扫描是黑客常用的一种方法，端口扫描的结果可以为下一次攻击做好准备。

漏洞攻击是一种利用网络设备和操作系统的脆弱性而进行攻击的方法。例如，在攻击时利用 IIS 的 Unicode 编码漏洞和 Webdav 脆弱性攻击成功之后，任何执行“黑客”的命令都是在主机上运行的，同时会造成相当大的伤害。

2. 密码攻击

密码攻击是最古老的网络攻击方式之一，它是通过使用工具获取用户账号和密码，从用户的弱密码或空密码进行计算机攻击。常见的密码破解方法有三种，即字典攻击、暴力攻击和混合攻击。

使用密码管理工具增强密码强度、合理保护和服务器密码存储文件，有效地避免了网络入侵者使用密码破解攻击，是必要措施。

3. 网络监听

网络监听是指在计算机网络接口上截获网络中计算机之间的通信数据。它可以轻松地获取其他方法难以获取的信息，如用户密码、财务账户、敏感数据（IP 地址、路由信息、TCP 套接字号等）。

网络监听通常使用 Wireshark、Sniffer 和 Ethereal 等工具来监控网络的状态、数据流和在网络上传输的信息。当信息在网络上以明文传输时，可以通过网络监听进行攻击。通过在监听模式下设置网络接口，可以截获在互联网上连续传输的信息，黑客经常使用它来截获用户的密码。

4. 拒绝服务攻击

拒绝服务攻击（Denial of Service，DOS），是一种简单的毁灭性攻击，通常是一个弱点利用 TCP/IP 协议或系统存在一些漏洞，通过一系列的行动，使用目标主机或网络资源，干扰目标主机或网络，甚至导致瘫痪的目标无法为合法用户提供正常的网络服务。典型的拒绝服务攻击包括 SYN storm、Smurf 攻击、Ping of Death 等。

分布式拒绝服务攻击（Distributed DOS，DDOS）是在传统的 DOS 攻击基础上产生的一类攻击方法。单次的 DOS 攻击一般是采用一对一的方式，当攻击目标 CPU 速度低、内存小或者网络带宽窄不定时，它的效果非常明显。随着计算机与网络技术的发展，计算机的处理能力迅速增长，内存大大增加，同时也出现了千兆级别的网络，这使得 DOS 攻击的困难程度加大，这时 DDOS 就随之而产生了。DDOS 的特点是先使用一些典型的黑客入侵手段控制一些高性能的服务器，然后在这些服务器上安装攻击程序，集数十台、数百台甚至上千台机器的力量对单一攻击目标实施攻击。在悬殊的带宽力量对比下，被攻击的主机会很快因为不胜重负而瘫痪。实践证明，这种攻击方式是非常有效的，而且难以抵挡。DDOS 技术发展十分迅速，这是由于其隐蔽性和分布性很难被识别和防御。

5. 缓冲区溢出攻击

缓冲区溢出又叫作堆栈溢出。缓冲区是计算机内存中临时存储数据的区域，通常由需要使用缓冲区的程序按照指定的大小来创建。在某些情况下，如果用户输入的数据长度超过应用程序给定的缓冲区；就会覆盖其他数据区，这种现象称为缓冲区溢出。源代码中容易产生漏洞的部分是对库的调用，如 C 语言程序对 strcpy( ) 和 sprintf( ) 函数的调用，这两个函数都不检查输入参数的长度。

一般来说，覆盖数据中的其他数据是没有意义的，最多只会导致应用程序错误，但是，如果黑客精心的设计了输入数据，覆盖缓冲区数据就是攻击者代码的入侵，所以入侵者完全具有计算机访问控制的能力。

6. 欺骗攻击

欺骗包括社会工程学的欺骗和技术欺骗。社会工程是利用策略和虚假信息获取密码和其他敏感信息的欺骗攻击。黑客不断地试图寻找一个更微妙的方法从他们想获取有价值的信息组织渗透。目前，社会工程诈骗主要包括要求密码和伪造电子邮件。

技术欺骗攻击是其中一台计算机被冒充成另一台受信任的计算机。欺骗可以发生在TCP/IP网络的所有级别，几乎所有的欺骗都破坏了网络中计算机之间的信任。作为主动攻击，欺骗不是攻击的结果，而是攻击的手段。攻击的结果实际上破坏了信任关系。通过欺骗建立虚假信任关系后，可以破坏通信链路中的正常数据流，或者插入虚假数据，或者欺骗对方的敏感数据。欺骗攻击的主要方法有IP欺骗、DNS欺骗和网络欺骗。

5.1.3 入侵检测的产生和发展

入侵检测系统作为安全系统的重要组成部分，从实验室原型研究到商业产品，已被市场广泛接受，目前已经历了20年。

1. 概念的诞生

20世纪70年代，随着计算机速度的提高，计算机数量的增加，计算机体积的减小，对计算机安全的需求也显著增加。1980年4月，在美国国防部的支持下，安德森对美国空军的“计算机安全威胁监控与监视”做了一份技术报告，这是对入侵检测概念的首次详细描述。他提出了对计算机对风险和危险进行分类的方法，并提出了利用审计跟踪数据监控入侵活动的思想。

2. 主机IDS研究

1984—1986年，美国乔治城大学的Dorothy E. Denning和SRI（Stanford Res earch Institute）计算机科学实验室，Peter N eumann开发了实时入侵检测系统模型，命名为入侵检测专家系统，与传统的加密和访问控制相比，入侵检测系统是一种新的计算机安全措施。

1988年，SRI/CSL的Teresa Lunt等改进了Denning的入侵检测模型，并成功开发了一个IDES，该系统包括异常检测器和专家系统，分别用于建立统计异常模型和基于规则的特征分析和检测。该系统被认为是入侵检测研究中最具影响力的系统，也是第一个应用统计和基于规则技术的系统。

入侵检测的重点是对主机攻击的检测，虽然在局域网环境中有很多，但对于协同攻击和多域联合攻击却没有检测。

3. 网络IDS研究

1990年是入侵检测系统发展的重要阶段。同年，加州大学戴维斯分校的 L. T. Heberlein 和其他人开发了网络安全监控（NSM）。系统第一次直接使用网络流作为审计数据的来源，因此可以监视异常主机，而无需将审计数据转换为统一格式。从那时起，人类入侵检测系统的历史翻开了新的一页。形成了基于网络的入侵检测系统和基于主机的入侵检测系统两大阵营。

1991 年，NADIR（网络异常检测和入侵报告程序）和 DIDS（Distributed instrusion detection System，分布式入侵检测系统）提出从多台主机收集审计信息并进行合并，以检测对多台主机的协作攻击。

网络 IDS 的研究方法分为两种方式：一种是分析每个主机的审计数据以及每个主机的审计数据之间的关系；另一种是分析网络数据包。自 20 世纪 90 年代以来，人类入侵检测系统的研究与开发呈现出了一片繁荣的景象，情报与分发工作取得了飞速的进步。

4. 主机和网络 IDS 的集成

一直在 1990 年以前，大多数人类入侵检测系统都是基于主机的，它们的活动检查仅限于操作系统审计数据和其他以主机为中心的信息源。NSM 是在 1990 年作为面向局域网的 IDS 出现的，它将入侵检测扩展到网络环境中。此时，由于互联网的发展以及通信和网络带宽的增加，系统的互连得到了显著的改善，使得人们对计算机安全的关注度显著增加。1988 年的网络蠕虫事件引起了人们对计算机安全的关注，并增加了商业和学术研究的资金。分布式入侵检测系统（DIDS）首先尝试将基于主机的方法与网络监控方法相结合。

DIDS 开发是作为一项大规模合作开发而开展的，由美国空军、国家安全局和能源部联合空军密码支持中心、劳伦斯利弗莫尔国家实验室、加州大学戴维斯分校、摩尔 H aystack 实验室资助，开展了 DIDS 研究。这是集成主机入侵检测和网络入侵检测功能的第一次尝试，使集中的安全管理团队能够跟踪安全违规和网络入侵。

5.1.4　入侵检测的过程

从计算机安全目标的角度来看，入侵被定义为任何试图破坏资源的完整性、机密性和可用性，以及任何违反系统安全策略的事件。入侵行为不仅是指来自外部的攻击，内部用户同时也是非法行为的一个重要方面，内部人员的滥用特权攻击会对系统造成重大的安全隐患。从入侵策略的角度来看，入侵可以分为尝试进入、其他合法用户的冒充、成功入侵、合法用户的公开、拒绝服务和恶意使用。

入侵检测的一般过程是信息收集、数据分析、响应（主动响应和被动响应），如图 5－1 所示。

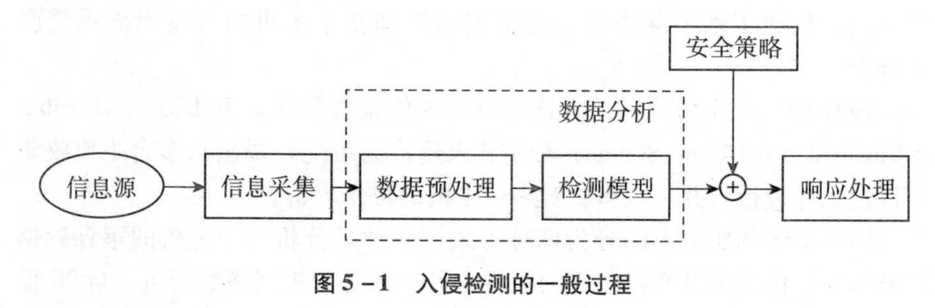

图 5－1　入侵检测的一般过程

1. 信息收集

信息收集包括系统、网络和数据用户活动的状态和行为。入侵检测中使用的数据或信息源，是指包含最原始的入侵行为信息的数据，主要是系统、网络审计数据或原始网络数据包。IDS 收集以下类型的测试数据。

（1）系统和网络日志文件。黑客经常在系统日志文件中留下痕迹，因此充分使用系统和网络日志文件是检测人类入侵的必要条件。日志中包含系统和网络上发生异常和意外活动的证据，这可以表明某人正在或已经成功地渗透到系统中。通过查看日志文件，可以找到成功的入侵或试图入侵，并快速启动相应的应急响应程序。日志文件记录各种行为类型，每种类型，并包含不同的信息。例如，记录“用户活动”类型的日志包括登录、用户 ID 更改、用户对文件的访问、授权和身份验证信息。当然，对于用户活动来说，不希望出现的行为是重复登录失败、登录到意想不到的位置以及未经授权的访问重要文件的尝试。

（2）目录和文件的异常改变。网络环境中的文件系统包含许多软件和数据文件，其中包含重要信息的文件和包含私有数据文件的文件往往是黑客修改和销毁的目标。目录和文件中的异常更改（包括更改、创建和删除），特别是在正常情况下的受限访问，可能是入侵的指示和信号。黑客经常会替换、修改和访问系统文件，同时为了隐藏系统中活动的痕迹，通常会尝试替换系统程序或修改系统日志文件。

（3）程序执行中的异常行为。网络数据库上的程序执行通常包括操作系统、网络服务、用户发起的程序和用于特定目的的应用程序，如数据库服务器。在系统上执行的每个程序都由一个或多个进程实现。每个进程在具有不同权限的环境中执行，这些权限控制流程可访问系统资源、程序和数据文件。进程的执行行为由它在运行时使用不同的系统资源以不同方式执行的操作表示。操作包括计算、文件传输、设备和其他进程，以及与网络上其他进程的通信。进程的异常可能表明黑客正在入侵用户的系统。黑客可以分解程序或服务的操作，导致它失败，或者以非法用户或管理员希望的方式操作。

（4）物理形式的入侵信息。首先，对网络硬件的未授权连接；第二，对物理资源的未授权访问。黑客们已经设法突破了网络外围防御，如果他们能够实际地访问内部网，他们将能够安装自己的设备和软件，然后使用这些设备和软件访问网络。

（5）其他IDS的报警信息。IDS可以与其他网段或主机的IDS进行联动，其他IDS的报警信息也能作为IDS的数据源使用。

2. 数据分析

数据预处理是指采集的数据预处理，将其转化为可接受的检测模型数据格式，即数据压缩，这是入侵检测领域的关键，也是难点之一。检测模型是根据各种检测算法建立的检测分析模型，输入一般数据预处理后的数据，输出是数据属性的判断结果，数据属性一般是针对入侵信息中包含的数据。

测试结果通过检测模型输出的结果，由于单检测模型的检测率不理想，往往需要采用多测试模型分析并行处理，然后对这些测试结果进行数据融合处理，以达到满意的结果。安全策略是根据安全需求设置的策略。

为了收集相关的系统、网络、数据和信息，例如用户活动的状态和行为，通常要分析三种技术手段，即模式匹配、统计分析和完整性分析。其中，模式匹配和统计分析用于实时入侵检测，完整性分析用于事件后分析。

（1）模式匹配。模式匹配是将收集到的信息与已知的网络入侵和系统误用模式数据库进行比较，从而发现违反安全策略的行为。这个过程可以很简单（例如通过字符串匹配查找简单的条目和指令），也可以非常复杂（例如使用正式的数学表达式来指示安全状态的变化）。通常，攻击模式可以由进程（如执行指令）或输出（如获得许可）表示。这种方法的优点是只需要收集相关的数据集，从而减少系统负担。与病毒防火墙采用的方法一样，且检测精度和效率都很高。但是，该方法的缺点是检测不到以前从未出现过的黑客攻击，需要不断升级以应对不断出现的黑客攻击手段。

（2）统计分析。首先对系统对象（如用户、文件、目录、设备等）进行统计分析，创建一个统计描述，使用一些测量属性（如访问、故障频率、操作延迟等）进行统计。将被测属性的平均值与网络和系统的行为进行比较，任何超出正常范围的观测值都被认为具有入侵行为。例如，统计分析可能表明出现了一个异常行为，它发现一个在上午 8 点到下午 6 点之间没有登录地账户试图在下午 2 点登录。它的优点是可以检测到未知和更复杂的入侵，缺点是虚假报警高，不适合用户正常行为的突然变化。目前，专业系统、基于模型的推理和神经网络的统计分析正处于研究和快速发展之中。

（3）完整性分析。完整性分析关注的是文件或对象是否要更改，包括文件和目录的内容和属性。完整性分析使用强大的加密机制，例如单向哈希函数，来识别甚至对 ID 进行更改。其优点是，无论模式匹配和统计分析方法是否能够检测入侵，只要攻击引起文件或其他对象的更改，就可以检测到入侵。缺点是通常以批处理方式实现，不适用于实时响应。

3. 响应

响应处理主要是指综合安全策略和响应过程的测试结果，包括检查报告、通知管理员、断开网络连接或改变主动防御措施的防火墙配置。

入侵检测作为动态安全技术的核心技术之一，是提高系统安全性的有效手段，是安全防御系统的重要组成部分。它改进了以往的静态安全防御技术的许多缺点，是对防火墙的合理补充。通过部署入侵检测系统可以扩展系统管理员的安全管理能力（包括安全审计、监视、攻击识别和响应），帮助系统检测和防范网络攻击，提高信息安全基础设施的完整性。

入侵检测系统的作用与功能如下：

（1）监控、分析用户和系统的活动。

（2）审计系统的配置和弱点。

（3）评估关键系统和数据文件的完整性。

（4）识别攻击的活动模式。

（5）对异常活动进行统计分析。

（6）对操作系统进行审计跟踪管理，识别违反政策的用户活动。

为了达到上述目标，入侵检测系统至少应包括以下几个功能部件。

（1）提供事件记录的信息源。

（2）发现入侵迹象的分析引擎。

（3）基于分析引擎的结果产生反应的响应部件。

入侵检测系统就其最基本的形式而言，是一个分类器，它是基于系统安全策略对收集到的事件或状态信息处理进行分类，从而判断入侵行为和非入侵行为。

一般来说，入侵检测系统在功能结构上是基本一致的，是数据采集、数据分析和响应等几个功能模块的组成部分，如只有特定的入侵检测系统进行数据采集、数据采集和数据分析的方式不同等。

针对计算机系统和网络的安全问题，建立了一种更容易实现安全系统的实用方法，同时根据一定的安全策略，建立相应的辅助系统。入侵检测系统就是这样一种系统。就目前的系统安全情况而言，系统可能会受到攻击。如果系统受到攻击，只能尽可能多地检测它，即使是实时的，也要采取适当的行动。入侵检测系统采取预防措施防止入侵事件的发生。安全技术的主要目的如下：识别入侵者；识别入侵行为；检测和监视已成功的安全突破；为对抗入侵及时提供重要信息，阻止事件的发生和事态的扩大。

同样，入侵检测系统的历史作为一个系统和网络安全的里程碑，如果要真正成为一个成功的产品，还要满足实时性能、可扩展性、灵活性、安全性、可用性和有效性的性能要求。

5.1.5　入侵技术的工作模式

大多数类型的入侵检测工具，其基本工作模式可概括为以下四个步骤。

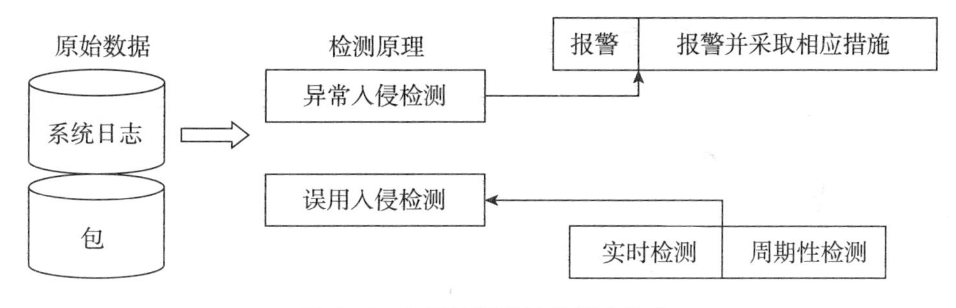

图5-2　入侵检测系统的基本模式

（1）从系统的不同环节收集信息。

（2）分析该信息，试图寻找入侵活动的特征。

（3）自动对检测到的行为作出响应。

（4）记录并报告检测过程的结果。

一个典型的入侵检测系统从功能上可以分为3个组成部分，即感应器（Sensor）、分析器（Analyzer）和管理器（Manager），如图5-3所示。

传感器收集信息。信息源可以使系统中可能包含入侵细节的任何部分。

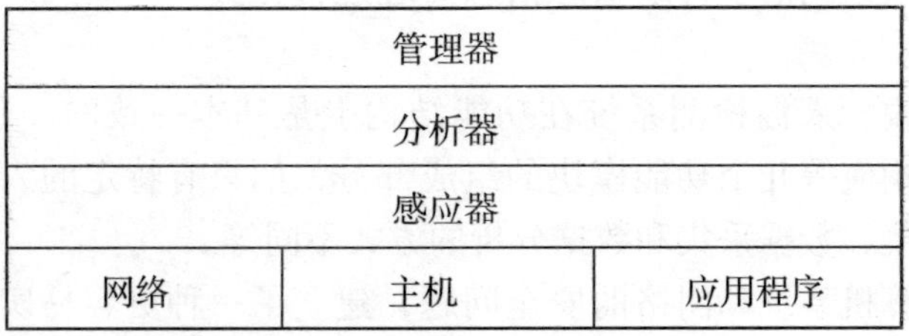

<table>
<tr><td colspan="3">管理器</td></tr>
<tr><td colspan="3">分析器</td></tr>
<tr><td colspan="3">感应器</td></tr>
<tr><td>网络</td><td>主机</td><td>应用程序</td></tr>
</table>

图5-3 入侵检测系统的功能结构

通常，典型的信息源包括网络数据包、日志文件和系统调用的记录。传感器通过收集这些信息并将其发送给分析仪。

分析仪接收来自多个传感器的信息，并分析这些信息以确定是否存在入侵行为，如果存在入侵行为，分析仪将提供入侵的具体细节，并提供可能的对策。入侵检测系统也可以采取相应的措施来对抗被检测到的入侵。例如，在防火模块中丢弃可疑数据包，当用户显示异常行为时拒绝访问，并向同时受到攻击的其他主机发出警报。

管理器也被称为控制台，它以视觉方式为客户提供收集各种数据和相应的分析结果，用户可以通过管理器的入侵检测系统配置，设置各种参数的系统，来检测入侵行为和相应的管理措施。

5.1.6 入侵检测方法

入侵检测系统常用的检测方法有特征检测、统计检测和专家系统。属于目前入侵检测系统中利用入侵模板模式匹配检测系统特点的入侵检测系统，少数属于概率统计检测系统和基于日志的专家知识库系统。

1. 特征检测

特征检测对已知的攻击或入侵模式进行了明确的描述，形成了相应的事件模式。当被审计的事件与已知的入侵事件相匹配时，立即发出警报。特征检测在原理上与专家系统和计算机病毒检测方法相似。目前，基于数据包特征描述的模式匹配被广泛应用。该方法具有较高的预测和检测精度，但没有攻击积累，因此对入侵和攻击行为无能为力。

2. 统计检测

统计模型常用于异常入侵检测。统计模型中常用的测量参数包括审计事件数、间隔时间、资源消耗等。

（1）操作模型。该模型假设异常，测量结果可以与一些固定指标进行比较，固定指标可以基于经验或统计平均值在一段时间内的数据，如短时间内多次登录失败可能是密码攻击。

（2）方差模型。该模型计算了参数的方差，并设置了其置信区间。当测量值超过置信区间范围时，表明可能存在异常。

（3）多元模型。该模型是操作模型的扩展，它通过同时分析多个参数实现入侵检测。

（4）马尔科夫过程模型。该模型将每种类型的事件定义为系统状态，用状态转移矩阵来表示状态的变化，当一个事件发生时，或状态矩阵转移的概率较小时，则可能是异常事件。

（5）时间序列分析模型。该模型将事件计数与资源耗用按时间排成序列。如果一个新事件在该事件发生的概率较低，则该事件可能是入侵事件。

统计方法的最大优点是它可以“学习”用户的使用习惯，从而具有较高检出率与可用率。但是它的“学习”能力也给入侵者以可乘之机，通过逐步“训练”，使入侵事件符合正常操作的统计规律，从而骗过入侵检测系统。

3. 专家系统

专家系统使用规则来检测入侵，通常针对特征入侵。不同的系统和设置有不同的规则，规则之间通常没有普遍性。专家系统的建立依赖于知识的完整性，知识库的完整性依赖于审计记录的完整性和实时性。入侵特征提取和表示是入侵检测专家系统的关键。在系统实现中，入侵知识被转化为 if then 结构（或复合结构），如果局部是入侵特征，那么局部就是系统防范措施。利用专家系统预防特征入侵行为的充分有效性取决于专家系统知识库的完备性。

该方法根据安全专家对可疑行为的分析经验，形成一套推理规则，然后在相应的专家系统的基础上，对所涉及的入侵行为进行专家系统的自动分析。系统应该能够运用自己的学习能力来补充和修正经验。

5.1.7　入侵检测的分类

根据入侵检测系统的特点，对入侵检测系统进行分类的方法有很多。在接下来的内容中，根据系统分析的数据源、分析方法和响应方式等几个常用标准对入侵检测系统进行了分类。

1. 按系统分析的数据源分类

根据不同入侵检测系统对数据源的分析，可以将入侵检测系统分为基于网络的入侵检测系统、基于主机的入侵检测系统和入侵检测系统等。

（1）基于主机的入侵检测系统。基于主机的入侵检测系统（HIDS）通过监控和分析主机作为数据源的审计记录来检测入侵。通常安装在受保护的主机上，主要是对主机的网络连接和系统的实时审计日志进行分析和检查，发现可疑活动和安全违规时，系统会向管理员报警，以便采取措施，其结构如图 5－4 所示。

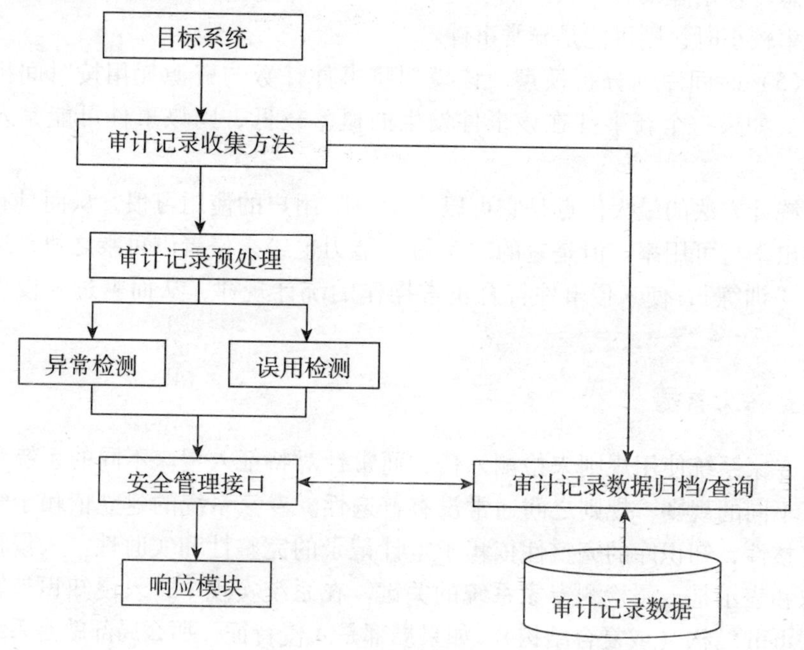

图 5－4 HIDS 结构框图

基于主机的入侵检测系统检测效率高、成本低、分析速度快等特点，能快速、准确地定位入侵源，并能根据操作系统的行为特点和入侵的应用进行进一步分析。但是，网络攻击检测困难、可移植性差、配置和管理困难等问题仍然存在。基于主机的入侵检测系统在数据提取的实时性、充分性和可靠性上都不如基于网络的入侵检测系统。

（2）基于网络的入侵检测系统。基于网络的入侵检测系统（NIDS）通过监听网络中的所有消息，分析消息的内容，统计消息的数量来检测各种攻击。一般安装在需要保护的网络上，实现监控网络段中传输的各种数据包，并对这些数据包进行分析和检测，其结构如图 5－5 所示。

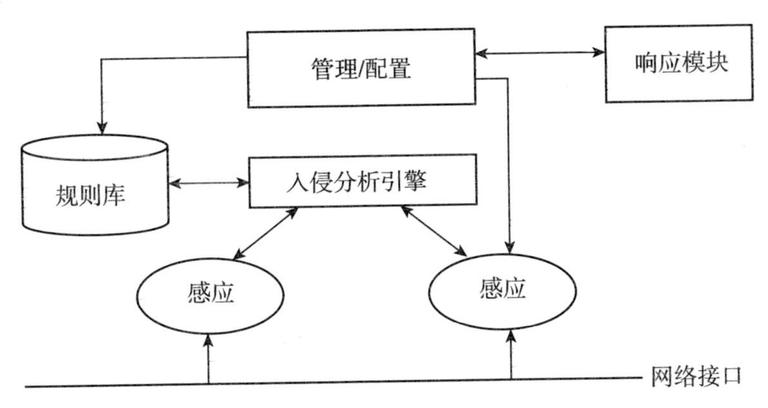

图5-5　NIDS结构框图

如果检测到入侵或可疑事件，入侵检测系统将报警，甚至切断网络连接。基于网络入侵检测系统作为网络摄像头，只要在网络入侵检测引擎中设置一个或多个，就可以监控整个网络的运行，在黑客攻击破坏之前，提前报警。基于网络的入侵检测系统是一个独立的系统，其运行不会给原系统和网络带来负担。

与基于主机的入侵检测系统相比，基于网络的入侵检测系统不需要一个主机提供严格审计，从而资源消耗小，因为网络协议是一个标准，它可以提供保护的网络，而不需要考虑不同体系结构的异构主机。但是基于网络的入侵检测系统只对直接连接到网络通信上进行检测，不能检测不同区段的数据包，需要安装多个传感器网络入侵检测系统，但会增加系统成本。由于性能目标通常是基于网络入侵检测系统的特征检测方法，因此可以检测到一些常见的攻击，却很难完成对一些复杂攻击检测时间的大量计算和分析。

目前，大部分入侵检测产品都是基于网络的，如Snort软件，其入侵特征更新速度与研发的进展已经超过了大部分商业化入侵检测产品。

(3) 分布式入侵检测系统。基于网络的入侵检测系统和基于主机的入侵检测系统都存在不足。该系统的主动防御系统不够强大，只能使用一种。然而，它们的缺点是互补的。如果这两个系统能够无缝地部署在一个网络中，它们将形成一个强大的、三维的主动防御系统。综合利用两种类型的数据源，利用系统的互补特性，称为混合入侵检测系统，可以在网络攻击率中找到，但也可以在系统异常日志中找到。

分布式入侵检测系统（DIDS）是一种既能分析主机系统又能分析网络数据流的入侵检测系统。DIDS集成了基于主机和基于网络的IDS功能。它通过收集、合并多个主机审计数据并检查网络通信，可以检测多个主机发起的协同攻击，并对分布式监控和集中数据进行分析。

DIDS 一般是分布式结构，由多个组件组成，组件分布在不同的主机系统中，这些组件可以分别完成工作的 NIDS 或 HIDS 的功能，是分布式入侵检测系统的一部分。通过组件之间的统一网络接口检测信息共享和协作，简化了组件之间数据交换的复杂性，使不同主机上的部件分布更加容易，系统提供了接口的扩展，其结构如图 5－6 所示。

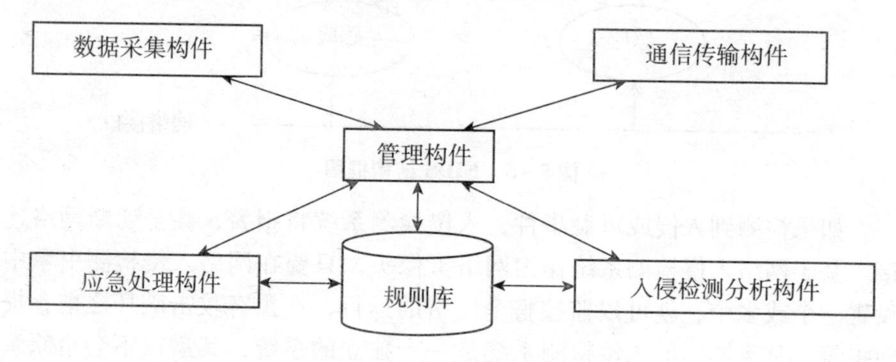

图 5－6　DIDS 结构框图

DIDS 的分布性表现在两个方面：首先，包过滤的工作是由分布在每个网络设备（包括网络主机）上的检测代理完成的；其次，检测代理认为可疑数据包是根据其类型发送到专门的分析层设备上的。检测代理不仅实现信息过滤，同时监测系统的分析和管理可以在全球信息进行相关分析，从而分流网络信息，提高检测速度和检测解决效率低的问题，使得本身拒绝服务攻击的能力得到了增强。

DIDS 的可扩展性和安全性得到了显著提高，与集中式的人工入侵检测系统相比，对基于网络的 DIDS 共享的数据量要求较低。但维护成本高，设计和实现复杂，被监控主机的通信机制、审计成本、跟踪分析等工作量增加，是未来入侵检测系统的研究重点。它是一个相对完善的体系结构，为在日益复杂的网络环境中实现安全策略提供了更好的解决方案。

2. *按分析方法分类*

根据入侵检测系统所采用分析方法的不同，可以将入侵检测系统分为异常和误用入侵检测系统。

（1）异常入侵检测系统。异常的人类入侵检测系统利用监测系统的正常行为信息作为入侵行为和系统异常活动的基础。在异常入侵检测中，假设所有的入侵行为都与正常行为不同，如果系统建立正常行为，所有的理论与系统状态的正常轨道不同。异常阈值和特征的选择是入侵检测的关键。

例如，通过流量统计分析将异常时间的网络流量视为可疑的。然而，异常入侵检测的局限性在于并不是所有的入侵都是异常的，系统的轨迹很难计算。将异常入侵检测方法与其他新技术结合起来，实现有效的入侵检测，如基于统计方法的异常检测方法、基于数据挖掘技术的异常检测和基于神经网络的异常检测方法等。

（2）误用入侵检测系统。误用入侵检测系统根据已知的人类入侵信息（知识、模式等）检测系统中的入侵和攻击。在误用入侵检测中，假设所有的入侵行为和方法（及其变体）都表示为模式或字符，那么所有已知的入侵方法都可以通过匹配的方法找到。误用人类入侵检测的关键是如何表达入侵模式，区分真实入侵与正常行为。其优点是少报假；其局限性是它只能检测已知的攻击，对未来的攻击无能为力。

异常入侵检测系统与误用人类入侵检测系统的区别，前者试图检测一些未知的入侵行为。它根据用户的行为或资源利用的状态来决定是否入侵。后者是通过对某些特定行为与已知行为的比较来识别一些已知的入侵行为，并检测入侵行为。前者的主要缺点是错误率很高，尤其是在用户众多或工作行为发生变化的环境中。后者更准确，因为它是根据特定的特征库来判断的，但它也有很高的漏报率。此外，它需要频繁地更新特性库，而且它的可移植性不好。

3. 按响应方式分类

根据检测系统对入侵攻击的响应方式的不同，可以将入侵检测系统分为主动和被动的入侵检测系统。

（1）主动入侵检测系统。主动入侵检测系统在攻击后检测系统的入侵，可以自动在目标系统的漏洞修复，强制可疑用户（潜在入侵者）退出系统和密切相关的服务措施和响应措施。

（2）被动入侵检测系统。被动入侵检测系统检测到系统的入侵攻击后，只生成报警信息通知系统安全管理员，随后由系统管理员进行处理。

5.1.8　入侵检测的标准及模型

目前的入侵检测系统大多基于各自的需求，设计独立开发，缺乏系统间的互操作性，这是入侵检测系统发展的障碍。标准化问题研究、入侵检测系统是入侵检测技术和产品开发的必然要求，规范了不同入侵检测系统与交换容量之间的信息共享，加强了入侵检测系统之间的通信与协作。

1. 入侵检测通用标准 CIDF

为了提高入侵检测产品、组件，和与其他安全产品（如防火墙等）之间的互操作性，国防高级研究计划局 DARPA 入侵检测和因特网工程任务组 IETF 工作组（Gro 入侵检测工作，IDWG）发起了一系列的建议草案，从体系结构、通信机制，入侵检测系统的描述语言和应用程序接口 API 规范标准。

DARPA 的草案提议是一个公共入侵检测框架，由加州大学戴维斯分校的安全实验室首先起草。比公共入侵检测框架（CIDF）标准工作的核心思想即入侵行为日益广泛和复杂，这依赖于单个入侵检测系统无法检测所有的入侵行为，所以你需要一个合作跨网络入侵检测系统来检测。为了最小化标准，CIDF 将入侵检测系统的合作重点放在不同组件之间的合作上。

公共入侵检测框架（CIDF）是一套规范的框架，它提出了一个通用的入侵检测框架，然后将通信协议的标准化与 API 之间的各个部分结合起来，以满足不同人群入侵检测的通信和管理组件。只要入侵检测系统符合 CIDF 标准，就可以与其他系统共享检测信息、相互通信、协同工作，并实现统一的配置响应和恢复策略。常见的入侵检测框架（CIDF），其主要功能是将各种入侵检测系统集成在一起工作，实现组件间的入侵检测系统重用，因此常见的入侵检测框架（CIDF）也是构建分布式入侵检测系统的基础。

CIDF 的规范文档主要包括 4 个部分，即体系结构、通信机制、描述语言和程序接口。

（1）CIDF 的体系结构。CIDF 在入侵检测专家系统（Intrusion Detection Expert System，IDES）和网络入侵专家系统（Network Intrusion Detection Expert System，NIDES）提出了一个通用模型，入侵检测系统分为四个基本组件，即事件生成器、事件分析器、响应单元和事件数据库，如图 5－7 所示。

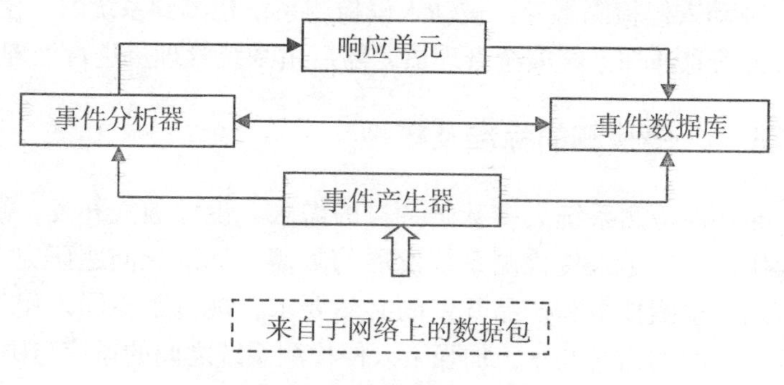

图 5－7　CIDF 的体系结构

在这个模型中，事件生成器、事件分析程序和响应单元通常作为应用程序出现，而事件数据库则是文件或数据流。许多IDS制造商作为数据收集、数据分析和控制台第三部分术语的一部分，而不是事件生成器、事件分析器和响应包单元，也可以从系统日志或其他方式获取信息。

CIDF的4个组件所交换数据的形式都是通用入侵检测对象（Common Intrusion Detection Objects，CIDO），CIDO是对事件进行编码的通用格式（由CIDF描述语言CISL定义）。一个CIDO可以表示在一些特定时刻发生的一些特定事件，也可以表示从一系列事件中得出的一些结论，还可以表示执行某个行动的指令。

1）事件产生器：负责从入侵检测系统之外的计算环境中收集事件，并将这些事件转换成CIDF的CIDO格式传送给其他组件。例如，事件产生器可以是读取C2级审计踪迹并将其转换为CIDO格式的过滤器，也可以是被动的监视网络，并根据网络数据流产生事件的另一种过滤器，还可以是SQL数据库中产生描述事务的事件应用代码。

2）事件分析器：分析从其他组件收到的CIDO，并将产生的新的CIDO再传送给其他组件。例如，事件分析器可以是一个轮廓描述工具，统计性地检查现在的事件是否可能与以前某个事件来自同一事件序列；也可以是一个特征检测工具，用于在一个事件序列中检查是否有已知的滥用攻击特征；还可以是一个相关器，观察事件之间的关系，将有联系的事件放到一起，以便于以后的进一步分析。

3）事件数据库：事件数据库负责存储CIDO，以备系统需要的时候使用。

响应单元：响应单元处理收到的CIDO，并据此采取相应的措施，如终止进程、切断连接、改变文件属性、报警等。

由于CIDF有一个标准格式CIDO，所以这些组件也适用于其他环境，只需要将典型的环境特征转换为CIDO格式即可，这样就加强了组件之间的消息共享和互通。

CIDF定义了入侵检测系统和应急系统之间通过交换数据的方式，共同协作来实现入侵检测和应急响应。CIDF的互操作有3类：配置互操作，可相互发现并交换数据；语法互操作，可正确识别交换的数据；语义互操作，可相互正确理解交换的数据。

此外，CIDF还定义了入侵检测系统的6种协同方式，即分析方式、互补方式、互纠方式、核实方式、调整方式和响应方式。

（2）CIDF的通信机制。CIDF组件间的通信是通过一个层次化的结构完成的。CIDF将各组件之间的通信划分为3个层次结构，即CIDO层、消息层（Message）和协商传输层（Negotiated Transport），如图5－8所示。

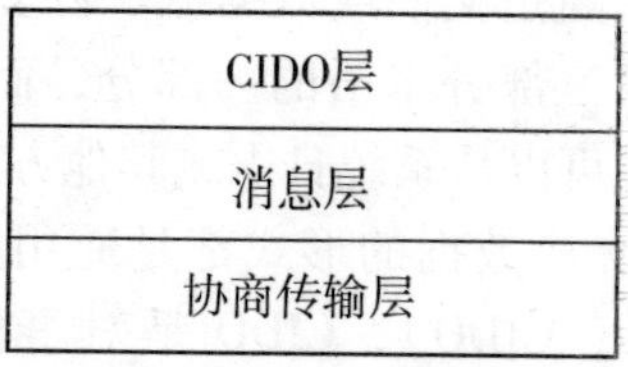

CIDO层
消息层
协商传输层

图5－8　CIDO通信层次

其中协商传输层不属于CIDF规范，它可以采用很多种现有的传输机制来实现。消息层负责对传输的信息进行加密认证，然后将其可靠的从源层传输到目的地，消息层不关心传输的内容，它只负责建立一个可靠的传输通道。CIDO层负责对传输信息的格式化，正是因为有了CIDO这种统一的信息表达格式，才使得各个入侵检测系统之间的互操作成为可能。CIDF要实现协同工作，必须解决组件之间通信方面的两个问题。

1）CIDF的一个组件怎样才能安全地联系到其他组件，其中包括组件的定位和组件的认证。

2）连接建立后，CIDF如何保证组件之间安全、有效地进行通信。

为了解决第一个问题，CIDF提出了一个可扩展性非常好的比较完备的解决方案，即采用匹配服务（Matchmaker）。匹配服务由通信模块、匹配代理、认证和授权模块以及客户端缓冲区4个部分组成，其中核心部件是匹配代理（Broker），匹配代理专门负责查询其他CIDF组件集。通常一个客户端有一个代理，但也可以把代理和客户端分开，这样一个代理就可以为多个客户端服务。匹配服务是一个标准的、统一的方法，使得CIDF的组件之间互相识别和定位，让它们能够共享信息。这样极大地提高组件间的互操作能力，从而使入侵检测和应急系统的开发变得容易。

第二个问题是通过消息层和协商传输层来解决的。消息层是为了解决如同步（如阻塞和非阻塞等）、屏蔽不同操作系统的不同数据表示、不同编程语言、不同数据结构等问题而提出的。它规定了Message的格式，并提出了双方通信的流程。此外，为了保证通信的安全性，消息层包含了鉴别、加密和签名等机制。

组件通信双方通过协商来确定传输机制，为了使下层通信设备和资源消耗最小，默认的传输机制是基于UDP的、可靠的CIDF消息传输。可选的传输机制选项还包括直接基于UDP、不带确认和重传的CIDF消息层，基于UDP、使用确认和重传的CIDF消息层，直接基于TCP的CIDF消息层。需要协商的其他选项还包括机密性、鉴别和端口等。

通过CIDF的通信协议，一个CIDF组件能够正确、安全、有效地和其他组件进行通信。通信的内容，即消息层的传输内容，就是CIDO层的数据。消息层完全不知道它要传输的内容，这样有助于CIDO的独立性。CIDO的数据用CISL来表示，这就使得它能够被通信双方的组件正确地识别。

（3）CIDF的描述语言。CIDF的规范语言文档定义了一个公共入侵标准语言（Common Intrusion Specification Language，CISL），各入侵检测系统使用统一的CISL来表示原始事件信息、分析结果和响应指令，从而建立了入侵检测系统之间信息共享的基础。CISL是CIDF的最核心也是最重要的内容。CISL设计的目标如下。

1）表达能力：具有足够的词汇和复杂的语法来实现广泛的表达，主要针对事件的因果关系、事件的对象角色、对象的属性、对象之间的关系、响应命令或脚本等方面。

2）表示的唯一性：要求发送者和接收者对协商好的目标信息能够相互理解。

3）精确性：两个接收者读取相同的消息不能得到相反的结论。

4）层次化：语言中有一种机制能够用普通的概念定义详细、精确的概念。

5）自定义：消息能够自我解析说明。

6）效率：任何接收者对语言的格式理解不能成倍增加。

7）扩展性：语言里有一种机制能够让接收者理解发送者使用的词汇，或者是接收者能够利用消息的其余部分说明解析新词汇的含义。

8）简单：不需理解整个语言就能接收和发送消息。

9）可移植性：语言的编码不依赖于网络的细节或特定主机的消息。

（4）CIDF的程序接口。CIDF的程序接口文档描述了用于CIDO编码、解码以及传输的标准应用程序接（Application Programming Interface，API）。API提供的调用功能使得程序员可以在不了解编码和传递过程具体细节的情况下，以一种很简单的方式构建和传递CIDO。

API主要包括CIDO编码和解码API、消息层API、CIDO动态追加API、签名API和顶层CIDF API等几类。

CIDO有两种表现形式：一种为逻辑形式，表现为ASCII文本的S表达式，它是用户可读的；另一种为编码形式，表现为二进制的与机器相关的数据结构。CIDO编、解码API定义了CIDO在这两种形式之间进行转换的标准程序接口，它使应用程序可以方便地转换CIDO而不必关心其具体技术细节。每类API均包含数据结构定义、函数定义和错误代码定义等。

总之，CIDF 从组件通信着手，完成了一系列的标准化，主要体现在以下几个方面。

1）通过组件标识查找或更高层次上地通过特性查找通信双方的代理设施和查找协议。

2）使用正确（认证）、安全（加密）、有效的组件间通信协议。

3）定义一种能使组件间互相理解的语言 CISL。

4）说明进行通信所用的主要 API。

如果完全按照 CIDF 标准化进行开发，就可以达到异构组件间的通信和管理，但是，这种标准化也有不足：①复杂性：首先，建立代理设施和遵循查找协议查找对方非常复杂；其次，对 CISL 语义的理解也相当复杂；②时效性：由于协议的复杂性，必然导致时间消耗过大，延时增长；③协议的完整性：文档很多地方还不太完整，需要进一步细化。

上述 CIDF 的内容仅仅是 Internet 草案。不过 CIDF 的重要贡献在于将软件组件理论应用到入侵检测系统中，定义组件之间的接口方法，从而使得不同的组件能够互相通信和协作。

总的来说，入侵检测的标准化工作进展非常缓慢，现在各个入侵检测系统厂商几乎都不支持当前的标准，造成各入侵检测系统之间几乎不可能进行互相操作。但标准化终究是 IT 行业充分发展的一个必然趋势，而且标准化提供了一套比较完备、安全的解决方案。

2. 入侵检测模型

在入侵检测系统的发展历程中，大致经历了 3 个阶段，即集中式阶段、层次式阶段和集成式阶段。代表这 3 个阶段的入侵检测系统的基本模型分别是通用入侵检测模型（Denning 模型）、层次化入侵检测模型（IDM）和管理式入侵检测模型（SNMP - IDAM）。下面分别介绍 3 种基本模型。

（1）通用入侵检测模型。1984 - 1986 年，在美国海军空间和海军战争系统司令部（SPAWARS）的资助下，由 Dorothy E. Denning 提出了一种通用入侵检测系统模型，如图 5 - 9 所示。

Denning 模型提出了异常活动和计算机不正当使用之间的相关性，它独立于任何特殊的系统、应用环境、系统脆弱性或入侵种类，因此提供了一个通用的入侵检测系统框架。Denning 模型能够检测出黑客入侵、越权操作及其他种类的非正常使用计算机系统的行为。该模型基于的假设是：计算机安全的入侵行为可以通过检查一个系统的审计记录，从中辨识异常使用系统的入侵行为。Denning 模型由以下 6 个主要部分构成。

1）主体。主体（Subjects）是指系统操作中的主动发起者，是在目标

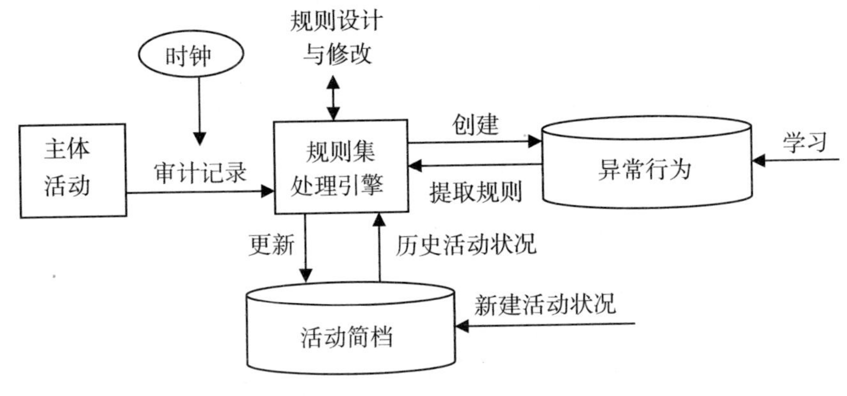

图5-9　通用侵入检测系统模型

系统上活动的实体，如计算机操作系统的进程、网络的服务连接等。

2）对象。对象（Objects）是指系统所管理的资源，如文件、设备、命令等。

3）审计记录。审计记录（Audit Records）是指主体对对象实施操作时系统产生的数据，如用户注册、命令执行和文件访问等。审计记录是一个六元组，其格式为 <主体，活动，对象，异常条件，资源使用情况，时间戳>。

4）活动简档。活动简档（Activity Profile）用以保存主体正常活动的有关信息，其具体实现依赖于检测方法，在统计方法中从事件数量、频度、资源消耗等方面度量，可以使用方差、马尔科夫模型等方法实现。活动简档定义了事件计数器、间隔计时器和资源计量器3种类型的随机变量。

5）异常记录。异常记录（Anomaly Record）用以表示异常事件的发生情况，其格式为 <event，time-stamp，profile>，即 <事件，时间戳，活动简档>。

6）活动规则。活动规则（Activity Rules）指明当一个审计记录或异常记录产生时应采取的动作。规则集是检查入侵是否发生的处理引擎，根据活动简档用专家系统或统计方法等分析接收到的审计记录，调整内部规则或统计信息，在判断有入侵发生时采取相应的措施。规则由条件和动作两部分组成，包括审计记录规则、定期活动更新规则、异常记录规则和定期异常分析规则4种类型。

Denning模型实际上是一个基于规则的模式匹配系统，不是所有的入侵检测系统都能够完全符合该模型。Denning模型的最大缺点在于它没有包含已知系统漏洞或攻击方法的知识，而这些知识在许多情况下是非常有用的信息。

（2）层次化入侵检测模型。Steven Snapp 等在设计和开发 DIDS 时，提出一个层次化的入侵检测模型（IDM）。该模型将入侵检测系统分为 6 个层次，从低到高依次为数据层（Data）、事件层（Event）、主体层（Subject）、上下文层（Context）、威胁层（Thread）和安全状态层（Security State）。

IDM 模型给出了在推断网络中的计算机受攻击时数据的抽象过程，即它给出了将分散的原始数据转换为高层次的有关入侵和被检测环境的全部安全假设过程。通过把收集到的分散数据进行抽象加工和数据关联操作，IDM 构造了一台虚拟的机器环境，这台机器由所有相连的主机和网络组成。将分布式系统看作是一台虚拟的计算机的观点简化了对跨越单机的入侵行为的识别。IDM 也应用于只有单台计算机的小型网络。下面来具体分析 IDM 的 6 个层次。

1）数据层。数据层包括主机操作系统的审计记录、局域网监视器结果和第三方审计软件包提供的数据。在该层中，描述客体的语法和语义与数据来源是相关联的，主机或网络上的所有操作都可以用这样的客体表示出来。

2）事件层。事件层处理的客体是对第一层客体的扩充，该层的客体称为事件。事件描述第一层的客体内容所表示的含义和固有的特征性质。用来说明事件的数据域有两个，即动作（Action）和领域（Domain）。动作描述了审计记录动态特征，而领域给出了审计记录的对象的特征。很多情况下，对象是指文件或设备，而领域要根据对象的特征或它所在文件系统的位置来确定。由于进程也是审计记录的对象，它们可以归到某个领域，这时就要看进程的功能。事件的动作包括会话开始、会话结束、读文件或设备、写文件或设备、进程执行、进程结束、创建文件或设备、删除文件或设备、移动文件或设备、改变权限、改变用户号等。事件的领域包括标签、认证、审计、网络、系统、系统信息、用户信息、应用工具、拥有者和非拥有者等。

3）主体层。主体层使用一个唯一标识号，用来鉴别在网络中跨越多台主机使用的用户。

4）上下文层。上下文层用来说明事件发生所处的环境或者给出事件产生的背景。上下文分为时间型和空间型两类。例如，一个用户正常工作时间内不出现的操作在下班时出现，则这个操作很值得怀疑，这就属于时间型上下文。另外，事件发生的时间顺序也常能用来检测入侵，如一个用户频繁注册失败就可能表明入侵正在发生。IDM 要选取某个时间为参考点，然后利用相关的事件信息来检测入侵。空间型上下文说明了事件的来源与入侵行为的相关性，事件与特别的用户或者一台主机相关联。例如，人们通常关心一个用户从低安全级别计算机向高安全级别计算机的转移操作，而反方向的操作则不太重要。这样，事件上下文使得可以对多个事件进行相关性入侵检测。

5）威胁层。威胁层考虑事件对网络和主机构成的威胁。当把事件及上下文结合起来分析时，就能够发现存在的威胁。可以根据滥用的特征和对象对威胁类型进行划分，也就是说，入侵者做了什么和入侵的对象是什么。滥用分为攻击、误用和可疑 3 种操作。攻击表明机器的状态发生了改变，误用则表示越权行为，而可疑只是入侵检测感兴趣的事件，但是不与安全策略冲突。

滥用的目标划分成系统对象或用户对象、被动对象或主动对象。用户对象是指没有权限的用户或者是用户对象存放在没有权限的目录，系统对象则是用户对象的补集。被动对象是文件，而主动对象是运行的进程。

6）安全状态层。IDM 的最高层用 1 ~ 100 的数字值来表示网络的安全状态，数字值越大，网络的安全性越低。实际上，可以将网络安全的数字值看作是系统中所有主体产生威胁的函数。尽管这种表示系统安全状态的方法会丢失部分信息，但是可以使安全管理员对网络系统的安全状态有一个整体印象。在 DIDS 中实现 IDM 模型时，采用一个内部数据库保存各个层次的信息，安全管理员可以根据需要查询详细的相关信息。

（3）管理式入侵检测模型。近年来，随着计算机网络技术的飞速发展，网络攻击手段也越来越复杂，攻击者大都是通过合作的方式来攻击某个目标系统，而单独的入侵检测系统难以发现这种类型的入侵行为。如果入侵检测系统也能够像攻击者那样合作，就有可能检测到。这样就需要有一种公共的语言和统一的数据表达格式，能够让入侵检测系统之间顺利交换信息，从而实现分布式协同检测。但是，相关事件在不同层面上的抽象表示也是一个很复杂的问题。基于这样的因素，北卡罗来纳州立大学的 Felix Wu 等人从网络管理的角度考虑入侵检测的模型，提出了基于简单网络管理协议（Sirepie Network Management Protocol，SNMP）的入侵检测系统，简称 SNMP - IDSM。

SNMP - IDSM 为公共语言来实现入侵检测系统之间的消息交换和协同检测，它定义了入侵检测系统管理数据库（IDS Management Information Base，IDS - MIB），使得原始事件和抽象事件之间关系明确，并且易于扩展这些关系。SNMP - IDSM 的工作原理如图 5 - 10 所示。

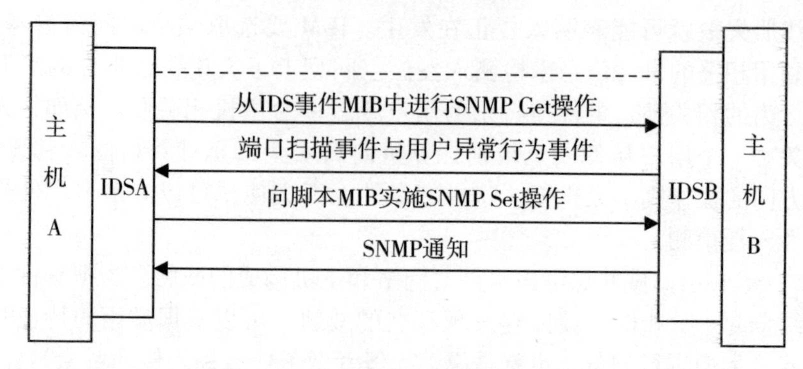

图5－10　SNMP－IDSM的工作原理

由图5－10可知，IDS－B负责监视主机B和请求最新的入侵检测系统事件，主机A的IDS－A观察到了一个来自主机B的攻击企图，然后IDS－A和IDS－B联系，IDS－B响应IDS－A的请求，IDS－B半小时前发现有人扫描主机B，这样，某个用户的异常活动事件被IDS－B发布。IDS－A怀疑主机B受到了攻击。为了验证和寻找攻击者的来源，IDS－A使用MIB脚本发送一些代码给IDS－B。这些代码类似于netstat等命令，它们能够搜集主机B的网络活动和用户活动的信息。最后，这些代码的执行结果表明用户X在某个时候攻击主机A，而且IDS－A进一步得知用户X来自于主机C，这样，IDS－A和IDS－C取得联系，要求主机C向IDS－A报告入侵事件。一般来说，攻击者在一次入侵过程中通常会采取以下步骤。

1）使用端口扫描、操作系统检测或者其他黑客工具收集目标有关信息。

2）寻找系统的漏洞并利用这些漏洞，如Sendmail的错误、匿名FTP的误配置或者服务器授权给任何人访问等。一些攻击企图失败而被记录下来，另一些攻击企图则可能成功实施。

3）如果攻击成功，入侵者就会清除日志记录或者隐藏自己而不被其他人发现。

4）安装后门，如Rootkit、木马或网络嗅探器等。

5）使用已攻破的系统作为跳板入侵其他主机，如用窃听口令攻击相邻的主机或者搜索主机间非安全信任关系等。

SNMP－IDSM根据上述的攻击原理，采用五元组形式来描述攻击事件，该五元组的格式为<where，when，who，what，how>，其中各字段的含义如下：

where：描述产生攻击的位置，包括目标所在地以及在什么地方观察到事件发生。

when：事件的时间戳，用来说明事件的起始时间、终止时间、信息频率或发生的次数。

who：表明入侵检测系统观察到的事件，如果可能的话，记录哪个用户或进程触发事件。

what：记录详细信息，如协议类型、协议说明数据和包的内容。

how：用来连接原始事件和抽象事件。

总之，SNMP - IDSM 定义了用来描述入侵事件的管理信息库 MIB，并将入侵事件分为原始事件（Raw Event）和抽象事件（Abstract Event）两层结构。原始事件指的是引起安全状态迁移的事件或者是表示单个变量偏移的事件，而抽象事件是指分析原始事件所产生的事件。原始事件和抽象事件的信息都用四元组 <where，when，who，what>来描述。

5.2　漏洞检测技术与工具

人无完人，计算机系统也不是十全十美的。与人患病类似，计算机系统在从它产生到灭亡的整个生命周期中，也会出现各种病症，也就是安全脆弱点。计算机系统也需要像人一样，定期进行“身体”检查，如果检查发现问题，就像人需要吃药、打针一样，计算机系统需要进行打补丁等处理以便系统能正常运行。由于系统本身的复杂性，在设计、实现、配置各个环节都可能引入安全漏洞。安全漏洞是客观的，它导致的危害也是严重的。下面介绍一种目前用于安全脆弱性分析的主要技术漏洞扫描技术。

5.2.1　漏洞扫描技术

1. 漏洞及其形成原因

计算机漏洞是指计算机系统具有某种可能被入侵者利用的属性，而并非是物理性的概念。安全漏洞是由脆弱性造成的，造成计算机系统脆弱的原因是多方面的，这里先从传统计算机系统的安全模型说起，然后分析安全漏洞产生的原因。

传统安全模型定义了“参考监视器”的概念，当主体（用户）对客体（访问目标）进行访问时，参考监视器进行访问控制，如图 5 - 11 所示。传统安全模型有以下 3 种基本安全机制。

（1）身份标识和鉴别。用户登录前，首先被要求标识自己的身份，

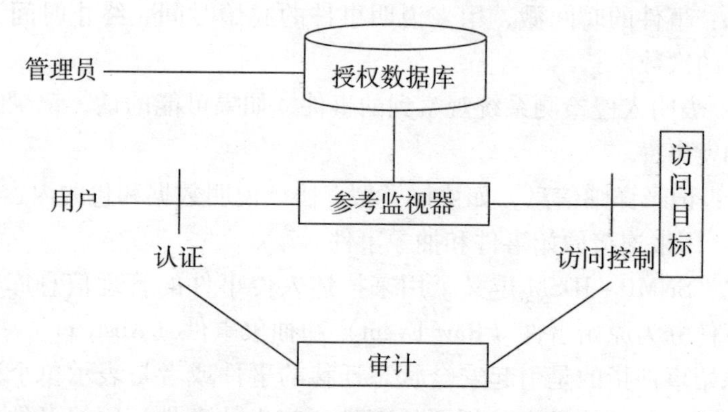

图 5-11　传统计算机系统安全模型

并提供证明身份的依据，计算机系统对其进行鉴别。身份的标识和鉴别是对访问者授权的前提，并通过审计机制使系统保留追究用户行为责任的能力。

仅以口令作为验证依据是目前大多数商用系统所普遍采用的方法。这种简单的方法会给计算机系统带来明显的风险，包括利用字典的口令破解、冒充合法计算机的登录程序欺骗登录者泄露口令、通过网络嗅探器收集在网络上以明文（如 Telnet、FTP）或简单编码形式（如 HTTP 采用的 BASE64）传输的口令。任何一个口令系统都无法保证不会被入侵。

（2）访问控制。当用户或代表用户的进程需要对文件、网络连接等资源进行访问时，参考监视器依据授权数据库决定是否给予用户访问资源的权限。参考监视器的目标保证只有被授权的用户才有权访问资源。以 Windows 文件系统的访问控制为例，访问一个文件的用户分为文件主、同组用户和其他用户 3 类，对于文件的访问包括读、写和执行 3 种操作。通常可以对不同的用户设置不同的访问权限。例如，文件主可以读、写和执行文件，同组用户可以读、执行文件，其他用户没有任何权限。当用户对文件进行访问时，参考监视器会比较用户的权限是否足够。例如，对于文件主，读、写、执行文件都是可以的；对于同组用户，写文件的操作将会遭到拒绝。访问控制是参考监视器的核心，一旦访问控制被绕过，参考监视器就无安全可言了。

（3）审计。审计是一种得到信任的机制。参考监视器使用审计把系统的活动记录下来。参考监视器记录的信息应包括主体和对象标识、访问权限请求、日期和时间、参考请求结果（成功或失败）。审计记录应以一种可信、安全的方式存储。例如，在 Windows 系统上有事件管理器，它可以记录各种相关的事件。在 IIS 等 Web Server 中，对用户的访问都有相应日志记录。这样，当发生安全问题或其他事件时，可以查找日志记录，进行安全分析。

传统安全模型是一个系统最基本且不可缺少的安全机制，安全模型中要素的缺乏意味着系统几乎没有可信赖的安全机制。传统安全模型并不能提供系统可信程度的信息，这主要是传统安全模型的一些假设，在实际环境中很难满足，传统安全模型是建立在模型各个部件都可信的情况下，这种可信需要通过实践验证。然而由于一般的软件系统规模都比较庞大和复杂，设计和配置过程中都可能存在问题，因此，导致安全模型的各个部分都不是完全可信的。

虽然有身份标识和鉴别机制，但一般用户可能倾向于选择简单的用户名和口令，使得猜测用户名和口令变得很容易，导致身份标识和鉴别起不到应有的作用。攻击者如果通过了身份认证，那么攻击者就获得了一个合法用户的身份，他可以利用这个身份进行各种后续攻击活动。

另外，在访问控制环节也容易出现问题。例如，对于FTP服务器而言，恶意攻击者可能通过提供比较长的用户名和口令来造成缓冲区溢出攻击，从而获得运行FTP服务进程权限的一个Shell。这时，恶意攻击者根本不需要具有一个合法的用户名和口令就可以绕过访问控制机制而为所欲为。

计算机系统的配置也很容易出现问题。例如，为了用户的方便性，系统一般会设置一些默认口令、默认用户和默认访问权限，但是有很多用户对这些默认配置根本不进行修改或者不知道如何修改，这也会导致访问控制机制失效。由于现在的软件系统都比较复杂，如果单纯地由管理员人工进行系统配置，出错的可能性还是比较大的。虽然存在审计机制，但是一旦启用审计机制就会产生大量的审计信息，而与安全相关的信息会被淹没在其中，如果单纯地由系统管理员人工检查审计信息，想借此发现安全问题是非常困难的。比如，对于新浪、搜狐等门户网站，每天用户的访问量数以百万计，如果对所有的访问都记录，不但需要大量的存储空间，而且要从大量的访问事件中挖掘到安全事件也是一件非常困难的事情。

2. 安全漏洞类型

安全漏洞从大的类别可以分为配置、设计和实现三个方面的漏洞，下面分别介绍这三个类型。

（1）配置漏洞。配置漏洞是由于软件的默认配置或者不恰当的配置而导致的安全漏洞。下面是一个默认配置漏洞的例子。

在 Windows NT 系统中，默认情况下会允许远程用户建立空会话，枚举系统里的各项 NetBIOS 信息。这里空会话指可以用空的口令通过 NetBIOS 协议登录到远程的 Windows 系统中。空会话登录后，可以枚举远程主机的所有共享信息，探测远程主机的当前日期和时间信息、操作系统指纹信息、用户列表、所有用户信息、当前会话列表等，枚举每个会话的相关信息，包括客户端主机的名称、当前用户的名称、活动时间和空闲时间等。攻击者获得这些信息后，可以进行下一步的攻击，如假设攻击者获得了用户列表，可能会进行口令猜测攻击。不恰当配置方面的安全漏洞也很多。例如，很多用户对于口令的设置都比较简单，容易清测到，可能采用与用户名一样的口令或者采用类似“123456”等简单、容易记忆的口令。

（2）设计漏洞。设计漏洞主要指软件、硬件和固件设计方面的安全漏洞。这里以一个软件设计方面的漏洞 TCP SYN Flooding 为例进行分析。

TCP SYN Flooding 漏洞的主要原因是，利用 TCP 连接的 3 次握手过程，打开大量的半开 TCP 连接，使目标主机不能进一步接受 TCP 连接。每个机器都需要为这种半开连接分配一定的资源，并且这种半开连接的数量是有限的，达到最大数量时，机器就不再接受进来的连接请求。注意，造成 TCP SYN Flooding 漏洞的两个关键点：一是半开连接需要占用一定的资源；二是半开连接的数目是有限制的。

对第二点而言，这是一个软件设计错误，以前所有的 TCP/IP 协议软件的设计都规定了一个数值，限制半开连接的数目，一个消除 TCP SYN Flooding 漏洞的方法是动态增加半开连接的数目限制，这也是目前 Windows 系统使用的方法。但是，这样的方法可能导致对整台计算机系统的内存耗尽的攻击。因为不限制半开连接的数目，如果攻击者在短周期内建立大量的半开连接，将会消耗计算机系统大量内存。

从第一点来看，这又好像是 TCP 协议设计的问题，因为 TCP 协议是有状态的，所以必须保存一些连接信息等状态信息，这要占用一些资源。一个解决的办法是，在连接的时候不占用资源。很多 UNIX、Linux 系统采用一种 SYN Cookie 机制实现这样的功能。Cookie 是指当服务器端 B 收到客户端 A 发送的 SYN 连接请求后，服务器端发送 SYN + ACK，其中的初始序列号按照一种特殊的方法声明，这里的序列号就是 Cookie. 32 位的初始序列号分为 3 部分：前 5 位的值为 tmod32，这里 t 是一个 32 位的时间计数器，每 64s 递增；接下来的 3 位是服务器端按照客户端的 MSS 选择的一种编码，这里 MSS 是最大分段尺寸（Maximum Segment Size）；下面的 24 位是服务器按照一个秘密函数对客户端 IP、客户端端口、服务器端 IP、服务器端端口和上面提到的 t 进行计算后的结果。当客户端 A 向服务器端 B 发送 3 次握手的 ACK 部分内容时，服务器端可以对客户端按照 Cookie 进行验证，如果通过了验证，再分配存储资源。这种方法的缺点是破坏了 TCP 协议。例如，如果客户端 A 向服务器端 B 发送 3 次握手的 ACK 部分内容在网络上丢失，服务器端 B 不能重传已经发送的 3 次握手的 SYN + ACK 部分，这样在客户端 A 看来，3 次握手已经建立，但是在服务器端 B 看来，握手没有建立，两端的状态不一致。

3. 漏洞扫描技术及其原理

（1）漏洞扫描技术基础。漏洞扫描技术是指在攻击者渗透入侵到用户的系统前，采用手工或使用特定的软件工具——安全扫描器，对系统脆弱点进行评估，寻找可能对系统造成损害的安全漏洞。并对目标系统进行漏洞检测和分析，提供详细的漏洞描述，并针对安全漏洞提出修复建议和安全策略，生成完整的安全性分析报告，为网络管理员完善系统提供重要依据。通常有两类漏洞扫描技术，即主机漏洞扫描和网络漏洞扫描。

1）主机漏洞扫描。从系统管理员的角度，检查文件系统的权限设置、系统文件配置等主机系统的平台安全以及基于此平台的应用系统的安全，目的是增强主机系统的安全性。

2）网络漏洞扫描。采用模拟黑客攻击的形式对系统提供的网络应用和服务以及相关的协议等目标可能存在的已知安全漏洞进行逐项检查，然后根据扫描结果向系统管理员提供周密、可靠的安全性分析报告，为提高网络安全的整体水平提供重要依据。

作为系统安全评估的工具，安全扫描器是一种通过收集系统的信息、自动检测远程或本地主机安全性脆弱点的程序。从整个信息安全角度来看，它主要有以下两种类型：

本地扫描器或系统扫描器。扫描器和待检查系统运行于同一节点，进行自身检查。它基于主机安全评估策略来分析系统漏洞，包括系统错误配置和普通配置信息。用户通过扫描结果对系统漏洞进行修补，直到扫描报告中不再出现任何警告。

远程扫描器或网络扫描器。扫描器和待检查系统运行于不同节点，通过网络远程探测目标节点，发现主机后，扫描它正在运行的操作系统和各项服务，测试这些服务中是否存在安全漏洞。

安全扫描器可以通过两种途径提高系统的安全性：一是提前警告存在的漏洞，从而预防入侵和误用；二是检查系统中由于受到入侵或操作失误而造成的新漏洞。

（2）扫描技术分析。

1）发现目标主机或网络。

2）发现目标后，进一步发现目标系统类型及配置信息，包括确认目标主机操作系统、运行的服务及服务软件版本等，如果目标是一个网络，那么还可以进一步发现该网络的拓扑结构、路由设备及各种网络主机等信息。

3）测试哪些服务具有安全漏洞。扫描器是一把双刃剑，系统管理员使用它可以发现自己的系统存在的问题，而攻击者使用它可以破坏被攻击对象的安全。不管是出于防护的目的，还是出于攻击的目的，二者同样关心如何更多地发现目标主机或网络中存在的安全漏洞。由于未经同意的网络扫描行为往往意味着网络攻击的开始，所以攻击者还需要考虑如何避免扫描动作被发现。安全扫描技术的技术含量更多地体现在这一点上，而从防护的角度来说，也必须了解对手可能用到的手段，才能实施更有效的防范措施。

扫描技术的类型较多，如 Ping 扫描技术、端口扫描技术、系统类型检测技术等。这里重点介绍端口扫描技术。端口扫描技术主要应用于扫描器工作过程的前两个阶段，第三个阶段为测试哪些服务具有安全漏洞，虽然也很重要，但都是一些简单日常检查项目的累积，主要反映在数量上，并不需要特别的技术。

（3）端口扫描技术。在 TCP/IP 网络中，端口号是主机上提供服务的标识。例如，FTP 服务的端口号为 21，Telnet 服务的端口号是 23，DNS 服务的端口号是 53，Web 服务的端口号是 80 等。入侵者知道了被攻击主机的地址后，还需要知道通信程序的端口号；只要扫描到相应的端口被打开着，就知道目标主机上运行着什么服务，以便采取针对这些服务的攻击手段。

根据扫描方法的不同，端口扫描技术可分为全开扫描、半开扫描、秘密扫描和区段扫描等。这几种技术都可以用于查找服务器上打开和关闭的端口，从而发现该服务器上对外开放的服务。但并不是每一种技术都保证能得到正确的结果，它能否成功还依赖于远程目标的网络拓扑结构、IDS、日志机制等配置。全开扫描最精确，但它会引起大量的日志记录，同时也很容易被检测到。而使用秘密扫描虽然可能避开某些 IDS 和可能绕过防火墙规则，但它发出的特殊标志的数据包却很可能在网络传输过程中被丢弃，从而造成误报。图 5－12 给出了目前常见的端口扫描技术及其所属分类。

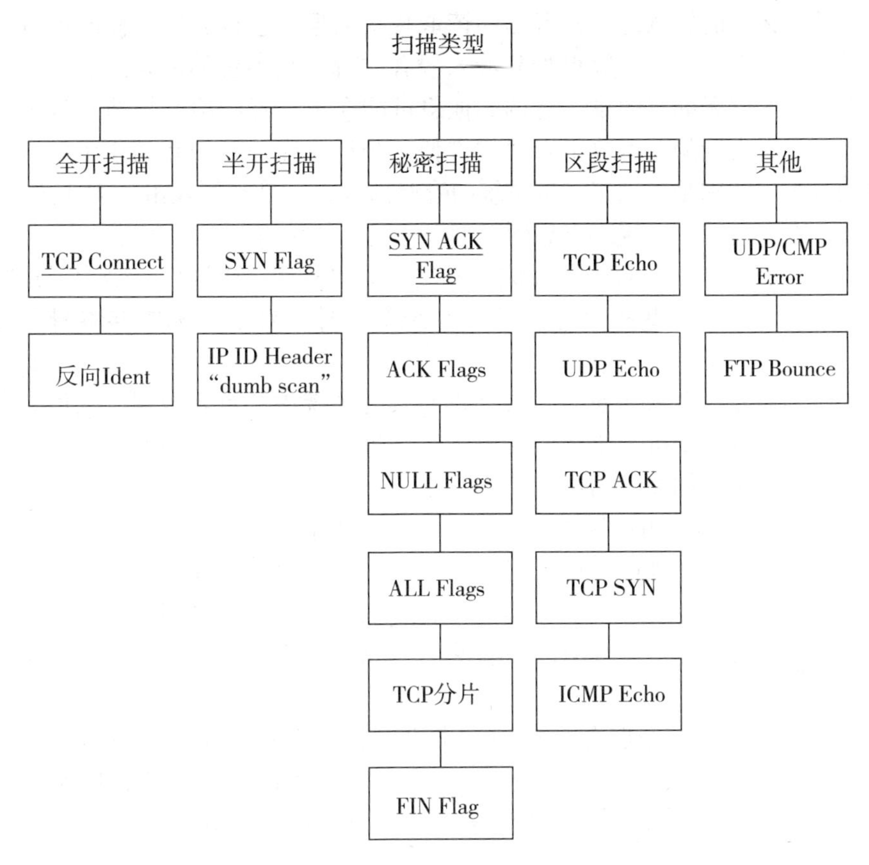

图 5－12　常见的端口扫描技术及分类

5.2.2　入侵行为及安全威胁分析

1. 入侵行为定义

黑客的入侵行为很难界定，也很难被发现。怎样才算是受到了黑客的入侵呢？Anderson 在 1980 年给出了入侵的定义：入侵是指在非授权的情况下，试图存取信息、处理信息或破坏系统以使系统不可靠、不可用的故意行为。从更加广泛的意义上讲，当入侵者试图在非授权的情况下在目标机上“工作”的那个时刻起，入侵行为就发生了。

2. 入侵者的目的

入侵者的目的各不相同。善意的入侵者只是出于好奇，想看看未知的部分是什么；而恶意的入侵者可能读取特权数据、进行非授权修改或者破坏系统。不幸的是，一般很难分清入侵者的行为是善意的还是恶意的，而且即使某入侵者的目的是善意的，他也可能在不经意间给系统造成极大的损失，或者为别的恶意攻击者提供方便。分析黑客的目的有助于了解入侵者的行为，特别是有助于了解系统的哪些部分最容易受到攻击。大体来说，入侵者在入侵一个系统时会想到以下一种或几种目的。

（1）执行进程。攻击者在成功入侵目标主机后，或许仅仅是为了运行一些程序，而且这些程序除了消耗系统资源外，对于目标机器本身是无害的。

（2）获取文件和数据。入侵者的目标是系统中的重要数据。入侵者可以通过登录目标主机，使用网络监听程序进行攻击。监听到的信息可能含有重要的信息，如关于用户口令的信息等。

（3）获取超级用户权限。在多用户的系统中，超级用户可以进行任何操作，因此获取超级用户权限是每一个入侵者都梦寐以求的。

（4）进行非授权操作。很多用户都会去尝试尽量获得超出许可的一些权限，如寻找管理员设置中的一些漏洞，或者寻找一些工具来突破系统的防线。

（5）使系统拒绝服务。这种攻击将使目标系统中断或者完全拒绝对合法用户、网络、系统或其他资源的服务。任何这种攻击的意图都是邪恶的，而这种攻击往往不需要复杂技巧，只借助很容易找到的工具即可实现。

（6）篡改信息。包括对重要文件的修改、更换、删除等。不真实或者错误的信息往往会给用户造成巨大的损失。

（7）披露信息。入侵者将目标站点的重要信息与数据发往公开的站点，造成信息的扩散。

3. 入侵者的类型

入侵者大致分为 3 种类型，即伪装者、违法者及秘密用户。

（1）伪装者。未经授权使用计算机或绕开系统访问控制机制获得合法用户账户权限者。

（2）违法者。未经授权访问数据程序或资源的合法用户，或者具有访问授权但错误使用其权利的人。

（3）秘密用户。拥有账户管理权限，利用这种控制来逃避审计和访问数据，或者禁止收集审计数据者。

伪装者很可能是外部人员；违法者一般是内部人员；而秘密用户可能

是外部人员，也可能是内部人员。

4. 实施入侵的阶段

入侵和攻击需要一个时间过程，可以把这个过程大致分为窥探设施、攻击系统、掩盖踪迹三个阶段。

（1）窥探设施。窥探设施即是对目标系统环境的了解。窥探的目的是想了解目标系统采用的是什么操作系统？哪些信息是公开的？有何价值？运行的Web服务器是什么类型？其版本如何？这些问题都要经过对目标系统的窥探后才能回答，而这些问题的答案对入侵者以后将要发动的攻击起着至关重要的作用。

（2）攻击系统。在窥探设施工作完成之后，入侵者将根据得到的信息对系统发起攻击。攻击系统可以分为针对操作系统的攻击、针对应用软件的攻击及针对网络的攻击3个层次。

（3）掩盖踪迹。一旦攻击成功，获得某个系统的特权账号，入侵者会千方百计地避免自己被检测出来。当从目标系统上获得所有感兴趣的信息后，往往会安置后门并藏匿一个工具箱，以保证将来可以再次轻易地获得访问权，而且便于对其他的系统发动攻击。因此，系统管理员在发现自己的系统被入侵之后，必须仔细审查系统，以确保黑客所安装的后门被完全删除，并对已知的系统漏洞打上补丁，以防被黑客再次入侵。

5. 安全威胁的分析

（1）威胁来源。计算机系统面临的安全威胁有来自计算机系统外部的，也有来自计算机系统内部的。来自计算机系统外部的威胁主要有以下几种。

1）自然灾害、意外事故。

2）计算机病毒。

3）人为行为，如使用不当、安全意识差等。

4）黑客的入侵或侵扰。

5）内部泄密。

6）外部泄密。

7）信息丢失。

8）电子谍报，如信息流量分析、信息窃取等。

9）信息战。

计算机系统内部存在的安全威胁主要有以下几种。

1）操作系统本身存在的一些缺陷。

2）数据库管理系统安全的脆弱性。

3）管理员缺乏安全方面的知识，缺少安全管理的技术规范，缺少定期的安全测试与检查。

4）网络协议中的缺陷，如 TCP/IP 协议的安全问题。

5）应用系统缺陷等。

（2）攻击分类。攻击的分类方法是多种多样的。这里根据入侵者使用的手段和方式，将攻击分为口令攻击、拒绝服务攻击、利用型攻击、信息收集攻击以及假消息攻击几大类。

1）口令攻击。抵抗入侵者的第一道防线是口令系统。几乎所有的多用户系统都要求用户不但要提供一个名字或标识符（ID），而且要提供一个口令。口令用来鉴别一个注册系统的个人 ID。在实际系统中，入侵者总是试图通过猜测或获取口令文件等方式来获得系统认证的口令，从而进入系统。入侵者登录后，可以查找系统的其他安全漏洞，来得到进一步的特权。为了避免入侵者轻易地猜测出口令，用户应该避免使用不安全的口令。不安全的口令类型可以分为：用户名或用户名的变形；电话号码、执照号码等；一些常见的单词；生日；长度小于 5 的口令；空口令或默认口令。上述词后加上数字可提高口令安全性。

有时即使有好的口令也是不够的，尤其是当口令需要穿过不安全的网络时将面临极大的危险。很多的网络协议中，以明文的形式传输数据，这时攻击者监听网络中传送的数据包，就可以得到口令。在这种情况下，一次性口令是有效的解决方法。

2）拒绝服务攻击。拒绝服务（Denial of Service，DOS）攻击是一种历史最久远也是最常见的攻击形式。严格来说，拒绝服务攻击并不是某一种具体的攻击方式，而是攻击所表现出来的结果，最终使得目标系统因遭受某种程度的破坏而不能继续提供正常的服务，甚至导致物理上的瘫痪或崩溃。具体的操作方法可以多种多样，可以是单一的手段，也可以是多种方式的组合利用，最基本的 DOS 攻击就是利用合理的服务请求来占用过多的服务资源。

按照所使用的技术，拒绝服务大体上可以分为以下两大类：基于错误配置、系统漏洞或软件缺陷。例如，利用传输协议缺陷，发送畸形数据包，以耗尽目标主机资源，使之无法提供服务；利用主机服务程序漏洞，发送特殊格式数据，导致服务处理出错而无法提供服务；通过攻击合理的服务请求，消耗系统资源，使服务超载，无法响应其他请求。又如，制造高流量数据流，造成网络拥塞，使受害主机无法与外界通信。

在许多情况下要使用以上两种方法的组合。例如，利用受害主机服务缺陷，提交大量请求以耗尽主机资源，使受害主机无法接受新请求。

3）利用型攻击。利用型攻击是一种试图直接对主机进行控制的攻击。它有两种主要的表现形式，即特洛伊木马和缓冲区溢出攻击。

a. 特洛伊木马。表面看是有用的软件工具，而实际上却在启动后暗中安装破坏性的软件。许多远程控制后门往往伪装成无害的工具或文件，使得轻信的用户不知不觉地安装它们，如恶意的木马 NetBus、BackOrifice 和 BO2K 等。为了防止受到木马程序的攻击，应该遵守一些准则，如避免下载可疑的程序并执行，用网络扫描软件定期监测内部主机的监听 TCP 服务。

b. 缓冲区溢出攻击（Buffer Overflow）。通过程序的缓冲区写超出其长度的内容，造成缓冲区的溢出，从而破坏程序的堆栈，使程序转而执行一段恶意代码，以达到攻击的目的。据统计，通过缓冲区溢出进行的攻击占所有系统攻击总数的80%以上。在 C 语言中，指针和数组越界没有得到保护是缓冲区溢出的根源，如在 C 语言的标准库中就有许多能提供溢出的函数，如 strcat()、strcpy()、sprintf() 和 scanf() 等。例如，一个字符数组 string 的长度为 20，当执行 strcpy(string,string1)时，假定 string1 的长度超过 20B，程序就存在缓冲区溢出漏洞。攻击者可以对其进行归纳攻击，获得一个 Shell 或执行其他恶意操作。

在 UNIX 平台上，通过缓冲区溢出攻击，攻击者可以得到一个交互式的 Shell。在 Windows 平台上，攻击者可以执行任意的恶意代码。尽管缓冲区溢出漏洞的发掘需要很高的技术和知识背景，然而一旦有人写出了溢出代码，使用起来却非常简单。在缓冲区溢出攻击面前，防火墙往往显得很无力。1988 年的 Morris 病毒，在很短的时间内就感染了 6000 多台 UNIX 平台的机器。该蠕虫病毒所使用的两个漏洞之一就是利用 UNIX 服务 Finger 中的缓冲区溢出攻击来获得访问权限。为了防止缓冲区溢出攻击，开发软件时应该尽量使用带有边界检查的函数版本，或者主动进行边界检查。

4）消息收集型攻击。消息收集型攻击并不直接对目标系统本身造成危害。顾名思义，这类攻击为进一步的入侵提供必需的信息。这些攻击手段大部分在黑客入侵三部曲中的第一步窥探设施时使用。

扫描技术就是常用的消息收集型攻击方法。扫描技术大致可以分为 Ping 扫描、端口扫描以及操作系统检测三类工具和技巧。通过使用 Ping 扫描工具，入侵者可以标示出存活的系统，从而指出潜在的目标。通过使用各种端口扫描工具，入侵者可以进而标示出正在监听着的潜在服务，并将目标系统的暴露程度做出一些假设。最基本的端口扫描技术是 TCP 的 connect()扫描，但是使用这种扫描方式极易被系统监测出来。因此，攻击者发展了一些新的扫描技巧，如TCP SYN扫描（半开连接扫描）、TCP Fin扫描、TCP FTP bouncce扫描、用IP分片进行SYN/FIN扫描、UDP recvfrom扫描以及Reverse - ident扫描等。使用操作系统检测软件可以相当准确地确定目标系统的特定操作系统，从而为以后的攻击系统的活动提供重要的信息。

入侵者往往还利用系统提供的一些信息服务来收集它们所需要的服务，如在UNIX系统中入侵者可以使用Finger服务来得到一些该系统的用户信息。在Windows平台下，入侵者往往使用LDAP协议来窥探目标网络内部的系统及其用户信息。另一个入侵者经常使用的服务是DNS查询服务，更值得注意的是，如果一个DNS服务器被错误地配置了允许区域传送的选项，攻击者就可以轻易地获得一个目标系统内部的IP地址和一些服务的重要信息。

5）假消息攻击。攻击者用配置不正确的消息来欺骗目标系统，以达到攻击的目的，被称为假消息攻击。常见的假消息攻击形式有电子邮件欺骗、IP欺骗、Web欺骗及DNS欺骗等。

a. 电子邮件欺骗。对于大部分普通因特网用户来说，电子邮件服务是他们使用最多的网络服务之一。由于SMTP服务并不强制要求对发送者的身份进行认证，恶意的电子邮件往往正好是攻击者恶意攻击用户的有效措施。常见的通过电子邮件的攻击方法有：隐藏发信人的身份，发送匿名或垃圾信件；使用用户熟悉的人的电子邮件地址骗取用户的信任；通过电子邮件执行恶意的代码。

b. IP欺骗。IP欺骗的主要动机是隐藏自己的IP地址，防止被跟踪。有些网络协议仅将IP地址作为认证手段，此时伪造IP就可以轻易地骗取系统的信任。对于设置了防火墙的目标系统，将自己的IP伪装成该系统的内部IP有可能使得攻击者冲破目标系统的防火墙。为了防止IP欺骗，应该尽量将路由器配置成不允许带源路由选项的IP报通过，并在路由器上设置欺骗过滤器，以防止外来的包带有内部的IP地址或者内部的包带有外部的IP地址。

c. Web欺骗。由于Internet的开放性，任何用户都可以建立自己的Web站点，同时并不是每个用户都了解Web的运行规则。这就使得攻击者的Web欺骗成为可能。常见的Web欺骗的形式有使用相似的域名、改写URL、Web会话劫持等。

d. DNS欺骗。修改上一级DNS服务记录，重定向DNS请求，使受害者获得不正确的IP地址。

5.2.3　常见漏洞检测工具

下面介绍一些最为常用的漏洞检测工具。

1. Sniffer

Sniffer软件是NAI公司推出的一流的便携式网络管理和故障诊断分析软件应用。在有线网络和无线网络中，它为网络管理员提供实时的网络监控、数据包捕获和故障排除功能。

Sniffer分为软件和硬件两种，软件的Sniffer有Sniffer Pro、Network Monitor、PacketBone等，软件易于安装和部署，同时便于学习、使用和沟通。硬件的Sniffer，称为协议分析器，通常是商业的，有能力支持广泛的扩展链接捕获能力，以及高性能的实时数据捕获和分析。

Sniffer网络分析仪是一个网络故障、性能和安全管理的有力工具，它能够自动地帮助网络专业人员维护网络、查找故障，极大地简化了发现和解决网络问题的过程，广泛适用于Ethernet、Fast Ethernet、Token Ring、Switched LANs、FDDI、X.25、DDN、Frame Relay、ISDN、ATM和Gigabits等网络。Sniffer可以实现以下功能。

（1）网络安全保护与维护。Sniffer可以实时检测和报警异常网络攻击，捕获和监听高速网络，以及对网络传输的内容进行综合分析和解码。

（2）面向网络链路运行状态监测。Sniffer监控各种网络链路的操作、传输和阻塞，以及各种在线协议的使用，并自动检测网络协议以监控网络故障。

（3）网络应用程序的监控。Sniffer监视任何网络段、服务和工作站的应用程序流量和流，并监视典型应用程序的响应时间。监视不同网络协议的带宽比例以及不同应用程序流量和流的分布和拓扑。

（4）强大的协议解码能力，用于对网络流量的深入解析。Sniffer对各种现有网络协议、各种应用层协议进行解码；Sniffer协议开发包（PDK）可以让用户简单、方便地增加用户自定义的协议。

（5）网络管理、故障报警及恢复。Sniffer运用强大的专家分析系统帮助维护人员在最短时间内排除网络故障。根据用户习惯，Sniffer可提供实时数据或图表方式显示统计结果，统计内容如下：

1）网络统计。如当前和平均网络利用率、当前的帧数及字节数、总站数和激活的站数、协议类型、平均帧长等。

2）协议统计。如协议的网络利用率、协议的字节数以及每种协议中各种不同类型的帧的统计等。

3）差错统计。如错误的 CRC 校验数、发生的碰撞数、错误帧数等。

4）站统计。如接收和发送的帧数、开始时间、停止时间、消耗时间、站状态等，最多可统计 1024 个站。

5）帧长统计。如某一帧长的帧所占百分比、某一帧长的帧数等。

当某些指标超过规定的阈值时，Sniffer 可以自动显示或采用有声形式的警告。

Sniffer 可根据网络管理者的要求，自动将统计结果生成多种统计报告格式，并可存盘或打印输出。

Sniffer 和其他网络协议分析器最大的区别是它的专家系统。简单地说，可以自动实时监控网络故障，捕获数据，识别网络配置，故障和报警自动发现网络，可以指示网络故障的位置，网络故障的性质和可能的故障原因，并提出解决故障的措施。

Sniffer 还提供专家配置，允许用户建立自己的专家系统来确定失败的触发条件。对于专家系统，不需要了解其中的问题就可以解决其中的问题。

2. Internet Scanner

ISS 公司的漏洞扫描和入侵检测产品在市场上占有很大的份额，其中 Internet Scanner 是商业漏洞扫描软件中非常优秀且比较成功的一款，曾经获得过很多次安全大奖。

ISS 公司的创始人 Christo pher Klaus 在 1993 年发布了一款开放源代码的 UNIX 平台下的漏洞扫描软件，之后他又发布了 Windows 下的漏洞扫描软件并创建了 ISS 公司。ISS 公司的 Internet Scanner 产品扫描漏洞全面，漏洞更新速度快，用户界面友好、使用简单、方便。ISS 公司有一个专门的组织 X－Force 从事安全漏洞的研究，因此它的安全漏洞库信息全面、更新速度快。

Internet Scanner 是一款运行在 Windows 平台的软件，它是一个独立的软件，不是 Client/Server 结构的软件。由于它是一个商业软件，所以有些商业保护，如果要扫描任意 IP 地址，需要有一个 Key 文件；如果只是扫描本地主机的安全漏洞，不需要有合法的 Key 文件。

Internet Scanner 主要包括策略配置、扫描、显示、报告等几项功能。策略配置就是制定一个策略，然后选择在策略运行过程中扫描哪些漏洞。若漏洞较多，如有 1000 多条，用户一个一个地选择是否在扫描策略执行时扫描某条漏洞，那么配置过程就太复杂了，所以在具体的安全漏洞上面有一个层次，对漏洞进行适当的分类，Internet Scanner 有 DOS、Backdoors、CGI－BIN、DCOM、FTP 等几十个分类，这样用户可以选择是否扫描某类安全漏洞，而不必细化到某个漏洞的层次，简化了配置。

策略配置完后进行漏洞扫描，在 Internet Scanner 中称为一个会话。在扫描过程中，Internet Scanner 按照配置的 IP 地址和扫描漏洞的情况，对远程或本地主机进行扫描，扫描需要的时间与扫描的机器数、扫描的漏洞数有关，扫描的机器数和扫描的漏洞越多，扫描时间越长，一般需要 0.5～1h。扫描进行的同时，扫描结果会在界面上实时显示出来。

扫描结束后，扫描结果会保存起来，以后可以通过报告方式查看扫描结果。Internet Scanner 提供了多种生成报告的方式，因此用户可以按照不同的需要和视角生成报告。

3. Nessus

Nessus 是一个开源漏洞扫描软件，系统管理员和黑客使用的一组熟悉的软件。与 Internet 扫描器不同，Nessus 使用客户机/服务器结构。Clien。客户端完成策略配置，扫描漏洞显示，生成扫描结果报告，服务器完成漏洞扫描。Nessus 的服务器端软件只能在 UNIX 上运行，而服务器端软件可以在 UNIX 和 Windows 上运行。客户端和服务器需要按照协议进行通信，所以需要双方之间的通信协议。为了设计一种通信协议 NTP（Nessus Transport Protocol），基于该协议 SSL（Security Socket Layer）协议，使用 SSL 可以保证通信双方的保密、完整性和通信，并可以识别双方的身份。NTP 的设计并不复杂。它只传输策略配置信息、传输漏洞扫描结果等功能。由于协议设计不好，在向 Ness us 添加新功能时需要对 NTP 进行升级。

Nessus 的服务器端称为 Nessusd，其设计思想基于插件的结构。Nessusd 创建了一个插件环境，它提供了标准函数，比如插件的初始化和操作。插件特定的扫描任务，每个插件扫描一个或几个漏洞，这种方法的好处是：一旦发现新的安全漏洞，就可以编写一个新的插件扫描相应的漏洞。

Nessus 插件在扫描时具有一些依赖性。实现端口扫描插件的功能先进行扫描，然后到远程主机端口是打开信息知识库中释放内存，当其他插件运行时，会检查内存知识库，如果发现远程主机的端口没有打开，插件不会扫描，这样我们可以提高漏洞扫描的速度和效率。例如，一些执行 CGI 漏洞扫描的插件将首先检查远程主机的 HTTP 端口是否打开，如果没有，将不再检查 CGI 漏洞。

Nessus 的扫描是专门设计的，它不是简单地通过端口来确定服务。例如，如果它是端口23，它被认为是一个Telnet服务。如果是端口2323，则不认为是Telnet服务。Nessus根据连接到端口后返回的结果信息确定相应端口上的服务。例如，对于不同的服务Telnet、FTP和WWW，在建立连接并发送请求之后，返回的结果信息是不同的。Nessus通过此方法确定相应的端口服务。这个特性很有用，因为很多人可能会在2323年打开Telnet服务，在8080或1080端口打开WWW服务，在端口2121打开一个FTP服务，认为这样可以提高安全性，事实上，这个想法是错误的。Nessus在渗透攻击和标志检查中执行漏洞检查。标志检查是基于操作系统的名称、版本和服务程序来确定是否存在安全漏洞。

从以上三种扫描工具可以看出，借助扫描技术可以找到网络和主机开放端口、服务、一些系统信息、不正确的配置、已知的安全漏洞等，但扫描工具并不是万能的。如果一个黑客发现了一个安全漏洞而没有披露它，那么所有的漏洞扫描软件将不能扫描这样的安全漏洞。因此，使用漏洞扫描软件不能扫描所有已经发现的安全漏洞，即不能提供绝对的安全。但是漏洞扫描软件能扫描所有已经暴露的安全漏洞吗？因为有这么多开放的漏洞，小的安全公司不能保证扫描所有的漏洞。更重要的是，安全公司有一个高水平洞开挖的团队，不断发现新的漏洞，从而赢得了行业的声誉。同时，公司也通过不披露漏洞的细节和应用程序获得了竞争优势，使得其他行业的竞争对手无法在短时间内提供相应的漏洞扫描程序。可以说，快速、连续更新安全漏洞的能力是漏洞扫描软件的核心竞争力之一。

第6章 防火墙技术

分析研究网络安全问题，自然离不开对防火墙这种技术工具的认知与理解。防火墙的产生、发展与社会的信息化程度息息相关。也就是说，信息化在带给人类进步与发展的空间的同时，也对人类社会的发展产生了一定的负面影响。而负面影响体现在互联网应用方面，就是越来越多的网络安全问题。为了解决用户在进行网络访问时出现的各种问题，防火墙技术应用而生，它不仅可以第一时间拦截各种病毒或阻拦黑客的攻击，同时在日常也为用户提供了一层“保护网”，保证用户的计算机可以实现正常的运行。

6.1 防火墙技术的概念与分类

当我们在生活和工作中打开一台计算机时，都可以发现计算机内安装了防火墙软件。这种软件依赖于先进的技术手段，并且在不断发展的技术面前，防火墙所具备的功能也越来越多，对用户的网络安全提供了保障。下面将从防火墙技术的概念与分类这两个大方面来具体介绍防火墙技术。

6.1.1 防火墙技术的概念论述

1. 防火墙的具体定义

防火墙是为了保证网络安全的一种极为重要的技术，其英文全称为Firewall。用较为通俗的语言来描述防火墙，它指的是位于内部网络与外部网络之间或两个信任程度不同的网络之间的软件或硬件设备组合。从防火墙的定义上来看，防火墙可以实现对两个网络之间的通信进行较为精准的控制。与此同时，防火墙还会通过强制实施统一的安全策略，限制外界用户对内部网络的访问及管理内部用户访问外部网络的权限的系统。因此，防火墙可以阻止网络上其他访问者对重要信息资源进行非法的存取与访问，从而实现保护系统安全的目的。下面将从如下三个方面，将防火墙所涉及的内容实现逐一剖析，帮助大家理解防火墙技术的具体定义。

（1）虽然市面上有很多可以实现保证网络安全的技术产品，但防火墙是保护计算机网络安全的最成熟、最早产品化的技术措施。即便业界对防火墙产品有较为严格的界定，但还是有部分人将所有可以保护网络不受外部侵犯而采取的应对措施都归入防火墙产品的范围内。

（2）从技术的角度去分析，防火墙是一种访问控制技术，利用防火墙可以加强两个网络之间的访问控制。因此，防火墙可以设置一道“高大”的隔离墙，将需要保护的内部网络与有攻击性的外部网络隔离开，同时，防火墙还会要求计算机在运行过程中所需要完成进出工作的数据流皆通过它。因此，可以将防火墙的工作原理归纳如下：防火墙先根据事先规定好的配置和规则，监测并过滤所有从外部网络传来的信息和通向外部网络的信息，从而达到保护网络内部敏感数据不被偷窃和破坏的目的。

（3）从本质上来看，防火墙就是一种隔离设备，它是由一组能够提供网络安全保障的硬件、软件构成的系统。因此，防火墙的系统形式很多样，或是路由器、或是主机（主机群），或者软件与硬件共同使用，放置在两个网络的边界上，既可以是一套纯软件产品，也可以安装在主机或网关中。

2. 防火墙的发展历程

第一代防火墙：这代防火墙主要采用了包过滤技术。

第二、三代防火墙：这两代防火墙主要基于1989年推出的电路层防火墙和应用层防火墙的初步结构。

第四代防火墙：其产生于1992年，这代防火墙主要基于动态包过滤技术。

第五代防火墙：其面世的时间为1998年，NAI公司推出了一种自适应代理技术，基于这种技术的便是第五代防火墙。

3. 防火墙的体系结构

（1）双宿主机防火墙体系结构。双宿主机结构的基本构成：围绕着至少具有两个网络接口的双宿主机。而双宿主机内外的网络都可以与双宿主机实施通信，但内外网络之间不可直接通信，内外部网络之间的IP数据流被双宿主机完全切断。双宿主机可以通过代理或让用户直接注册为其提供很高程度的网络控制。

通常，双宿主机的结构多会采用主机替代路由器执行安全控制功能。

双宿主机即一台配有多个网络接口的主机，它可以用来在内部网络和外部网络之间进行寻径。

如果寻径功能在一台双宿主机中被禁止了，那么该双宿主机便会中止与其相连的内部网络和外部网络之间的通信，那么此时与双宿主机相连的内部和外部网络就都可以执行由它所提供的网络应用，如果这个应用允许的话，它们就可以共享数据。如此一来，就可以最大程度的确保内部网络与外部网络的某些节点之间通过双宿主机上的共享数据传递信息。但是，这里需要强调的是，内部网络与外部网络之间是不能实现直接传递信息的，因为这样才能保护内部网络。由于双宿主机是外部网络用户进入内部网络的唯一且非常重要的通道，双宿主机的安全性就显得格外重要了，它的用户口令控制安全是一个关键。

分析双宿网关防火墙的结构，可以发现它是一个具有两个网络适配器的主机系统，而且主机系统中的寻径功能是无法使用的，而由网关上的代理服务器来提供对外部网络的服务和访问。因此，双宿网关防火墙是一种具有结构简单、安全性高等特点的高效防火墙系统，从功能上来看，它是对双宿主机防火墙的一个改进。

除此之外，双宿网关防火墙不仅能够将包过滤路由器和双宿网关集成在一起，而且还可以将包过滤路由器放在外部网络和一个屏蔽子网之间。屏蔽子网为外部网络用户提供一些特定的服务，如 WWW、Gopher、FTP 等。通过这样的方式，可以利用包过滤路由器的过滤保护双宿网关免受外部的攻击。

（2）被屏蔽主机体系结构。根据上文的相关论述，可知来自多个网络相连的主机的服务才是双宿主机体系结构的基本组成部分。而被屏蔽主机体系结构则与其对应，它只需使用一个单独的路由器提供来自仅仅与内部网络相连的主机的服务，另外被屏蔽主机结构还有一台单独的过滤路由器。这台路由器可以促使全部到达路由器的数据包都要被发送到被屏蔽主机处。这种体系结构中，数据包过滤确保其安全性。

通常，内部网络上会存在堡垒主机。而在屏蔽的路由器上的数据包过滤的方法设置具体如下：堡垒主机是 Internet 上的主机能连接到的唯一的内部网络上的系统。即便采用这样的系统，也仅有某些确定的连接被允许。任何外部的系统试图访问内部的系统或服务将必须连接到这台主机。由此可见，堡垒主机需保持更高等级的主机安全。

当然，堡垒主机开放可允许的连接到外部世界也是被屏蔽主机结构数据包过滤所允许的。在屏蔽的路由器中数据包过滤配置从下述的几种方法只选择其一：允许其他的内部主机为了某些服务开放到 Internet 上的主机的连接；不允许来自内部主机的所有连接；用户可以混合使用以上两种配置。某些服务可以被允许直接经由数据包过滤，其他服务可以被允许仅仅间接地经由代理。

被屏蔽主机向外部或内部的客户程序提供网络服务，如邮件服务器、Usenet 新闻服务器和本站点的 DNS 服务器等。除此之外，这种网络服务还可能是打印服务器或文件服务。由于被屏蔽主机承担了如此之多的服务任务，所以被屏蔽主机的安全配置应该成为我们所关注的重点，这样保证被屏蔽主机具备安全的配置，同时其可以顺利开展工作，整个防火墙才是安全的，而且可以正常地运行。

（3）被屏蔽子网体系结构。解读被屏蔽主机复杂的结构，发现堡垒主机是最容易受到外来攻击的部分。不仅如此，由于内部网对堡垒主机是完全对外公开的，只要入侵者破坏了这层保护，那么入侵行为就变得轻而易举，从而对网络安全造成极大的破坏。

而被屏蔽子网体系结构的含义就为在被屏蔽主机结构中，多增加一台路由器的安全机制。这台新加入的路由器重要价值在于它可以在内部网和外部网之间构筑出一个安全子网，从而使得内部网与外部网之间有两层隔断。如果入侵者想要顺利进入这种体系结构所搭建的内部网络之内，只有通过两个路由器这一条途径。不管侵袭者是否已经侵入堡垒主机，内部路由器依旧是其入侵所必经的路径。

另外，部分站点还能够在外部与内部网络之间建立分层系列的周边网。这样一来，在外层的周边网上就有了信任度低的和易受侵袭的服务，从而远离了安全性较低的内部网络。

此时，需要在周边网络设置堡垒主机，而堡垒主机的主体正是运行代理服务的一台安全性很高的计算机，这台计算机便成了内部网络与外部网络之间的唯一连接点。这种设置方式不仅提高了内部网络的安全性，而且也极大程度地降低了侵袭者成功侵袭内部的几率。除此之外，由于外部网络和内部网络不能实现直接的通信，防火墙系统管理方便、安全性高，但是对子网中堡垒主机安全性会更为严格。

从组成部分来看，两个包过滤路由器和一个堡垒主机是构成被屏蔽子网防火墙系统的基本组成部分。而最安全的防火墙系统正是该防火墙系统。因为在定义了被屏蔽子网防火墙系统网络后，这种防火墙系统具有两种安全功能，即支持网络层与应用层。此时，网络管理员会把堡垒主机、信息服务器、Modem 组，以及其他公用服务器放在周边网中。周边网很小，处于 Internet 和内部网络之间。通过被屏蔽子网防火墙系统网络直接进行信息传输是严格禁止的。

对于进来的信息，外面的路由器用于防范通常的外部攻击，并管理从 Internet 到周边网的完整访问过程。它只允许外部系统访问堡垒主机。里面的这个路由器提供第二层防御，只接受源于堡垒主机的数据包，负责的是管理周边网到内部网络的访问。

数据包需要通过一定的途径才能顺利达到 Internet，因此里面的路由器管理内部网络到周边网络的访问。它只允许内部系统访问堡垒主机。而使用代理服务则是外面的路由器的过滤规则要求。

如果入侵者仅仅侵入到周边网络中的堡垒主机，就只能偷看到周边网络中的信息流，而看不到内部网的信息流，因此即使堡垒主机受到损害也不会危及内部网的安全。

上文所强调的内部路由器的位置为内部网和周边网中间，它的存在价值在于可以保护内部网不受周边网的侵害。因此，这个内部路由器可以完成防火墙的多数过滤任务。包过滤规则认为以安全为基础，内部路由器允许某些站点的服务在内外网之间互相传送。

被屏蔽子网防火墙系统外部路由器的一个主要功能是保护周边上的主机。但是从成效来看，这种周边主机的保护的意义并不高，这是因为它主要通过堡垒主机来完成安全保护工作的。但是，外部路由器还是有其存在的价值，即防止部分 IP 欺骗。这是由于内部路由器分辨不出一个声称从非军事区来的数据包是否真的从非军事区来，但是外部路由器却可以实现轻松分辨 IP 的真假。于是，可以在堡垒主机上运行各种各样的代理服务器。

综上，采用了屏蔽子网体系结构的堡垒主机是一座不会被轻易攻破的“雄伟城墙”，阻止入侵者试图控制主机的幻想，即便入侵者利用一定的技术控制了堡垒主机，但是，入侵者仍然无法实现直接侵袭内部网络的目的。因此，此时的内部网络由内部过滤路由器笼罩了一层“金刚罩”。

同时，周边网对于阻止入侵者对内部网络的控制也是具有非常重要的价值的。一旦失去了周边网，入侵者就会轻而易举地控制堡垒主机，导致整个内部网络的对话都会被窃听。而如果在周边网络上放置堡垒主机，那么入侵者窃听的阴谋就无法得逞，因为入侵者此时可以侦听到的内容只是周边网络的数据，真正内部网上的数据还被内部路由器保护得很好。虽然，广播式是内部网络上的数据包的存在形式，但是内部过滤路由器会阻止这些数据包流入周边网络，从而有效保证网络的安全。

4. 防火墙的性能指标

防火墙的主要性能指标包括如下九个方面。

（1）支持的局域网接口类型、数量及服务器平台。

1）支持的 LAN 接口类型：以太网、快速以太网、千兆以太网、ATM、令牌环及 FDDI 等之类可以被防火墙所保护的网络类型。

2）支持的最大 LAN 接口数：定义为防火墙所支持的局域网络接口数目，同时还是其能够保护的不同内网数目。

3）服务器平台：防火墙所运行的操作系统平台，如 Linux、UNIX、Windows NT，专用安全操作系统等。

（2）支持的协议。

1）支持的非 IP 协议：不仅支持 IP 协议，同时还支持 AppleTalk、DECnet、IPX 及 NETBEUI 等协议。

2）建立 VPN 通道的协议：构建 VPN 通道所使用的协议，如密钥分配等，主要分为 IPSec、PPTP、专用协议等。

3）能够在 VPN 中使用的协议：在 VPN 中使用的协议，多指 TCP/IP 协议。

（3）对加密技术的支持。

1）支持的 VPN 加密标准：VPN 中支持的加密算法，如数据加密标准 DES、3DES、RC4 及国内专用的加密算法。

2）提供基于硬件的加密：多指防火墙是否提供硬件加密方法。硬件加密可以提供更快的加密速度和更高的加密强度。

（4）对认证技术的支持。

1）支持的认证类型：主要指防火墙支持的身份认证协议。通常，具有一个或多个认证方案，如 RADIUS、Kerberos、TACACS/TACACS +、口令方式和数字证书等。

防火墙技术将为本地或远程的用户提供经过认证与授权的对网络资源的访问，而防火墙管理员需要做的则是决定用户需要以怎样的方式来通过认证这一步骤。

2）支持的认证标准与 CA 互操作性：防火墙的厂商可以自主选择自己的认证方案，但是必须符合国际标准，该项指标所支持的标准认证协议，以及实现的认证协议是否与其他 CA 产品兼容互通。

3）支持数字证书。

（5）对访问控制技术的支持。由于 IP 数据包需要通过防火墙才能完成信息的过滤，因此过滤的规则必须要便于操作与理解，而且还要拥有一致性检测机制，阻止冲突的发生。应用层协议过滤要求涉及了 FTP 过滤、基于 RPC 的应用服务过滤、基于 UDP 的应用服务过滤要求及包过滤技术等。

1）在应用层提供代理支持：多指防火墙是否支持应用层代理，如HT-TP、FTP、Telnet、SNMP等。

2）在传输层提供代理支持：多指防火墙是否支持传输层代理服务。

3）允许FTP命令防止某些类型文件通过防火墙：多指是否支持FTP文件类型过滤。

4）用户操作的代理类型：代指应用层的高级代理功能，如HTTP、POP3。

5）支持网络地址转换（NAT）：NAT的含义为将一个IP地址域映射到另一个IP地址域，它可以为终端主机提供透明路由。NAT的意义在于它可以解决IP地址匮乏问题，具体过程为将常用在私有地址域与公有地址域之间实现转换。一旦在防火墙上实现NAT，那么就能够将受保护网络的内部结构成功隐藏起来，从这一点来看，它确实起到了提高网络安全性的作用。

6）支持硬件口令、智能卡：多指防火墙是否支持硬件口令、智能卡等，这是一种比较安全的身份的认证技术。

（6）对各种防御功能的支持。

1）支持病毒扫描：多指防火墙是否支持防病毒功能，如扫描电子邮件附件中的DOC和ZIP文件，FTP中的下载或上载文件内容，以发现其中包含的危险信息。

2）提供内容过滤：多指防火墙是否支持内容过滤，信息内容过滤指防火墙在HTTP、FTP、SMTP等协议层，依据设定好的过滤条件，对信息流进行控制。而这里的过滤内容多指URL、HTTP携带的信息，即Java Ap-plet、JavaScript、ActiveX和电子邮件中的Subject、To、From域等。

3）能防御的DOS攻击类型：拒绝服务攻击，英语简称为DOS，主要指的是阻止攻击者占用共享资源，从而造成服务器超载现象，或系统资源被消耗殆尽，最终导致其他用户无法享有服务（资源）。而防火墙则可以利用控制、检测与报警等机制，尽最大可能阻止DOS黑客攻击，或降低黑客攻击后的受损程度。

4）阻止ActiveX、Java、Cookies、JavaScript侵入：这属于HTTP内容过滤，防火墙应该能够从HTTP页面抽取Java Applet、ActiveX等小程序，同时还可以从Script、PHP和ASP等代码检测出危险代码或病毒，检测后第一时间提醒浏览器用户。另外，防火墙还可以过滤用户上载的CGI、ASP等程序，一旦发现危险代码时，便会及时向服务器报警。

（7）对安全特性的支持。

1）支持转发和跟踪ICMP协议（ICMP代理）：多指防火墙是否支持

ICMP 代理，ICMP 能够为网间控制报文协议。

2）提供入侵的实时警告：提供实时入侵告警功能的含义为发生危险事件时，能够及时报警。

3）提供实时入侵防范：提供实时入侵响应功能的含义为发生入侵事件时，防火墙可以完成动态响应的行为，及时调整安全策略，最大程度阻挡恶意报文。

4）识别/记录/防止企图进行 IP 地址欺骗：IP 地址欺骗指使用伪装的 IP 地址作为 IP 包的源地址对受保护网络进行攻击，而防火墙需要做的工作便是禁止来自外部网络，而源地址是内部 IP 地址的数据包顺利通过。

（8）管理功能。

1）通过集成策略集中管理多个防火墙：多指是否支持集中管理。防火墙管理主要体现在如下两个方面：一方面对拥有管理权限的管理员行为进行管理；另一方面则是对防火墙运行状态进行管理。其中，通过防火墙的身份鉴别，编写防火墙的安全规则，配置防火墙的安全参数，查看防火墙的日志等属于管理员行为的内容

2）提供基于时间的访问控制：这里指的是防火墙是否提供基于时间的访问控制。

3）支持 SNMP 监视和配置：也就是简单网络管理协议。

4）本地管理：多指管理员通过防火墙的控制台，或者防火墙提供的键盘和显示器对防火墙进行配置管理。

5）远程管理：多指管理员通过以太网或防火墙提供的广域网接口对防火墙进行管理，管理的通信协议可以基于 FTP、TELNET、HTTP 等。

6）支持带宽管理：防火墙可以结合当前的流量动态来及时调整个别客户端所占用的带宽。

7）负载均衡特性：我们可以将负载均衡当作是动态的端口映射，它可以把一个外部地址的某一个 TCP 或 UDP 端口映射到一组内部地址的某一端口，负载均衡主要用于将某项服务（如 HTTP）分摊到一组内部服务器上，这样来实现平衡负载。

8）失败恢复特性（Failover）：多指支持容错技术，如双机热备份、故障恢复、双电源备份等。

（9）记录和报表功能。

1）防火墙处理完整日志的方式：防火墙会设定符合条件的报文作为日志，同时会提供日志信息管理与存储的具体方式。

2）提供自动日志扫描：多指防火墙是否具有日志的自动分析和扫描功能。只有防火墙可以提供自动扫描的功能，才能获得具体的统计结果，从

而实现事后分析的工作任务。

3）提供自动报表、日志报告书写器：提供自动报表和日志报告功能是防火墙实现的一种输出方式。

4）警告通知机制：防火墙需要为主机提供告警机制，这样在防火墙检测到入侵网络与设备运转异常情况的时候，利用告警的方式，及时提醒管理员采取必要的措施。

5）提供简要报表（按照用户ID或IP地址）：按要求提供报表分类打印也是防火墙实现的一种输出方式。

6）提供实时统计：这项功能是防火墙实现的一种输出方式，日志分析后所获得的智能统计结果，图表显示为其主要表现形式。

7）详细列举已经获得的国内有关部门许可证类别及号码：这项功能是防火墙合格与销售的重要要素，如公安部的销售许可证、国家信息安全测评中心的认证证书、总参的国防通信入网证和国家保密局的推荐证明等。

6.1.2　防火墙技术的类别

防火墙技术的划分标准具体如下：使用对象、主要部分的形态、应用部署以及技术，划分标准不同，防火墙的类别也是多种多样。

1. 根据使用对象进行分类

企业级防火墙与个人防火墙是常见的划分类别之一，而它们的划分依据正是防火墙使用对象的不同。

（1）企业级防火墙。企业级防火墙存在的意义是确保企业可以在任何时间内正常访问外部网络，同时，当企业与相应客户开展数据互动（交流）的时候，不会因网络而产生额外的问题。这是由于企业防火墙可以实现复合分层保护，支持大规模本地和远程管理，而且还能够与VPN实现结合，从而使得安全联网基础设施得以扩展与充分地利用。综上，企业防火墙尤为适用于较大规模的网络。在企业经济飞速发展的今天，企业防护墙为企业网络的安全起到了积极、有效的保护作用。它凭借着强大灵活的认证功能，极大程度地支持了企业通过对防火墙的正确配置来实现数据的安全传送，与此同时，可以充分利用网络带宽提供负载均衡的能力。

（2）个人防火墙。个人防火墙存在的意义则主要表现在防护个人主机的网络安全。对于个人防火墙而言，个人用户在网上浏览网页、社交聊天、休闲娱乐，甚至是进行电子交易的时候，个人防火墙会发挥其积极的作用，竭尽全力地保护用户的信息不被他人恶意盗取，与此同时，个人防火墙也不会让用户的主机变为黑客攻击其他机构服务器的工具。与企业防火墙相比，个人防火墙的配置与使用相对简单。通常，用户只需要从专门的网络平台上下载最新版本的防火墙软件，并且正确安装在个人电脑后，此时不需要对其进行专门复杂的配置，个人防火墙便可以为用户的电脑“撑起保护伞”，有效地抵御病毒、木马等入侵。

2. 根据主要部分的形态进行分类

软件防火墙与硬件防火墙也是常见的分类方式，它们是以主要部分的形态为划分原则的。

（1）硬件防火墙。硬件防火墙归属于硬件产品。因为，硬件防火墙是将特定的程序放置到芯片内部，而执行功能的就变成了硬件。如此一来，CPU 的运行负担就变小了。而后，硬件与软件的有机结合不仅可以隔离内部网络，也可以隔离外部网络，最终使得路由更加稳定。如果从防火墙具体的功能来分析的话，可以看到硬件防火墙内建安全软件，使用专属或强化的操作系统，因此，在管理层间具有较强的可控性与便利性，而且更换起来也相对简单，最重要的是，软/硬件搭配也很固定。由此可见，硬件防火墙的工作效率非常高，它不仅有效地解决了传统意义上的防火墙在效率与性能之间存在的矛盾，而且还能够达到线速。虽然，硬件防火墙有如此多的优势，但是它的应用范围并没有软件防火墙广泛，因其成本造价高，对外售卖的价格也会偏贵，通常只有企业或服务器才会使用。

（2）软件防火墙。与硬件防火墙相对应的便是软件防火墙，它是依靠纯软件的形式，来达到隔离内外部网络的基本目标。因此，从其构成来看，软件都以全部组件的形式。对于软件防火墙而言，定制灵活与升级快捷是其突出的亮点。一般来说，软件防火墙只需要以特定的操作系统平台为基础，进行设计与开发工作即可，因此，它也只需要用户直接在主机上进行软件的安装和配置，便将网络的安全防御活动完成。与硬件防火墙类似，软件防火墙同样也有不可忽视的缺陷，就是其发挥的效率不仅取决于自身，还受到运行计算机的性能以及操作系统处理能力的限制。如果用户的主机出现问题，或是操作系统无法正常运行，那么软件防火墙的运行速度也会大大降低。

3. 根据防火墙的应用部署位置进行分类

边界防火墙、个人防火墙与混合防火墙这种划分，比起前文所述的两种来说，并不是那么常见，它们是由应用部署的位置来实现划分的。个人防火墙在前文中已经做了详细的论述，下面主要来介绍边界防火墙以及混合式防火墙。

（1）边界防火墙。出现时间相对较早，一般来说，处于内外部网络的边界，可以实现对内外部网络的隔离，从而确保边界内部网络的安全。其实从本质上来说，边界防火墙与硬件防火墙的性能并无太大差异，价格一样偏高，但是性能方面却很出众。

（2）混合式防火墙。有时称其为嵌入式防火墙或分布式防火墙。从命名上就可以看出，混合式防火墙采用了整合的手法，通常是由无数个软/硬件共同构成的，因此，它是一整套防火墙系统。混合式防火墙会分布在内外部网络边界以及内部的主机之间，这样一来，防火墙不仅可以实现对内外部网络之间的通信进行全面的过滤，而且还可以对网络内部各主机间的通信实现过滤工作。由此可见，混合式防火墙最为突出的优势便是它先以防火墙的技术为基础，从而形成了安全防护体系，并且可以将这种先进的防护体系对外延伸到网络平台中的不同主机上，这样一来，混合式防火墙就可以对网络形成全方位的防护。混合式防火墙的产生与发展的时间相对较短，但是其拥有最为先进的防火墙技术。混合式防火墙拥有出众性能的同时，造价上也比较昂贵，对外售价也较高。

4. 根据防火墙的技术进行分类

根据上文的相关论述可知，物理层、数据链路层、网络层、传输层、会话层、表示层与应用层这七个层次共同构成了开放系统互连模型。而这恰好是我们即将论述的最后一种防火墙划分标准，以技术进行划分。换言之，防火墙技术的划分标准主要表现在技术将工作在开放系统互连模型中的哪一个具体的层面上。通常根据技术的不同，将防火墙分为分组过滤型防火墙与应用代理型。下面来分别介绍这两种防火墙。

（1）分组过滤型防火墙。分组过滤的含义就是对流经网络防火墙的全部数据先进行分组，然后再进行一一检查，而后再结合前期所制定的安全策略对数据分组实现判断，即通过与不通过。

从分组的特点来看，速度与透明性不仅是其显著的特征，同时也是其突出的优势。这两项重要的特征使得分组过滤技术实现了自我的改革与升级，从而没有被时代所淘汰。正因分组过滤技术主要作用在数据分组的过滤上，分组过滤技术的基础便成了数据的分组结构。如果对分组过滤技术的发展过程进行分析与研究的话，可以对分组过滤的核心问题理解为这样充分利用数据分组中每一个字段的信息，同时能够依据安全策略来积极发挥防火墙的优势功能。

分组过滤防火墙的工作原理具体如下：当应用程序用 TCP 传送数据时，数据被送入协议栈中，然后逐个通过每一层直到被当作一串比特流送入网络。其中每层对接收到的数据都要增加一些首部信息。TCP 传给 IP 的数据单元被称作 TCP 报文段（TCP Segment）；IP 传给网络接口层的数据单元被称作 IP 数据报（IP Datagram）；通过以太网传输的比特流被称作帧(Frame)。对于进入防火墙的数据分组，顺序正好与此相反，头部信息被逐层剥掉。其中帧的头部信息主要是源/目的主机的 MAC 地址；IP 数据报头部信息主要是源/目的主机的 IP 地址；TCP 头部的主要字段包括源/目的端口、发送及确认序号、状态标识等。分组过滤防火墙的工作原理（图6－1）。

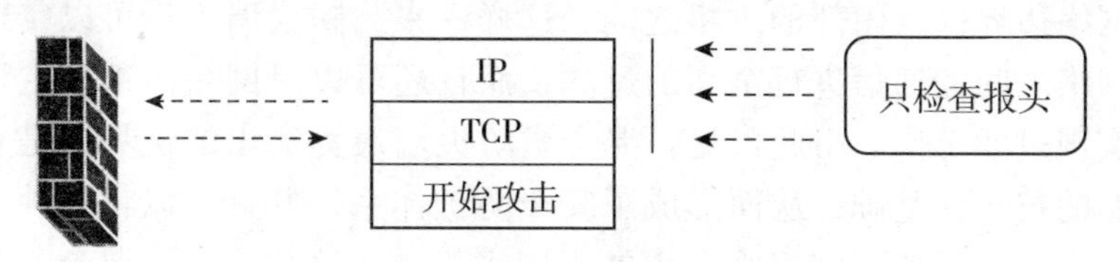

图6－1　分组过滤防火墙的工作原理

从理论的角度去分析，想要制定判断分组通过与否的依据可以为数据分组所有头部信息以及有效载荷。事实上，选取哪些字段信息才是分组过滤技术上的重要问题，与此同时，这样高效地利用这些字段信息，并且结合访问控制列表来执行分组过滤操作，尽可能地提高安全控制力度，也是分组过滤技术所涉及的问题。

（2）应用代理型防火墙。应用代理型防火墙工作在 OSI 模型的处于高层，其直接对特定的应用层进行服务，因此也将其称之为应用层网关级防火墙。它可以代理用户完成 TCP/IP 网络的访问功能，实际上通过对电子邮件、FTP、Telnet、WWW 等各种不同的应用分别提供相应的代理。

这种代理技术促使外网与内网之间的全部连接皆可借助代理服务器之间的顺利转换，确保网络访问的安全性。除此之外，代理技术还能够实现用户认证、详细日志、审计跟踪和数据加密等多种功能，以及协议及应用的过滤和会话过程的控制，从上述各种优异的功能来看，应用代理型防火墙具备一定的灵活性。

从应用代理型防火墙的工作流程来看，其优点是它能够完全阻隔网络通信流，通过对每种应用服务编制专门的代理程序，实现监视和控制应用层通信流的作用，这就是采用代理技术后所获得的优点。当然，这种防火墙也有一定的缺点，那便是这种防火墙在一定程度上会影响用户网络的性能，因此，从用户的角度来说，这种防火墙并非透明，而且它还会对每一种TCP/IP服务进行一一设计，形成相对独立的代理模块，这样便会建立对应的网关，从操作的可行性来看，较为复杂。

代理型防火墙技术同样经历了漫长的发展历史，根据依赖的技术不同，可以将代理型防火墙划分为如下两个版本。

1）应用网关型防火墙。这类防火墙是通过一种代理技术参与到一个TCP连接的全过程。从内部发出的数据分组经过这样的防火墙处理后，就好像是源于防火墙外部网络一样，可以起到隐藏内部网结构的作用。这种类型的防火墙被网络安全专家和媒体公认为是很安全的防火墙。它的核心技术就是代理服务器技术。

2）自适应代理型防火墙。自适应代理型防火墙是近几年才得到广泛应用的一种新防火墙类型。它可以结合代理型防火墙的安全性和分组过滤防火墙的高速度等优点，在尽量不损失安全性的基础上将代理型防火墙的整体性能提高十倍。组成这种类型的防火墙有两个基本要素：自适应代理服务器与动态分组过滤器。

6.2　防火墙新技术

结合前文所述，防火墙的产生与发展也经历了一定的时间，每个阶段所表现出来的技术与功能都满足了当时计算机与互联网发展的需求。但是，随着信息化程度的不断加深，技术在网络领域得以“大展拳脚”。从防火墙的发展契机来看，正是技术的进步使得防火墙可以实现自我更新。下面将以标志着防火墙走向成熟的第四代防火墙为分析主体来深入探究防火墙在现当代所表现出来的技术性。

6.2.1　第四代防火墙技术

1. 防火墙的主要技术及功能

纵观防火墙的发展演变历程，可以发现从第四代防火墙开始，在安全性上产生了质的变化。因为从第四代防火墙开始，防火墙开始以一种独立的操作系统作为其存在的方式。有两种重要的方式可以获得安全操作系统：①通过许可证方式获得操作系统的源码；②通过固化操作系统内核来提高可靠性。从上述内容来看，第四代防火墙所获取的重要进步就是实现了网关于安全系统的整合，从二合为一。根据业界的观点，第四代防火墙就属于具有成熟形态与内容的防火墙。下面来分别论述第四代防火墙所拥有的先进技术与出众的功能。

（1）双端口或三端口的结构。与以往的防火墙产品相比，具有两个或三个独立的网卡是新型防火墙所具备的特征，而且，内部与外部这两个不同网卡可不作IP转化而串接于内部网与外部网之间，另一个网卡可专用于对服务器的安全保护。

（2）透明访问方式。传统意义上的防火墙在访问方式上相对单一，或是要求用户登录进系统，或是通过SOCKS等路径修改客户机的应用。反观，第四代防火墙就在访问方式方面做了细致的处理，即利用了透明代理技术，这样一来，用户系统登录的安全风险与出错概率都会随之降低。

（3）灵活的代理系统。代理系统是一种将信息从防火墙的一侧传送到另一侧的软件模块。这种代理系统在第一、二、三代的防火墙上是以单一的形式存在的。但是，第四代防火墙却可以将两种代理机制融为一体。一种代理机制的网络连接方向是从内部网络到外部网络，而另一种代理机制则与前者正相反，其网络的连接方向为从外部网络到内部网络。但是，这两种代理机制所采取的技术基础却完全不同，前者是通过非保密的用户定制代理或保密的代理系统技术来实现的，而后者则是通过网络地址转换（NAT）技术来实现的。

（4）多级过滤技术。第四代防火墙在提高系统的安全性与防护水平方面，表现出了极佳的状态。因为第四代防火墙通过三级过滤措施，同时加上与其对应的鉴别手段来提高过滤的速度与质量。

例如，在分组过滤一级，防火墙可以帮助系统将全部的源路由分组和假冒的IP源地址统统过滤掉；而在应用网关一级，防火墙则可以通过各种网关（FTP、SMTP等），从而对Internet提供的全部通用服务实施全面的控制与监测；在电路网关一级，防火墙则可以为内部主机与外部站点的透明连接提供可能性，同时也可以对服务的通行进行严格地把握与控制。

（5）网络地址转换技术（NAT）。NAT这种技术产生的时间并不长，但是其对防火墙的发展而言至关重要。因为利用NAT技术，防火墙能够实现对所有内部地址实行透明的转换，这样一来，入侵者便无法从外部网络深入到内部网络，无法了解内部网络的结构以及其包含的众多内容与信息。

除此之外，NAT技术还可以允许内部网络使用自己编的IP地址和专用网络。这样，防火墙便可以详尽地记录每一个主机的通信情况，从而保证每一个分组的送往地址是精准无误的。

（6）Internet 网关技术。因为第四代防火墙是直接串连在网络当中的，因此它必须支持用户在 Internet 互联上所有服务，而且还能够阻止与 Internet 服务相关的一系列安全漏洞。从这点来看，第四代防火墙的优势再一次被突显，即以多种安全的应用服务器来实现网关功能。第四代防火墙为保证服务器可以安全、正常地运行，它会对所有的文件和命令都利用“改变根系统调用”做物理上的隔离。

在域名服务中，第四代防火墙主要采用两种独立的域名服务器，一种是内部 DNS 服务器，主要处理内部网络的 DNS 信息；另一种是外部 DNS 服务器，专门用于处理机构内部向 Internet 提供的部分 DNS 信息。

在匿名 FFP 方面，服务器仅会提供对有限的受保护的部分目录的只读访问。

在 WWW 服务器方面，第四代防火墙仅支持静态的网页、图形或 CGI 代码等不得在防火墙内运行。

在 Finger 服务器方面，对外部访问，防火墙只提供可由内部用户配置的基本的文本信息，而不提供任何与攻击有关的系统信息；SMTP 与 POP 邮件服务器要对所有进、出防火墙的邮件做处理，并利用邮件映射与标头剥除的方法隐除内部的邮件环境；IdeNT/2K 服务器对用户连接的识别做专门处理，网络新闻服务则为接收来自 ISP 的新闻开设了专门的磁盘空间。

（7）安全服务器网络（SSN）。防火墙不断提高的性能是为了能够更好地满足用户各种需求，越来越多的用户向 Internet 提出需求时，防火墙要对服务器提供实时且全面的保护。

从实际的保护策略来看，第四代防火墙是在分别保护的策略的基础上，对用户访问网页时所选择的对比服务器进行保护工作。此时，防火墙会通过一张网卡把对外服务器当作是一个独立的网络来做处理。从对外服务器的内容上来看，它不仅是内部网络中不可或缺的一部分，而且还可以实现与内部网关的完全隔离。这种在第四代防火墙上展现出来的先进技术便是安全服务器网络技术，简称 SSN。对 SSN 上的主机不仅可以实现单独管理，也可以设置为通过 FTP、Telnet 等方式从内部网络的层面上实现全面的管理。

与第一、二、三代防火墙所提供的安全性来看，第四代防火墙的优势相对明显，这是因为以往防火墙主要采用的是“隔离区”方式，而第四代防火墙主要采用的则是先进的安全服务器网络技术。之所以在 SSN 的支持下，第四代防火墙在技术的表现与功能的发挥上表现得很出色，是因为 SSN 不仅与外部网络之间实现了防火墙的设置，而且 SSN 还在内部网络之间同样实现了防火墙的设置。简言之，即便 SSN 遭到了破坏，防火墙依旧会对内部网络实施保护，反观，如果 DMZ 受到破坏，那内部网络就会完全暴露在攻击之下。

(8) 用户鉴别与加密。对于防火墙而言，鉴别与加密功能都是必不可少的。只有发挥鉴别功能，防火墙产品在 Telnet、FIP 等服务和远程管理上的安全风险也会得到有效的降低。对于选择在第四代防火墙的用户来说，主要采取的鉴别方式为一次性使用的口令字系统，在实现鉴别的同时也进行了个人邮件的加密工作。

(9) 用户定制服务。第四代防火墙出现的时代背景，刚好是人们对网络技术需求不断增加的时期。为了更好地迎合社会大众的需求，第四代防火墙不仅为广大用户提供了各种各样的服务，同时还为用户定制提供支持，这类选项有通用 TCP、出站 UDP、N17P、SMTP 等。只要利用这些支持，用户便可以实现建立一个数据库的代理的目的，既方便又快捷。

(10) 审计和告警。对比传统意义上的防火墙的审计与告警功能，第四代防火墙产品在上述两个方面都实现了巨大的进步。

其中，日志文件包括一般信息、内核信息、核心信息、接收邮件、邮件路径、发送邮件、已收消息、已发消息、连接需求、已鉴别的访问、告警条件、管理日志、进站代理、FTP 代理、出站代理、邮件服务器、域名服务器等都属于日志文件所涉及的内容。而告警功能会守住每一个 TCP 或 UDP 探寻，同时还可以发送形式各异的报警方式，如邮件、声响等。除此之外，第四代防火墙在网络诊断、数据备份与保全等方面也具备优势。

2. 实现第四代防火墙技术的方法

探究第四代防火墙产品的设计与开发过程，发现其成功的原因在于它真正使安全内核、代理系统、多级过滤、安全服务器和鉴别与加密在防火墙技术的引领下得以实现。

(1) 安全内核的实现。安全的操作系统是第四代防火墙得以形成与发展的基础，而安全的操作系统则源自对专用操作系统的安全加固和改造。考查第四代防火墙的各种产品，发现其对安全操作系统内核的固化与改造基本是从如下八个方面得以实施的：取消危险的系统调用；限制命令的执行权限；取消 IP 的转发功能；检查每个分组的接口；采用随机连接序号；驻留分组过滤模块；取消动态路由功能；采用多个安全内核等。

(2) 代理系统的建立。由于防火墙的本质属性，任何信息都不可能直接越过它。从这个角度来分析，无论是内在网络，还是外在网络都依赖于代理系统得以完成。但是，代理系统的运行也要以确保整个防火墙的安全为基础，因此，全部的代理都必须采用改变根目录的方式存在一个相对独立的区域以作安全隔离。在内外全部的连接逐一通过防火墙之前，代理都要先行检查已定义的访问规则。而这些规则直接控制代理的服务，同时依据一定的标准来实现分组处理如源地址、目的地址、时间及同类服务器的最大数量。

全部的外部网络到防火墙内部或 SSN 的连接需要通过进站代理来处理，而进站代理需要确保内部主机对外部主机的全部信息很了解，此时，外部主机仅能够看到防火墙之外的，或者是 SSN 的地址。

而全部从内部网络，或者是 SSN 通过防火墙与外部网络建立的连接由出站代理处理，出站代理必须确保由它代表的内部网络与外部地址相连，这样才能有效阻止内部网址与外部网址之间形成直接的关系，除此之外，内部网络到 SSN 的连接也是需要处理的。

（3）分组过滤器的设计。过滤是防火墙的重要功能之一，自然过滤器也成为了构成防火墙的众多部件中的关键性部件。在设计过滤器的时候，需要做到尽可能减少对防火墙的访问。

过滤器在调用时会被下载到内核中执行，当服务终止时，过滤规则便会从内核中消除。由此可见，第四代防火墙的分组过滤功能皆会在内核中 IP 堆栈的深层运行，安全性极高。

当然，在设计分组过滤器的时候，要根据一定的参数来进行，如进站接口、出站接口、IP 协议特征、允许的连接、源端口范围、源地址、目的地址以及目的端口的范围。在对上述每一种参数进行处理时，安全政策与设计的基本原则是必须要遵守的。

（4）安全服务器的设计。在安全服务器的设计过程中，需要注意如下两个方面：一方面，隔离处理是面对所有 SSN 的流量的，换言之，从机制上看，从内部网和外部网而来的路由信息流是彼此分离的；另一方面，从本质上来看，SSN 的作用基本等同于两个网络，因此，SSN 既像内部网，又像是外部网。在 Interact 中隐藏了在 SSN 上的每一个服务器，而 SSN 所提供的服务，对外部网而言，如同防火墙的功能。因为地址转换是透明的，所以对各种网络应用没有限制。综上所述，想要在防火墙中实现 SSN，关键性的内容体现如下：解决分组过滤器与 SSN 的连接；支持通用防火墙对 SSN 的访问；支持代理服务。

（5）鉴别与加密的考虑。防火墙想要精准识别用户、验证访问以及保护信息，鉴别与加密手段是必不可少的。深入分析鉴别机制，发现它不仅可以为用户撑开“保护伞”，而且还具有安全管理的功能。

现如今，西方防火墙产品中采用的是令牌这种先进的鉴别方式，其主要分为两大类：一为加密卡；二为 Secure ID。这两种鉴别方式都是一次性口令的生成工具。对信息内容的加密与鉴别涉及加密算法和数字签名技术。

3. 第四代防火墙的抗攻击能力

只有具备了一定的抗攻击能力，防火墙才能展现其存在的价值与意义。因为防火墙就是被人类设计、开发出来的一种网络安全防护设备。从这个角度来分析，防火墙是挡在计算机面前的一面盾牌，显而易见，防火墙会成为网络入侵者的首要攻击对象。因此，防火墙必须具备的功能便是抗攻击能力。下面将从几种现在比较常见的网络攻击方法来考查第四代防火墙的抗攻击能力。

（1）抗 IP 假冒攻击。IP 假冒的定义为一个非法的主机假冒内部的主机地址，故通过骗取服务器的“信任”，达到对网络的攻击目的。在技术的支持下，第四代防火墙可以知道网络内外的 IP 地址，因此，它会直接排除所有来自网络外部但却有内部地址的分组。除此之外，防火墙还能够将网络的实际地址隐蔽起来，在这种情况下，外部用户无法得知内部的 IP 地址，故而降低了攻击的成功率。

（2）抗特洛伊木马攻击。第四代防火墙是建立在安全的操作系统之上的，因此，在防火墙内部的安全内核中不能执行下载的程序，其实，这样反而阻止了特洛伊木马的攻击。在这里需要强调的是，防火墙在一定程度上可以抗特洛伊木马的攻击，但是这并不代表受到防火墙保护的主机也能防止这类攻击。其实，内部用户可以通过防火墙的下载程序，并执行下载的程序。

（3）抗口令字探寻攻击。在网络中，探寻口令字的方法并不少见，但是，常见的还要属口令字嗅探与口令字解密。嗅探是指监测网络通信、截获用户传给服务器的口令字，记录下来后使用；解密指采用强力攻击，猜测或截获含有加密口令字的文件，并设法解密。除此之外，网络入侵者还经常利用一些常用口令字直接登录。第四代防火墙采用了一次性口令字和禁止直接登录防火墙的措施，能有效防止对口令字的攻击。

（4）抗网络安全性分析。虽然，网络安全性分析工具之前仅是为管理人员分析网络安全性所提供的一种工具。但是，这类工具在网络入侵者手中却成为了攻击的手段。因其具备较强的分析与推测能力，所以它可以为入侵者提供更为便利地探测到内部网络的安全缺陷（弱点）的技术支持。

现如今，SATAN软件与Internet Scanner之类的网络安全性分析工具的获取渠道变得多样，不仅可以从市面上购买，还可以通过网上获取。这些便捷的分析工具反而成为了网络安全的重大威胁因素。为了积极应对，第四代防火墙采用了地址转换技术，这样便可以隐藏起内部网络，阻止网络安全分析工具从外部对内部网进行深入分析。

（5）抗邮件诈骗攻击。当下，邮件诈骗行为也成为了人们在进行网络活动的时候所经常遇到的一种攻击方式。由于第四代防火墙不会接收邮件，因此，邮件诈骗攻击对第四代防火墙来说，不会产生任何影响。但是，我们需要强调的是防火墙不接受邮件，却并不意味着第四代防火墙不让邮件通过，其实，用户还是可以在第四代防火墙的监控下进行正常的收发邮件工作。对于内部用户来说，想要防止邮件诈骗，最为安全、有效的方式就是对邮件实施加密。

6.2.2　防火墙未来的发展方向

1. 透明接入技术

伴随着时代的进步，防火墙技术的应用范围日益广泛。现在颇受人们认可的防火墙具备安全性高、操作简便、界面友好的特点。那么，在众多防火墙中选择性能尚佳的，便成为了采购者的任务。而衡量产品的性能则需要从简化防火墙设置、提高安全性能的透明模式和透明代理这三个方面来体现。

衡量产品性能的首选原则就是防火墙要具备透明模式，而其基本特点为其面对用户的状态是透明的，换言之，用户在访问网页的时候不会主动意识到防火墙的存在。如果想要防火墙实现这种先进的透明模式，就需要在没有IP地址的情况下工作，不需要对其设置IP地址的话，用户自然也不知道防火墙的IP地址。一旦防火墙采用了透明模式，用户就省去了重新设定和修改路由的步骤和时间。此时，防火墙便能够被直接安装和放置在网络中，而不需要单独设置IP地址。

透明模式防火墙如同一台网桥，网络设备以及所有计算机的设置都不用为之发生改变。与此同时，透明模式防火墙还可以解析所有通过它的数据包，这样一来不仅提高了网络的安全性，而且还进一步降低了用户管理的复杂程度。

透明模式的原理，具体如下：假设甲为内部网络客户机，乙为外部网络服务器，丙为防火墙；当甲对乙有连接请求时，TCP 连接请求被防火墙截取并加以监控，截取后当发现连接需要使用代理服务器时，甲和丙中间建立连接，然后防火墙建立相应的代理服务通道与目标乙建立连接，由此通过代理服务器建立甲和目标地址乙的数据传输途径。从用户的角度看，甲和乙的连接是直接的，而实际上甲是通过代理服务器丙和乙建立连接的。反之，当乙对甲有连接请求时，原理相同。由于这些连接过程是自动的，不需要客户端手工配置代理服务器，甚至用户根本不知道代理服务器的存在，因而对用户来说是透明的。

下面将通过分析 ARP 代理和路由技术的原理，在假设堡垒主机已具备了透明代理功能的基础上，研究一种透明接入技术及其实现方法。

ARP（Address Resolution Protocol，地址解析协议）主要的工作是将网络层地址映射到数据链路层地址。一般来说，当系统传递一个数据包时，它需要将数据包传递给对应的物理层，因此，ARP 必须知道物理地址。

每个计算机内都有一个 ARP 表，其工作是维护 IP 地址和物理地址的对应。而 ARP 代理则在路由器和内部子网主机之间发挥着重要的，传递 ARP 包的作用。由于堡垒主机位于路由器和内部子网主机之间，正常情况下，路由器和内部子网主机的 ARP 包无法相互到达，因此需要先将 ARP 包发到防火墙上。

因此，ARP 代理的工作便是当路由器发送 ARP 广播包询问子网内的某一主机的硬件地址时，ARP 代理会用堡垒主机的一个 MAC 地址回送 ARP 单播包；当子网内的某一主机发送 ARP 广播包询问路由器的硬件地址时，ARP 代理也用堡垒主机的另一个 MAC 地址回送 ARP 单播包，因此路由器和子网主机都认为将 IP 包发给了对方，其实是发给了堡垒主机后再进行转发，这样便隐藏了堡垒主机的存在。

堡垒主机在路由器与内部子网之间要实现 IP 转发，因此，在完成 ARP 代理的工作之后还需要进行设置路由这一个步骤，使其透明地将 IP 数据包转发到目标主机上。一般来说，堡垒主机上需要装有两块（或是两块以上）网卡，其中，一块负责与外部网络通信，而另一块则负责与内部网络通信，对比透明接入与非透明接入在网络拓扑结构上方面的差异在于：非透明接入堡垒主机的两块网卡分别位于两个网段，反观，透明接入堡垒主机的两块网卡都和子网在同一个网段。

假设堡垒主机有两块网卡，分别是 eth0 和 eth1，内部子网的 IP 号为 120.0.*，则堡垒主机上的路由设置规则为：所有来自路由器的 IP 数据包，由 eth0 上传至应用层交应用代理处理后再下传到 eth1，发往子网中的目标主机；所有来自子网去往外网的IP数据包，由eth1上传至应用层交应用代理处理后再下传到eth0，发往路由器。同ARP代理的道理一样，路由器和内部子网的IP包都是直接发给对方的，所以堡垒主机的路由对他们而言也是完全透明的。

由上可见，透明接入的关键技术包括ARP代理和路由转发，具体的实现分为三步：

（1）用ARP代理在网络接口层实现路由器和子网的透明连接。

在堡垒主机的ARP表中添加两个条目，其中一个条目由路由器的IP和本机eth1的MAC地址绑定；第二个条目则是将子网的IP和本机eth0的MAC地址绑定，如图6－2所示为ARP。

```
Internet Address Physical Address Netmask Type
120.0.0.0 00-90-b1-35-10-00 255.255.255.0 dynamic
120.0.0.5 00-50-ba-ba-e4-f0 255.255.255.255 dynamic
```

图6－2　ARP

（2）用路由转发在IP层实现IP数据包的传递。在堡垒主机的Route表中添加两个条目，一个条目是将目标主机是路由器的IP数据包交本机eth0转发；而另一个条目则是将目标主机是子网主机的IP数据包交本机eth1转发。

（3）用端口重定向实现IP包上传到应用层。结合堡垒主机的代理服务器功能，有些IP数据包需要经由应用代理程序检查后才能决定是否转发，所以利用Ipchains的端口重定向功能将数据包上传到应用层。在堡垒主机的Ipchains规则表中添加相应的代理服务条目。例如，需要将IP数据包提交Telnet代理服务程序处理，具体如下（图6－3）。

```
/ sbin/ipchains -A imput -p tcp -s 120.0.0.0/24 -d 120.0.0.0/24 23 -
j REDIRECT 4444
```

图6－3　IPchains

综上所述，透明接入技术是未来防火墙的技术发展主流方向，其将会对未来防火墙的技术应用提供重要的参考价值。

2. 分布式技术

（1）分布式防火墙产生的背景。以往的防火墙因为常被部署在网络边界，故而称其为边界防火墙。边界防火墙主要是在企业内部网与外部网之间建立起一面“城墙”，防火墙主要对网络实施存取控制。自20世纪90年代后期以来，网络安全技术的发展极为迅速，边界防火墙已经不再能够满足网络安全的需求，从而暴露出了一些不容忽视的缺陷，具体如下。

1）网络应用受到结构性限制。近年来，网络技术的应用与普及范围日益广泛，企业网边界逐步成为一个逻辑的边界，而物理的边界则开始变得模糊。因此，以往的边界防火墙在此类网络环境中的应用受到了结构性限制。因为传统的边界式防火墙依赖于物理上的拓扑结构，它从物理上将网络划分为内部网络和外部网络，这一点影响了防火墙在虚拟专用网，即VPN方面的应用。如今的企业电子商务要求员工、远程办公人员、设备供应商、临时雇员及商业合作伙伴都拥有自由访问企业网络的权利，尤其是涉及重要的客户数据与财务记录通常也会存储在上述网络上。根据VPN的概念，它对内部网络和外部网络的划分是基于逻辑上的，而逻辑上同处内部网络的主机可能在物理上分处内部和外部两个网络。

结合上述分析的原因来看，以往的边界防火墙不能在有两个内部网络之间通信需求的VPN网络中使用，否则VPN通信将被中断。虽然目前有一种SSL VPN技术可以绕过企业边界的防火墙进入内部网络VPN通信，但是应用更广泛的传统IPSec VPN还是无法正常使用。

2）依旧存在内部的安全隐患。一般来说，早期的防火墙仅对企业网络的周边提供保护。这些边缘防火墙会对从外部网络进入企业内部局域网的流量进行过滤和审查，但是，他们并不能确保企业内部网络内部用户之间的安全访问。

以生活中的例子来解释说明。当我们要给一座写字楼的大门上锁的话，即便外面的人无法从大门口进入到写字楼内部，但此时楼内的每一个房间里都没有上锁，因此是大开的状态。如果有人利用其他方式成功通过了大门的门禁（将门口的锁解除），那么他便可以随意在写字楼内部的任何一个屋内活动。这与上面所论述的安全访问的情况是类似的。如果想要解决这种隐患或是降低这种隐患的话，只需要为写字楼内部的每一个房间都配上相对应的钥匙与锁，但此时，边界式防火墙就相当于整个企业网络大门的那把锁，但它并没有为每个客户端配备相应的安全“大锁”。

根据相关数据显示，90%以上的攻击和越权访问的源头是内部，边界防火墙在对付网络内部威胁时束手无策。因为传统的边界式防火墙设置一般都基于IP地址，因而一些内部主机和服务器的IP地址的变化将导致设置文件中的规则改变，也就是说这些规则的设定受到网络拓扑的制约。随着IP安全协议的一一实现，如果分处内部网络和外部网络的两台主机采用IP安全协议进行端到端的通信，防火墙将因为没有相应的密钥而无法看到IP包的内容，因而也就无法对其进行过滤。

由于防火墙假设内部网络的用户可信任，所以一旦有内部主机被侵入，通常可以容易扩展该次攻击。对于这些问题，传统意义上的防火墙是很难解决的。

3）效率较低和故障率高。由于边界式防火墙把检查机制集中在网络边界处的单点上，网络的瓶颈和单点故障隐患现象会日益严重。从防火墙的性能方面来分析，防火墙很容易成为网络流量的瓶颈。从网络可达性的角度来说，由于其带宽的限制，防火墙并不能保证所有请求都能及时响应，在可达性方面防火墙也是整个网络中的一个脆弱点。边界防火墙难以平衡网络效率与安全性设定之间的矛盾，无法为网络中的每台服务器定制规则，它只能使用一个折中的规则来近似满足所有被保护的服务器的需要。

虽然，在上文中具体论述了早期边界防火墙的众多缺陷，但是，边界防火墙依旧有其存在的价值，毕竟它还是一种网络安全机制，对于网络安全而言还是发挥其作用的。例如，边界防火墙可以为提供外部的安全策略控制。因此，截止到现在，边界防火墙依旧拥有一定的受众群体，而且在网络安全领域得到了一定程度的应用。从这个角度来看，我们不能对传统意义的防火墙技术进行否认与质疑，而是希望论述一种符合网络安全的发展需求与时代背景的新型防火墙，它就是分布式防火墙。从性能上看，分布式防火墙既继承了边界式防火墙的所有优点，同时还积极克服边界防火墙的众多缺点。可以说，分布式防火墙式当代最为完善的一种防火墙技术。

（2）分布式防火墙的主要特点。分布式防火墙负责对网络边界、各子网和网络内部各节点之间的安全防护，因此，分布式防火墙是一个完整的系统。分布式防火墙主要包括如下几个组成部分。

1）网络防火墙。这部分在不同的公司所采用的形式不同，或软件，或硬件。但无论采用哪种形式，它都存在于内部网与外部网中间，以及内部网各子网之间的防护。对比边界式防火墙，它多了一种用于对内部子网之间的安全防护层，这样整个网络的安全防护体系就显得更加全面，更加可靠。但在功能上，它与传统的边界式防火墙类似。

2）主机防火墙。它多用于对网络中的服务器和桌面机进行防护。这也是传统边界式防火墙所不具有的，也算是对传统边界式防火墙在安全体系方面的一个完善。它作用在同一内部子网之间的工作站与服务器之间，以确保内部网络服务器的安全。因此，防火墙的作用就体现在了两个方面：一方面为用于内部与外部网之间的防护；另一方面则为应用于内部网各子网之间、同一内部子网工作站与服务器之间。从这一点来看，它实现了对应用层的安全防护，而且比网络层的保护更为彻底。

3）中心管理。这是一个服务器软件，负责总体安全策略的策划、管理、分发及日志的汇总。它是一种新的防火墙的管理功能。在新技术的支持下，防火墙可以对工作过程实施全程的智能管理，从而有效地提高防火墙的安全防护的灵活性，使其更容易被管理。

（3）分布式防火墙的主要优势。可以说，分布式防火墙的基础为新型的安全体系结构，它能够实现在网络的任何交界和节点处设置屏障，从而形成了一个多层次、多协议、内外都具有防线的全方位安全体系。下面来具体分析其突出的优势。

1）增强的系统安全性。比起传统的防火墙，针对主机的入侵检测和防护功能是分布式防火墙新增加的功能。通过这些功能防火墙可以对来自内部攻击的防范程度提高，同时还能够实施全方位的安全策略。

在边界式防火墙的应用实践过程中，企业内部网络是极易受到有目的的攻击，如果有人通过技术手段接入了企业局域网的一台主机，同时还获得其控制权，那么网络的入侵者就能够将这台机器作为入侵网络其他系统的“踏板”。

但是，分布式防火墙将防火墙功能分布到网络的各个子网、桌面系统、笔记本计算机及服务器 PC 上。分布于整个公司内的分布式防火墙使用户可以方便地访问信息，而不会将网络的其他部分暴露在潜在非法入侵者面前。在这种端到端的安全性能的保护下，不管用户是通过内部网、外联网、虚拟专用网，还是远程访问所实现与企业的互联都不会产生任何的差异。

除此之外，分布式防火墙促使企业避免发生由于某一台端点系统的入侵而导致向整个网络蔓延的情况发生，而且还通过公共账号登录网络的用户无法进入那些限制访问的计算机系统。

与此同时，由于分布式防火墙使用了 IP 安全协议，防火墙便可以精准识别在各种安全协议下的内部主机之间的端到端网络通信，使各主机之间的通信得到了很好的保护。因此，分布式防火墙有能力防止各种类型的被动和主动攻击。特别是当使用 IP 安全协议中的密码凭证来标志内部主机时，基于这些标志的策略对主机来说无疑更具可信性。

2）提高了系统性能。分布式防火墙解决了结构性瓶颈问题，系统的性能得以改善。通常，边界防火墙仅具备单一的接入控制点，因此，不管是对网络的性能而言，还是对网络的可靠性来说，都会产生负面影响。当然，业界也有学者对其进行了深入研究，从而提出可一些相应的解决方案。如果从网络性能方面来分析，自适应防火墙是一种在性能和安全之间寻求平衡的方案；如果从网络可靠性方面来分析，采用多个防火墙冗余也是一种可行的方案，但是，它们不仅引入了很多复杂性，而且并没有从根本上解决该问题。分布式防火墙则从根本上去除了单一的接入点，而使这一问题迎刃而解。另一方面分布式防火墙可以针对各个服务器及终端计算机的不同需要，对防火墙进行最佳配置，配置时能够充分考虑到这些主机上运行的应用，如此便可在保障网络安全的前提下大大提高网络运转效率。

3）系统的扩展性。分布式防火墙随系统扩充提供了安全防护无限扩充的能力。由于分布式防火墙分布在整个企业的网络或服务器中，这种新型的防火墙便具有无限制的扩展能力。这种扩展能力会伴随着互联网的发展而不断进步，因此，防火墙的处理负荷也会在网络中实现深入分布，从这点来看，防火墙的高性能还是存在的。

4）实施主机策略。分布式防火墙对网络中的各节点可以起到更安全的防护。研究现在市面上的防火墙产品，我们发现对很多产品都缺乏主机意图的深入了解，一般情况下，防火墙仅可以结合数据包的外在特性来进行过滤控制。即便代理型防火墙在一定程度上可以解决这种问题，但是，我们也需要知道代理型防火墙实现过滤控制，是需要通过对每一种协议单独地编写代码，那么，它所存在的局限性也不言而喻了。

在没有上下文的情况下，防火墙是很难将攻击包从合法的数据包中区分出来的，所以，过滤也无法正常实施。其实，网络入侵者经常伪装成合法包来对网络实施攻击行为，攻击包除了内容以外的部分可以完全与合法包一样。而分布式防火墙主要通过主机来进行策略控制，从这一点来看，主机对自我行为的意图是有充分认识的，因此，分布式防火墙依赖主机作出合适的决定便可以让问题“迎刃而解”。

5）分布式防火墙应用更为广泛并支持VPN通信。从技术的应用角度来看，分布式防火墙比起传统的边界防火墙而言最为突出的优势就是，它可以保护物理拓扑上不属于内部网络，但是，在逻辑层面依旧属于内部网络的那些主机，随着VPN的飞速发展，这种需求只会更多。传统解决这个问题的方式是把远程内部主机和外部主机的通信通过防火墙隔离来控制接入，而远程“内部”主机和防火墙之间采用“隧道”技术确保其安全性，虽然，这种方式在一定程度上，确实保证了最为基础的要求——安全，但是该法让原来可以直接通信的双方需要绕经防火墙，这样既降低了效率，同时也增加了防火墙过滤规则设置的难度。

分布式防火墙的建立本身就是基本逻辑网络的概念，因此对它而言，远程“内部”主机与物理上的内部主机没有任何区别，它从根本上防止了这种情况的发生。

（4）分布式防火墙的基本原理。分布式防火墙仍然由中心定义策略，但由各个分布在网络中的端点实施这些制定的策略。它依赖于三个主要的概念：说明哪一类连接可以被允许或禁止的策略语言、系统管理工具和 IP 安全协议。

1）策略语言：策略语言的种类多样，如 Key Note 就是一种通用的策略语言。事实上，无论采用哪种语言，只要选用的语言能够方便地表达需要的策略，真正重要的是如何标志内部的主机。显而易见，我们不应该再采用边界防火墙所采用的对物理上的端口进行标志的办法。以 IP 地址来标志内部主机是一种可供选择的方法，但是安全性无法保证，因此，这里更倾向于使用 IP 安全协议中的密码凭证来标志各台主机，它为主机提供了可靠的、唯一的标志，并且与网络的物理拓扑无关。

2）系统管理工具：分布式防火墙服务器系统管理工具用于将形成的策略文件分发给被防火墙保护的所有主机，应该注意的是这里所指的防火墙并不是传统意义上的物理防火墙，而是逻辑上的分布式防火墙。

3）IP 安全协议：IP 安全协议是一种对 TCP/IP 协议族的网络层进行加密保护的机制，包括 AH 和 ESP，分别对 IP 包头和整个 IP 包进行认证，可以防止各类主机攻击。

分布式防火墙的工作流程如下：①由制定防火墙接入控制策略的中心通过编译器将策略语言描述转换成内部格式，形成策略文件；②中心采用系统管理工具把策略文件分发给各台“内部”主机，“内部”主机将从两方面来判定是否接受收到的包，一方面是根据 IP 安全协议，另一方面是根据服务器端的策略文件。

（5）分布式防火墙的主要功能。由于分布式防火墙主要采用了软件形式，当然也有将软硬件结合在一起的案例，分布式防火墙在功能配置反面凸显了灵活性，从而拥有了一定程度的智能管理能力，下面来具体归纳总结分布式防火墙的主要功能。

1）Internet 访问控制。依据工作站名称、设备指纹等属性，使用“Internet 访问规则”控制该工作站或工作站组在指定的时间段内是否允许/禁止访问模板或网址列表中所规定的 Internet Web 服务器，某个用户可否基于某工作站访问 WWW 服务器，同时当某个工作站/用户达到规定流量后确定是否断网。

2）应用访问控制。通过对网络通信从链路层、网络层、传输层、应用层基于源地址、目标地址、端口、协议的逐层包过滤与入侵监测，控制来自局域网 Internet 的应用服务请求，如 SQL 数据库访问、IPX 协议访问等。

3）网络状态监控。实时动态报告当前网络中所有的用户登录、Internet访问、内网访问、网络入侵事件等信息。

4）黑客攻击的防御。黑客攻击的抵御主要涉及了Smurf拒绝服务攻击、ARP欺骗式攻击、Ping攻击、Trojan木马攻击等在内的近百种来自网络内部及来自Internet的黑客攻击手段。

5）日志管理。日志管理主要指的是对工作站协议规则日志、用户登录事件日志、用户Internet访问日志、指纹验证规则日志、入侵检测规则日志进行记录与查询分析。

6）系统工具。系统工具包括系统层参数的设定、规则等配置信息的备份与恢复、流量统计、模板设置、工作站管理等。

3. 智能型技术

（1）智能型防火墙的结构描述。早期的包过滤型防火墙与应用代理服务防火墙形式单一，若是被外来黑客突破，整个Intranet就会完全暴露在黑客面前，而智能防火墙采用一种组合结构，其结构由内外路由器、智能认证服务器、智能主机和堡垒主机组成。内外路由器在Intranet和Internet之间构筑出一个安全子网，称为非军事区（DMZ）。信息服务器、堡垒主机、Modem组，以及其他公用服务器布置在DMZ网络中，智能认证服务器安放在Intranet中。

（2）智能型防火墙中的内外路由器。目前Intranet采用的TCP/IP协议族潜伏着安全漏洞，安全机制不健全，Internet上的黑客可以趁机而入。为此，必须采用一系列的安全技术，进行网络安全性管理与建设。外部路由器用于防范通常的外部攻击，如源路由攻击、源地址欺骗等；并管理Internet到DMZ的访问。如果在默认情况下，它只允许外部合法系统访问堡垒主机指定端口。网络地址转换器也称为地址共享器或地址映射器，初衷是为了解决IP地址不足，现多用于网络安全。而内部路由器则用于DMZ与Intranet之间的IP包过滤等，保护Intranet不受DMZ和Internet的侵害，防止在Intranet上广播的数据包流入DMZ的网络。在默认情况下，内部路由器允许任意主机的请求可以到达堡垒主机，不允许未经认证的外部主机的访问到达Internet网。

（3）智能型防火墙的工作原理及其实现方法。根据智能型防火墙中的内外路由器的具体工作过程可知，Intranet主机向Internet主机连接时，会使用同一个IP地址；与之对应的，Internet主机向Intranet主机连接时，必须通过网关映射到Intranet主机上。它使Internet看不到Intranet，从而隐藏了Intranet。因此，无论何时，DMZ上堡垒主机中的应用过滤管理程序可通过安全隧道与Intranet中的智能认证服务器进行双向保密通信，智能认证服务器可以通过保密通信修改内外路由器的路由表及过滤规则。整个防火墙系统的协调工作主要由专门设计的应用过滤管理程序和智能认证服务程序来控制执行，其分别运行在堡垒主机和智能服务器上。

（4）智能型防火墙的堡垒主机及其实现方法。堡垒主机是Internet与Intranet的连接点。这个连接点的地位不但重要，而且易受攻击，应保证较高的系统安全性。对源代码公开的Linux操作系统作了严格的安全化处理，选用安全化的Linux系统作为堡垒主机的操作系统。安全化的具体做法是：对保留的一些基本网络服务如SMTP、FTP、WAIS、HTTP、Gopher等，对其代码进行了改写，把其中的过滤功能从这些服务中分离出来。专门建立了一个称为应用过滤管理器的模块，该模块运行在堡垒主机上，对净化后的所有网络应用代理服务进行统一调度管理。应用过滤管理器主要的工作是对到达堡垒主机的信息包在协议最低层完全截取，其后从低层协议到高层协议逐层分析信息包，从中提取与安全策略相关信息，并且保密地传送到智能认证服务器进行分析；同时，负责接收智能认证服务器保密回传的应用代理过滤信息。而应用过滤管理器就负责对相关应用代理过滤功能进行配置，同时激化相应代理进行工作。

（5）智能型防火墙的智能认证服务器及其实现方法。智能认证服务器是智能型防火墙的安全决策控制中心。该服务器上应该保存有多个与安全决策有关的数据库，如过滤策略数据库、网络安全知识库与网络安全数据库等。各个数据库可以通过统一的人机接口由具有相应权限的网络管理员查阅与修改。

下面来具体论述各网络数据库所具备的功能。

第一个功能，过滤策略数据库是存放推理机产生过滤策略的内部形式，供过滤原文发生器对照前后的过滤策略，产生过滤指令。

第二个功能，网络安全知识库中保存网络专家判断和处理各类网络攻击的经验性知识，例如，口令探询攻击，专家对IP地址欺骗、邮件攻击、Internet蠕虫攻击等判断处理方法。同时还储存一些用于处理当前通信状态异常但不能肯定是攻击的策略性知识。

第三个功能，安全数据库中除存有用户权限数据外，主要保存应用过滤管理器收集的与数据有关的通信状态、应用状态和通信信息等方面的数据，供推理机比较前后数据包状态，获取更充分、更可靠的网络信息用于安全过滤决策。

智能认证服务器的核心是智能认证服务程序及网络数据库，也是一种专家系统，该系统主要通过堡垒主机中的应用过滤管理保密传送的信息驱动运行。若外部主机要访问 Intranet，其数据包必须得到外部路由器的放行，方能进入 DMZ 网络；而内部路由器保证 Internet 上的任何请求都能进入 DMZ 网络；然后到达堡垒主机指定端口。并且，要看数据包的前方路由器是否有针对该数据包的过滤规则，若有规则不允许传输，该数据包就被弃掉；若有规则允许传输，该数据包就直接通过防火墙。若是数据包不满足路由器上的任何规则，其堡垒主机上的应用过滤管理器就对该数据包在协议最低层完全截取，然后从低层协议到高层协议逐层分析数据包，再从中提取与安全策略相关的各种信息，并把提取的信息保密地送给智能认证服务器分析。

在实施上述分析的基础上，智能认证服务器上的通信数据接收器把接收到的信息存入网络安全数据库，网络安全数据库中数据的变化进而激活推理机进程工作；推理机运用安全知识库中专家的网络安全经验和知识，对刚刚进入网络安全数据库的信息进行分析，找出与它相关的各种数据，再比较、分析与推断，从而得出过滤策略，如有必要还可通过人机接口向网络管理员报警。网络管理员接到报警后，作出适当处理。这时过滤器的原文发生器对刚刚产生的过滤策略内部代码进行形式转换，再根据具体情况做出相应决定；或者是由路由列表分配器通过保密通道修改指定路由器路由表和过滤规则，让内外主机进行直接通信；或者是由代理过滤配置分配器将过滤规则通过安全隧道保密送往 DMZ 上的堡垒主机，由应用过滤管理器负责对相关应用代理的过滤功能进行配置，同时激活相应应用代理进行工作。由此可见，智能型防火墙中的内外路由器可以根据具体情况自动让 Intranet 和 Internet 主机进行直接通信，也可以让应用代理服务程序进行代理服务。综上所述，选择这个方案不仅可以充分发挥包过滤的功能，提高效率，还可以使应用代理实现更加严格与全面的安全控制。

6.3　防火墙安全技术指标

防火墙虽然是一种保护用户网络安全的工具，但是其在工作的过程中也需要保证自身的安全性，这就要求防火墙要达到一定的安全技术指标。这些安全技术指标将成为采购者在选择防火墙时需要考虑的要素。通常从六个方面来考察防火墙自身的安全性能是否良好，即并发连接数、吞吐量、时延、分组丢失率、背靠背缓冲。下面将这六个方面逐一论述。

6.3.1 并发连接数

并发连接数（Concurrent TCP Connection Capacity）是指防火墙或代理服务器对其业务信息流的处理能力，是防火墙能够同时处理的点对点连接的最大数目，它反映出防火墙设备对多个连接的访问控制能力和连接状态跟踪能力，这个参数的大小直接影响到防火墙所能支持的最大信息点数。

并发连接数是防火墙所能处理的最大会话数量，它衡量防火墙性能的一个重要指标。目前市面上常见防火墙从低端设备的500、1000个并发连接，一直到高端设备的数万、数十万并发连接，存在着几个数量级的差异。

像路由器的路由表存放路由信息一样，防火墙里也有一个这样的表，称为并发连接表，是防火墙用以存放并发连接信息的地方。它可在防火墙系统启动后动态分配进程的内存空间，其大小也就是防火墙所能支持的最大并发连接数。大的并发连接表可以增大防火墙最大并发连接数，允许防火墙支持更多的客户终端。虽然，防火墙之类的产品，如果具备较大的并发连接数，将显现出突出的优势。但是，我们需要意识到过大的并发连接表会带来不少消极的影响。

（1）并发连接数的增大将增大系统内存资源的消耗量。以每个并发连接表项占用300B计算，1000个并发连接将占用300B ~ 1000 × 8bit/B ~ 2.3Mb内存空间，而10000个并发连接将占用23Mbit内存空间，100000个并发连接将占用230Mb内存空间。如果我们希望实现1000000个并发连接的话，那么，这个产品就需要提供2.24Gb的内存空间。

（2）并发连接数的增大需要将CPU的处理能力考虑在内。CPU的主要任务是把网络上的流量从一个网段尽可能快速地转发到另外一个网段上，并且在转发过程中对此流量按照一定的访问控制策略进行许可检查、流量统计和访问审计等操作，这都要求防火墙对并发连接表中的相应表项进行不断的更新读写操作。如果不顾CPU的实际处理能力而贸然增大系统的并发连接表，势必影响防火墙对连接请求的处理延迟，造成某些连接超时，使更多的连接报文被重发，进而导致更多的连接超时，最后形成雪崩效应，致使整个防火墙系统崩溃。

（3）物理链路的实际承载能力会导致防火墙无法发挥出其对海量并发连接的处理能力。虽然目前很多防火墙都提供了10/100/1000Mb/s的网络接口，但是，由于防火墙通常都部署在Internet出口处，在客户端PC与目的资源中间的路径上，总是存在着瓶颈链路——该瓶颈链路有三种可能性：2Mb/s专线，或是512kb/s、64kb/s的低速链路。这些拥挤的低速链路根本无法承载太多的并发连接，于是，虽然防火墙足以支持大规模的并发访问连接，但是也无法正常发挥出原有的良好性能。

综上所述，在选择并发连接表的时候，应当根据网络环境的具体情况和个人不同的上网习惯来选择适当规模的并发连接表。因为不同规模的网络会产生大小不同的并发连接，而用户习惯于何种网络服务以及如何使用这些服务，同样也会产生不同的并发连接需求。高并发连接数的防火墙设备通常需要客户投资更多的设备，这是因为并发连接数的增大牵扯到数据结构、CPU、内存、系统总线和网络接口等多方面因素。如何在合理的设备投资和实际所能提供的性能之间寻找一个黄金平衡点将是用户选择产品的一个重要任务。按照并发连接数来衡量方案的合理性是一个值得推荐的办法。

以每个用户需要10.5个并发连接来计算，一个中小型企业网络（1000个信息点以下，容纳4个C类地址空间）大概需要10.5×1000＝10500个并发连接，因此，支持20000～30000个最大并发连接的防火墙设备便可以满足需求；大型的企事业单位网络（比如信息点数在1000～10000之间）大概会需要105000个并发连接，因此，支持100000～120000个最大并发连接的防火墙就可以满足企业的实际需要；而对于大型电信运营商和ISP来说，电信级的吉比特防火墙（支持120000～200000个并发连接）则是恰当的选择。为较低需求而采用高端的防火墙设备将造成用户投资的浪费，同样为较高的客户需求而采用低端设备将无法达到预计的性能指标。

由此可见，当在众多防火墙产品中选择其一的时候，可以根据网络整体上的并发连接需求来做决定，这样既能够帮助用户快速、准确地定位所需要的产品，而且还可以避免仅对某一参数进行盲目地追求。因此，恰当的并发连接数可以有效地缩短设计施工周期，减少企业在防火墙购置方面的花销，从而为企业实施最合理的安全保护方案。

对于防火墙的采购者来说，既要注重并发连接数的具体指标，同时也要将防火墙本身，生产与销售防火墙的产商的基本条件考虑在内，如产品的综合性能、厂家的研发力量、资金实力、企业的商业信誉和经营风险以及产品线的技术支持和售后服务体系等。只有这样，采购者在选择防火墙的时候，可以正确辨别厂家广告中所宣称的良好性能是否属实，并且能够综合考虑各个方面的因素，结合企业自身的业务系统、规模、发展空间以及运营实力、发展潜力等来选择合适的防火墙。

6.3.2 吞吐量

互联网中的数据是由若干个数据分组而形成的，因此，对于防火墙来说，想要将工作落实到位，则需要将互联网中每一个数据分组进行处理，而这些处理自然需要耗费资源。而吞吐量就指的是在无分组丢失的情况下单位时间内通过防火墙的数据分组数量。

随着互联网的不断发展，内部网络用户访问 Internet 的需求以超出人们预期的速度在增加，同时，部分企业也需要对外提供一些服务，如 WWW 页面浏览、FTP 文件传输、DNS 域名解析等。上述因素就是造成网络流量的迅猛增加的主要原因。此时的防火墙主要的功能就是作为内外网之间的唯一数据通道。一旦吞吐量不能满足需求的话，就会成为网络瓶颈，这会降低整个网络的传输效率。从这一点来看，分析研究防火墙的吞吐能力既是人们客观评价防火墙性能表现的有力手段，同时也是人们检测防火墙性能的基本指标之一。

而防火墙中网卡以及程序算法的效率就是直接决定吞吐量的大小的关键性因素，特别是程序算法，它可以让防火墙系统运行大量的运算，自然通信的速率就会下降。所以，对于大部分防火墙来说，虽自称为 100Mb/s 防火墙，但是其内部的算法还是需要通过软件得以实现，故而通信的速率远没有达到其宣称的 100Mb/s，实际只有 10 ~ 20Mb/s。由于纯硬件防火墙皆是通过硬件来实现运算的，防火墙的实际吞吐量可以达到线性 90 ~ 95Mb/s，这才是真正意义上的 100Mb/s 防火墙。

综上，选择适合吞吐量的防火墙，无论是对中小型企业还是大型企业来说，都是非常重要。根据自身的规模与实际需求来看，中小型企业选择吞吐量为百兆级的防火墙是比较合适的，而大公司就需要采用吞吐量为吉比特级的防火墙产品。

6.3.3 时延

时延，系统处理数据分组所需要消耗的时间。而防火墙的时延测试的定义则为计算防火墙的存储转发所需要的时间，具体而言，这部分时间的计算是从接收到数据分组开始，一直到处理完并转发出去所用的所有时间。

在互联网中，如果访问某一台服务器的途径需要经过一定数量的路由交换设备，而并非直接到达的话，每经过一台路由交换设备就需要消耗一定的时间，如在生活中我们行驶在高速公路上，就一定会经过收费口，此时需要降低速度，甚至是停下收费，然后再加速通过。如果在经过某一个点的时候，耗费了大量的时间，自然会对整个网络的访问速度产生一定的负面影响。反之，如果选择的防火墙所具备的时延较低，那么用户在计算机运行的过程中，几乎感受不到它的存在，这样就提升了网络访问的效率。

时延的单位通常是微秒，一台高效率防火墙的时延通常会在一百微秒以内。一般来说，时延测试是建立在测试完吞吐量的基础上进行的测试。测试时延之前需要先计算出每个分组下的实际吞吐量的大小，之后再使用每个分组长吞吐量结果的90% ~100%作为时延测试的流量大小。一般的时延测试使用最大吞吐量的95%或者90%，并要求不能有任何的分组丢失。因为分组丢失会造成时延非常大且结果不准确。测试结果包括最大时延、最小时延、平均时延、一般记录平均时延。

6.3.4 新建连接速率

新建连接速率，在每一秒内防火墙所能够处理的HTTP新建连接请求的数量。当在计算机上打开某个网页、访问某个服务器时，防火墙都会将其视为一个或多个新建连接。因此，设备的新建连接速率将与可供多少用户上网相关联。通常，新建连接速率越高，就可同时给更多的用户提供网络访问。

例如：设备的新建连接速率是1万，那么当1万个人同时浏览网页时，这1万人所有的网络访问请求都会在1s内完成；如果有1.1万个人同时浏览网页的话，那么，前1万人的访问要求能够在1秒之内完成，而后超出1万的1000个请求则需要在下一秒才能完成。由此可见，新建连接速率高的设备可以为更多人提供同时上网的机会，从而有利于用户的网络体验的增强。

新建连接速率虽然英文用的是TCP，但是为了更接近实际用户的情况，通常会采用HTTP来进行测试，测试结果以连接数/秒作为单位。此时，可能会有人提出问题，测试这个数据对于防火墙来说有何意义呢？

由于防火墙是基于会话的机制来处理数据分组的，每一个数据分组经过防火墙都要有相应的会话来对应。会话的建立速度就是防火墙对于新建连接的处理速度。新建连接的测试采用4~7层测试仪来进行，模拟真实的用户和服务器之间的HTTP连接过程：第一步要先通过3次握手建立连接，第二步，用户要到HTTP服务器去获取一个页面；第三步要采用3次握手或者4次握手关闭连接。测试仪通过持续地模拟每秒大量用户连接去访问服务器以测试防火墙的最大极限新建连接速率。

6.3.5 分组丢失率

依据 IETF RFC 1242 中的定义，防火墙的分组丢失率的含义为在正常稳定的网络状态下，应当被转发但由于防火墙设备缺少资源而没有转发、被防火墙丢弃的数据分组在全部发送分组中所占的比例。因此，分组丢失率同样需要在防火墙的吞吐量范围内进行测试。

从内容上来看，防火墙是否具有稳定性与可靠性就需要通过分组丢失率这个指标来体现。因此，分组丢失率低就代表防火墙在一定的负载压力下可以实现稳定工作，从而满足各种网络应用在数据流量较大的情况下对防火墙性能的要求。反观，分组丢失率高的话就代表防火墙在一定的负载压力下无法实现稳定的工作，自然也就无法满足网络应用的实时需求。

6.3.6 背靠背缓冲

背靠背缓冲指的是测试防火墙设备在接收到以最小帧间隔传输的网络流量时，在没有分组丢失条件下所能处理的最大分组数。这项指标的存在意义是检测防火墙为确保连续没有分组丢失所具备的缓冲能力。

当网络流量在瞬间提升的话，防火墙可能无法在瞬间完成处理，那么此时，防火墙便可以将数据分组先缓存起来，之后再延迟发送。如果，我们仅仅从防火墙的转发能力来分析，如果防火墙具备线速能力，那么就没有必要对防火墙进行这项测试。因为防火墙对数据分组实行缓存的原因只是防火墙自身处理数据的能力还不够强。如果防火墙处理能力很快，那么缓存能力也就没有了施展的空间。所以，当防火墙的吞吐量以及新建连接速率指标都很高的时候，无论防火墙具备怎样的缓存能力，背靠背指标都会显示很高，此时背靠背指标就不那么重要了。

但是，由于以太网最小传输单元的存在，很多分片数据会进行分组的转发。那么，只有当所有的分片分组都被接收到后才会进行分片分组的重组，如果防火墙缓存能力不足将导致处理这种分片分组时发生错误，丢失一个分片都会导致重组错误。从这一点来看，背靠背缓冲这个性能指标依旧具有一定的存在价值。

在 IETF RFC 2544 中有关于背靠背缓存的计算方法，具体如下：从空闲状态开始，测试仪表以给定的传输媒介最小合法间隔极限的传输速率向待测防火墙发送相当数量的固定长度的帧，并计算由防火墙转发的数据帧数，如果发送数据帧数等于转发数据帧数，则增加发送数据帧的数量重复测试。如果转发数据帧数少于发送数据帧数时，则减少发送帧数重复测试。

它的值是一定大小的帧数，该帧数是防火墙在没有分组丢失情况下的最长突发数，即当出现第一个帧丢失时所统计发送的帧数。在 RFC 2544 中推荐每次测试至少运行 2s 且应该重复至少 50 次得到平均值。

除了上述的六种技术指标之外，还有一些因素在选择防火墙时需要考虑的。

（1）防火墙的安全性能。防火墙的存在价值就是要确保内部网络的安全，自然需要将保证自身的安全放在第一位。因此，在选择防火墙产品的时候，需要将防火墙的类型、防火墙所采用的操作系统平台的安全性、防火墙自身抗攻击的能力、防火墙的冗余设置等指标考虑在内。

（2）防火墙的功能。防火墙的功能自然也是采购者所需要考虑的重要指标。在采购防火墙的时候需要考虑如下几点：防火墙采用的分组过滤技术是否具有状态，或是防火墙所采用的技术是否为应用网关技术；防火墙的日志和报警功能是否齐备。在这里要强调一点，在选择应用网关防火墙的时候，我们需要注意防火墙到底支持哪些类型，是否具有用户身份认证功能等。

（3）防火墙的易用性。随着网络技术的不断发展，安全问题也日益增多，这就导致网络安全策略也要随着实际情况而不断进行调整。此时，防火墙的用户的界面就变得很重要了，因为界面的友好可以帮助用户迅速调整策略。另外，防火墙的配置以及管理操作的可行性、易操性也是采购者需要关注的内容。

综上所述，无论采购者选择什么样的指标作为自身选择防火墙的标准，只要最终选择的防火墙可以满足用户的实际需求，这对于用户来说就是积极、有效的防火墙产品。当然，用户在结合自身情况的时候，也需要找到需求与购买能力的平衡点。换言之，用户的业务系统、发展空间、网络安全的内容将直接决定了用户到底会选择怎样的防火墙产品。

第7章 计算机病毒防范技术

虽然在当前的社会生活中，计算机和网络为人们提供了难以想象的便利和快捷。但由于网络的存在，也催生出了一些别有目的的通过网络而进行的病毒程序。如何做好防范措施，尽可能减少因病毒而导致的损失，是应该尤其注意的。本章，我们将就计算机病毒防范技术进行详细论述。

7.1 计算机病毒防范技术与软件

实际上，计算机病毒是一种在计算机系统运行过程中能够实现传染和侵害计算机系统功能的程序。在系统穿透或违反授权攻击成功后，攻击者通常要在系统中植入一种能力，为攻击系统、网络提供条件。例如，向系统中侵入病毒、蛀虫、特洛伊木马、逻辑炸弹等，或通过窃听、冒充等方式来破坏系统正常工作。因特网是目前计算机病毒的主要传播源。

针对病毒的严重性，应提高防范意识，做到所有软件都经过严格审查，经过相应的控制程序后才能使用；积极采用防病毒软件，定时对系统中的所有工具软件、应用软件进行检测，以防止各种病毒的入侵。

7.1.1 计算机病毒初步理解

“病毒”一词源于生物学，人们通过分析研究发现，计算机病毒在很多方面与生物病毒有相似之处，以此借用生物病毒的概念。在《中华人民共和国计算机信息系统安全保护条例》中的相关定义是：“计算机病毒是指编制或者在计算机程序中插入的破坏计算机功能或者毁坏数据，影响计算机使用，并且能够自我复制的一组计算机指令或者程序代码。”

1. 病毒的产生和发展

随着计算机应用的普及，早期就有一些科普作家意识到可能会有人利用计算机进行破坏，提出了“计算机病毒”这个概念。不久，计算机病毒便在理论、程序上都得到了证实。

计算机的创始人冯·诺依曼（John von Neumann）发表《复杂自动机器的理论和结构》的论文，提出了计算机程序可以在内存中进行自我复制和变异的理论。此后，许多计算机人员在自己的研究工作中应用和发展了程序自我复制的理论。AT&T 贝尔实验室的三位成员设计出具有自我复制能力、并能探测到别的程序在运行时可将其销毁的程序。弗雷德·科恩（Fred Cohen）博士研制出一种在运行过程中可以复制自身的破坏性程序，并在全美计算机安全会议上提出和在 VAX11/150 机上演示，从而证实计算机病毒的存在，这也是公认的第一个计算机病毒程序。

随着计算机技术的发展，出现了一些具有恶意的程序。最初是一些计算机爱好者恶作剧性的游戏，后来有一些软件公司为防止盗版在自己的软件中加入了病毒程序。罗伯特·莫里斯（Rober Morris）制造的蠕虫病毒是首个通过网络传播而震撼世界的“计算机病毒侵入网络的案件”。后来，又出现了许多恶性计算机病毒。计算机病毒会抢占系统资源、删除和破坏文件，甚至对硬件造成毁坏，而网络的普及使得计算机病毒传播更加广泛和迅速。

2. 恶意程序

恶意程序是指一类特殊的程序，它们通常在用户不知晓也未授权的情况下潜入，具有用户不知道（一般也不许可）的特性，激活后将影响系统或应用的正常功能，甚至危害或破坏系统。恶意程序的表现形式多种多样，有的是改动合法程序，让它含有并执行某种破坏功能；有的是利用合法程序的功能和权限，非法获取或篡改系统资源和敏感数据，进行系统入侵。

根据恶意程序威胁的存在形式不同，将其分为需要宿主程序和不需要宿主程序可独立存在的威胁两大类。前者基本上是不能独立运行的程序片段，而后者是可以被操作系统调度和运行的自包含程序。

另外，也可以根据是否进行复制来区分这些恶意程序。前者是当宿主程序被调用时被激活起来完成一个特定功能的程序片段；后者是由程序片段（病毒）或由独立程序（蠕虫、细菌）组成，在执行时可以在同一个系统或某个其他系统中产生自身的一个或多个以后将被激活的副本。

事实上，随着恶意程序彼此间的交叉和互相渗透（变异），这些区分正变得模糊起来。恶意程序的出现、发展和变化给计算机系统、网络系统和各类信息系统带来了巨大的危害。

（1）陷门。陷门是进入程序的秘密入口。知道陷门的人可以不经过安全访问过程而获得访问权力。陷门技术本来是程序员为了进行调试和测试程序时避免烦琐的安装和鉴别过程，或者想要保证存在另一种激活或控制的程序而采用的方法。如通过一个特定的用户 ID、秘密的口令字、隐蔽的事件序列或过程等，这些方法都避开了建立在应用程序内部的鉴别过程。

当陷门被无所顾忌地用来获得非授权访问时就变成了威胁，如一些典型的可潜伏在用户计算机中的陷门程序，可将用户上网后的计算机打开陷门，任意进出；可以记录各种口令信息，获取系统信息，限制系统功能；还可以远程对文件操作、对注册表操作等。

有些情况下，系统管理员会使用一些常用的技术来加以防范。例如，利用工具给系统打补丁，把已知的系统漏洞给补上；对某些存在安全隐患的资源进行访问控制；对系统的使用人员进行安全教育等。这些安全措施是必要的，但绝不是足够的。只要是在运行的系统，总能找出它的漏洞而进入系统，问题只是进入系统的代价大小不同。另外，信息网络的迅速发展是与网络所能提供的大量服务密切相关的。由于种种原因，很多服务也存在各种各样的漏洞，这些漏洞若被入侵者利用，就成了有效进入系统的陷门。

（2）逻辑炸弹。在病毒和蠕虫之前，最古老的软件威胁之一就是逻辑炸弹。逻辑炸弹是嵌入在某个合法程序里面的一段代码，被设置成一旦满足特定条件就会“爆炸”，执行一个有害行为的程序。如改变、删除数据或整个文件，引起机器关机，甚至破坏整个系统等破坏活动。

（3）特洛伊木马。特洛伊木马是指一个有用的，或者表面上有用的程序或命令过程，但其中包含了一段隐藏的、激活时将执行某种有害功能的代码。完整的木马程序一般由两个部分组成：一个是服务器程序，一个是控制器程序。“中了木马”就是指安装了木马的服务器程序，若用户的计算机被安装了服务器程序，则拥有控制器程序的人就可以通过网络控制该用户的计算机、为所欲为，这时用户计算机上的各种文件、程序以及在计算机上使用的账号、密码就无安全可言了，并可能造成用户的系统被破坏甚至瘫痪。

特洛伊木马程序是一个独立的应用程序，不具备自我复制能力，但具有潜伏性，常常有更大的欺骗性和危害性，而且特洛伊木马程序可能包含蠕虫病毒程序。特洛伊木马的一个典型例子是被修改过的编译器。该编译器在对程序（如系统注册程序）进行编译时，将一段额外的代码插入该程序中。这段代码在注册程序中构造陷门，可以使用专门的口令来注册系统。不阅读注册程序的源代码，永远不可能发现这个特洛伊木马。

(4) 细菌。细菌是一些并不明显破坏文件的程序，它们的唯一目的就是繁殖自己。一个典型的细菌程序除了在多进程系统中同时执行自己的两个副本，或者可能创建两个新的文件（每一个都是细菌程序原始源文件的一个复制品）外，可能不做其他事情。那些新创建的程序又可能将自己复制两次，依此类推，细菌以指数级再复制，最终耗尽了所有的处理机能力、存储器或磁盘空间，从而拒绝用户访问这些资源。

(5) 蠕虫。蠕虫是一种可以通过网络进行自身复制的病毒程序。一旦在系统中激活，蠕虫可以表现得像计算机病毒或细菌。可以向系统注入特洛伊木马程序，或者进行任何次数的破坏或毁灭行动。普通计算机病毒需要在计算机的硬盘或文件系统中繁殖，而典型的蠕虫程序则不同，只会在内存中维持一个活动副本，甚至根本不向硬盘中写入任何信息。此外，蠕虫是一个独立运行的程序，自身不改变其他程序，但可携带一个具有改变其他程序功能的病毒。

为了自身复制，网络蠕虫使用了某种类型的网络传输机制（如电子邮件）。网络蠕虫表现出潜伏期、繁殖期、触发期和执行期的特征。

3. 计算机病毒的特征

计算机病毒的特征主要是传染性、隐蔽性、潜伏性和表现性。

(1) 传染性。计算机病毒会通过各种媒体从已被感染的计算机扩散到未被感染的计算机。这些媒体可以是程序、文件、存储介质甚至网络，并在某些情况下造成被感染的计算机工作失常甚至瘫痪。这就是计算机病毒最重要的特征——传染和破坏。

一般而言，若计算机在正常程序控制下工作，只要不运行带病毒的程序，则这台计算机总是正常的，如反病毒技术人员整天就是在这样的环境下工作。然而，一旦在计算机上运行，绝大多数病毒首先要做初始化工作，在内存中找一片安身之处，随后将自身与系统软件挂钩，再执行原来被感染的程序。这一系列的操作中，只要系统不瘫痪，系统每执行一个操作，病毒就有机会运行，危害未曾被感染的程序。病毒程序与正常系统程序在同一台计算机内争夺系统控制权时，结果会造成系统崩溃、导致计算机瘫痪。因此，反病毒技术要提前取得计算机系统的控制权，识别出计算机病毒的代码和行为，阻止其取得系统控制权。

一个好的抗病毒系统甚至应该能够识别出未知计算机病毒在系统内的行为，阻止其传染和破坏系统的行动。而低性能的抗病毒系统只能完成抵御已知病毒的任务。

(2) 隐蔽性。不经过程序代码分析或计算机病毒代码扫描，计算机病毒程序与正常程序是不容易区别的。在没有防护措施的情况下，计算机病毒程序一经运行取得系统控制权后，可以迅速传染其他程序，而在屏幕上没有任何异常显示。传染操作完成后，计算机系统以及被感染的程序仍能执行。这种现象就是计算机病毒传染的隐蔽性。

（3）潜伏性。计算机病毒具有依附其他媒体寄生的能力，它可以在磁盘、光盘或其他介质上潜伏几天，甚至几年，不满足其触发条件时，除了传染以外不做其他破坏。触发条件一旦得到满足，病毒就四处繁殖、扩散、破坏。

计算机病毒使用的触发条件主要有利用计算机系统时钟、利用病毒体自带计数器、利用计算机内执行的某些特定操作等。

（4）表现性。当触发条件满足时，病毒在被感染的计算机上开始发作，表现出一定的症状和破坏性。根据计算机病毒的危害性不同，病毒发作时表现出来的症状可能有很大差别。从显示一些令人讨厌的信息，到降低系统性能，破坏数据（信息），直到永久性摧毁计算机硬件和软件，造成系统崩溃、网络瘫痪等。

7.1.2 计算机病毒类型

有了杀毒软件并不意味着高枕无忧了，了解一些计算机病毒知识对于使用好杀毒软件有帮助。这里先简单介绍一下常见计算机病毒的分类。

1. Windows 病毒

Windows 病毒主要是指针对 Windows 操作系统的病毒。现在的计算机用户一般都安装 Windows 操作系统，Windows 病毒一般感染 Windows 操作系统中的文件，其中最典型的病毒有 CIH 病毒。但这并不意味着可以忽略系统是 Windows NT 系列（包括 Windows 2000 等）的计算机。一些 Windows 病毒不仅在 Windows 9X 系统中容易感染，还可以感染 Windows NT 上的其他文件。主要被感染的文件有 EXE 文件、SCR 文件、DLL 文件、OCX 文件等。

2. DOS 病毒

计算机病毒发展初期因为操作系统大多为 DOS 系统，所以出现了针对 DOS 操作系统开发的病毒。目前几乎没有新制作的 DOS 病毒，由于 Windows 病毒的出现，DOS 病毒几乎绝迹。但 DOS 病毒在 Windows 环境中仍可以发生感染，因此若执行染毒文件，Windows 用户也会被感染。

3. 蠕虫类病毒

凡是能够引起计算机故障，破坏计算机数据的程序我们都统称为计算机病毒。所以，从这个意义上说，蠕虫也是一种病毒。但与传统的计算机病毒不同，网络蠕虫病毒以计算机为载体，以网络为攻击对象，其破坏力和传染性不容忽视。

这类病毒通过计算机网络传播，不改变文件和资料信息，利用网络从一台机器的内存传播到其他机器的内存，计算网络地址将自身的病毒通过网络发送。它们有时存在于系统中，一般除了内存不占用其他资源。可以说这是 Windows 病毒的一个分支，但它比一般只感染 EXE 文件、通过文件传播的 Windows 病毒更凶狠。如蠕虫病毒“尼埒达”，它不但会感染 EXE 文件，还会通过局域网、电子邮件网页等途径进行传播。

（1）蠕虫病毒的定义。蠕虫病毒和普通病毒有很大区别。一般认为，蠕虫是一种通过网络传播的恶性病毒，它具有病毒的一些共性，如传播性、隐蔽性、破坏性等，同时具有自己的一些特征，如不利用文件寄生（有的只存在于内存中），对网络造成拒绝服务，以及和黑客技术相结合等。在产生的破坏性上，蠕虫病毒也不是普通病毒所能比拟的，网络的发展使得蠕虫可以在短短的时间内蔓延整个网络，造成网络瘫痪。

根据其发作机制，蠕虫病毒一般可分为两类：一类是利用系统级别漏洞（主动传播），主动攻击企业用户和局域网的蠕虫病毒，这种病毒以“红色代码”“尼姆达”以及“SQL 蠕虫王”为代表，可以对整个因特网造成瘫痪性的后果；另一类是针对个人用户，利用社会工程学（欺骗传播），通过网络电子邮件和恶意网页等形式迅速传播的蠕虫病毒，如爱虫、求职信病毒等。

在这两类中，第一类具有很大的主动攻击性，而且爆发也有一定的突然性，但相对来说，查杀这种病毒并不是很难；第二种病毒的传播方式比较复杂和多样，少数利用了应用程序的漏洞，更多的是利用社会工程学对用户进行欺骗和诱使，这样的病毒造成的损失非常大，同时也很难根除。比如求职信病毒，在 2001 年就已经被各大杀毒厂商发现，但直到 2002 年底依然排在病毒危害排行榜的首位。

（2）蠕虫病毒与普通病毒的异同。普通病毒是需要寄生的，它可以通过自己指令的执行，将自己的指令代码写到其他程序的体内，而被感染的文件就称为“宿主”。例如，当病毒感染 Windows 可执行文件时，就在宿主程序中建立一个新节，将病毒代码写到新节中，并修改程序的入口点等。这样，宿主程序执行的时候就可以先执行病毒程序，然后再把控制权交给原来的宿主程序指令。可见，普通病毒主要是感染文件，当然也有像 DIRII 这样的链接型病毒和引导区病毒等。

蠕虫一般不采取插入文件的方法，而是在因特网环境下通过复制自身进行传播，普通病毒的传染主要针对计算机内的文件系统，而蠕虫病毒的传染目标是因特网内的所有计算机局域网条件下的共享文件夹、电子邮件、网络中的恶意网页、存在着大量漏洞的服务器等，这些都是蠕虫传播的良好途径。网络的普及与发展也使得蠕虫病毒可以在几个小时内蔓延全球，而且其主动攻击性和突然爆发性使人们束手无策。

（3）蠕虫的破坏和变化。1988 年，一个由美国 CORNELL 大学研究生莫里斯编写的蠕虫病毒蔓延造成了数千台计算机停机，蠕虫病毒开始现身网络；而后来的红色代码和尼姆达病毒疯狂的时候曾造成几十亿美元的损失；2003 年 1 月 26 日，一种名为“2003 蠕虫王”的计算机病毒迅速传播并袭击了全球，致使因特网严重堵塞，作为因特网主要基础的域名服务器（DNS）的瘫痪造成网民浏览网特网网页及收发电子邮件的速度大幅减缓，同时银行自动提款机的运作中断，机票等网络预订系统的运作中断，信用卡等收付款系统出现故障。专家估计，此病毒造成的直接经济损失至少在 12 亿美元以上。

通过对蠕虫病毒的分析，可以知道蠕虫发作的一些特点和变化。

1）利用操作系统和应用程序的漏洞主动进行攻击。例如，由于 IE 浏览器的漏洞，使得感染了“尼姆达”病毒的邮件在不打开附件的情况下就能激活病毒；“红色代码”是利用了微软 IIS 服务器软件的漏洞（idq. dll 远程缓存区溢出）来传播的；SQL 蠕虫王病毒则是利用了微软数据库系统的一个漏洞进行大肆攻击。

2）传播方式多样。如“尼姆达”和“求职信”等病毒，其可利用的传播途径包括文件、电子邮件、Web 服务器、网络共享等。

3）病毒制作技术与传统的病毒不同。许多新病毒是利用当前最新的编程语言与编程技术实现的，易于修改以产生新的变种，从而逃避反病毒软件的搜索。另外，新病毒利用 Java、ActiveX、VBScript 等技术，可以潜伏在 HTML 页面里，在上网浏览时触发。

4）与黑客技术相结合，潜在的威胁和损失更大。以红色代码为例，感染后，机器 web 目录下的\scripts 子目录将生成一个 root. exe 文件，可以远程执行任何命令，从而使黑客能够再次进入。

4. 网络蠕虫病毒分析和防范

蠕虫病毒往往能够利用的漏洞或者缺陷分为两种，即软件缺陷和人为缺陷。软件缺陷，如远程溢出、微软 IE 和 Outlook 的自动执行漏洞等，需要软件厂商和用户共同配合，不断升级和改进软件；而人为缺陷，主要是指计算机用户的疏忽，这就属于所谓的社会工程学范畴。对企业用户来说，威胁主要集中在服务器和大型应用软件的安全上，而对个人用户而言，则主要是防范第二种缺陷。

（1）企业防范蠕虫病毒的措施。企业防范蠕虫病毒的措施。企业网络主要应用在文件和打印服务共享、办公自动化系统、管理信息系统（MIS）、因特网应用等领域。网络具有便利信息交换的特性，蠕虫病毒也可以充分利用网络快速传播达到其阻塞网络的目的。企业在充分利用网络进行业务处理时，就不得不考虑病毒防范问题，以保证关乎企业命运的业务数据的完整。

以 2003 年 1 月 26 日爆发的 SQL 蠕虫为例，该病毒在爆发数小时内就席卷了全球网络，造成网络大塞车。SQL 蠕虫攻击的是 Microsoft SQL Server 2000。而其所利用的漏洞在 2002 年 7 月份微软公司的一份安全公告中就有详细说明，微软也提供了安全补丁下载，然而在时隔半年之后，因特网上还有相当大的一部分服务器没有安装最新的补丁，从而被蠕虫病毒所利用。网络管理员的安全防范意识由此可见一斑。

企业防治蠕虫病毒的时候需要考虑几个问题：病毒的查杀能力、病毒的监控能力、新病毒的反应能力，而企业防毒的一个重要方面就是管理和策略。

（2）个人防范蠕虫病毒的措施。就个人而言，威胁较大的蠕虫病毒采取的传播方式一般为电子邮件和恶意网页等。恶意网页确切地讲是一段黑客破坏代码程序，它内嵌在网页中，当用户在不知情的情况下打开含有病毒的网页时，病毒就会发作。这种病毒代码镶嵌技术的原理并不复杂，常常采取 VB Script 和 Java Script 编程形式。

由于编程方式十分简单，所以在网上非常流行。这也使得此类病毒的变种繁多，破坏力极大，同时也非常难以根除，会被某些怀有不良企图者利用。

5. 木马类程序

之所以将这一类称为程序而不是病毒，是因为它们的程序定义界限比较模糊。一个木马程序可以被用作正常的工具，也可以被一些人用来做非法的事情。木马程序一般被用来进行远程控制，常被一些别有用心的人用来偷取别人机器上的一些重要文件或 QQ 密码等。

（1）感染 EXE 文件的病毒。一般对于此类染毒文件，杀毒软件可以安全地清除文件中的病毒代码（即清除病毒后文件还能正常使用）。但也有一些病毒因为编写时的BUG或编写者的恶毒用心，感染的文件在清除病毒后可能无法正常地使用，如被“求职信”病毒感染的EXE文件，清除病毒后就可能无法正常使用。

需要特别说明的是，有些EXE文件是由病毒生成的，并不是感染了病毒的文件，对于这样的文件杀毒软件采取的就是删除文件操作，即“清除病毒”=“删除病毒文件”。

（2）感染DOC、XLS等Microsoft Office文档文件的宏病毒。此类病毒一般杀毒软件都能安全清除，清除病毒后的文件可以正常使用。

（3）木马类程序。此类程序本身就是一个危害系统的文件，所以杀毒软件对它的操作都是删除文件，即“清除病毒”=“删除病毒文件”。

同时，用户要注意定期更新杀毒软件和给系统打补丁。

7.1.3 杀毒软件使用方法

很多网管都在为病毒犯愁，为什么安装了杀毒软件还不能防毒？这是国内企业网络管理员在管理网络安全中普遍存在的问题。如能解决这个问题，便能够真正建立起企业的安全管理方案。

企业网络的管理员应该选择网络版杀毒软件构建自己的网络安全防御系统。目前的网络版杀毒软件针对不同类型、不同规模的企业产品，在功能上进行了细分。管理员要针对本企业的特性来选择对应的产品，这样才能达到事半功倍的效果。

调查显示，80%部署了网络版杀毒软件的用户都没有合理运用自己的产品，使得企业网络出现致命的漏洞，被病毒乘虚而入。有哪些工作是网管日常需要去注意的？有哪些软件功能和配套服务是进行安全工作的好帮手呢？杀毒软件应用指导与建议如下。

1. 及时更新软件版本

目前，市场上主流杀毒软件厂商的版本更新频率都能达到每日1次以上。如瑞星的产品每天至少要升级500个的病毒特征码。而有近30%的网络版产品客户每周只更新一次产品，这意味着一周内有3500种新病毒可以肆意攻击网络。用户可以将升级时间定在每日的凌晨，定在这个时间段升级可以躲开白天拥挤的网络，使服务器更为稳定。升级方式设定为智能升级。

2. 运用好软件的管理工具

在杀毒软件网络版中，内置了大量的安全管理功能。通过这些管理功能可以高效地对网络进行统一的安全管理。

“组策略”功能是目前比较流行和常用的管理功能之一。通过这样的功能可以简单地将一个庞大的管理体系通过“组策略”管理工具将其细化为各个功能组，管理员可以依据各个功能组的特点来定义相应的用户群并实施策略管理。

3. 掌握软件的特性功能

自2001年“红色代码”病毒开始利用微软操作系统漏洞进行传播以来，“冲击波”“震荡波”等通过漏洞传播的恶性病毒，都对当时的网络安全产生了重大的影响。

显然，利用系统漏洞攻击已经成为病毒传播的一个新型和重要的途径。由于操作系统和应用软件的漏洞层出不穷，修补漏洞已经成为网络管理员重要的日常工作之一。但在复杂的企业网络中，由管理员逐一对计算机排查修补几乎是不可能实现的，因为这样不但工作效率低，而且会影响用户的正常工作。

瑞星杀毒软件网络版2006版的漏洞扫描和修补功能已经将“全网远程漏洞的发现与修补”“漏洞库的升级与自我更新”“全网漏洞日志”等功能完全集成。利用该功能，管理员可以定期对全网漏洞进行修补，使得病毒通过漏洞攻击的途径被完全封闭，并通过日志发现网络中的薄弱环节。

近年来，杀毒软件网络版的售后服务已经越来越受到关注，很多用户对服务的关注甚至超过了产品本身。其实，软件本身就是服务，由于杀毒软件在企业信息安全中的重要作用，服务就显得尤为重要。

（1）对新病毒的快速处理。以一个有上百台PC的网络为例，一个新的蠕虫病毒在一小时内可以让网络明显感觉负载加大，三个小时内使整个网络瘫痪。这样的状况对于承担重要数据的网络而言是危险的。目前处理这样的情况只能依赖于杀毒软件厂商的售后服务响应水平。因此，在选购产品时，要向厂商咨询这一响应速度，以最大限度保护自己的安全。

（2）完善的呼叫中心系统。作为特殊的软件，安全软件对于服务的依赖远远超过其他产品。对于整个网络系统的安全部署、特殊情况处理、杀毒操作后处理的细节工作并不是一般人员能够处理的。用户应该考察软件厂商的呼叫中心系统，以获得优良的售后支持服务。

（3）专门的邮件支持系统。邮件系统作为配合解决问题的一个重要通道，可以将用户提交的可疑文件信息、相关问题信息、日志等，及时地分级并用服务商的快速通道传递给相关工程师，标准的邮件支持系统可以大大提高用户请求的响应效率。

总的来说，企业自身信息化、制度化建设是实现网络安全的基础保障，一个适合企业应用的网络版杀毒体系及其他安全软、硬件系统是强有力的工具，而配套的售后服务支持给企业安全建设带来的是正确的思路与安全支持。这几个要素构成了一个企业强大的安全网络，使得网络安全得以实现。

需要指出的是，在信息化飞速发展的时代，网络的安全战役将长期存在。网络安全管理员需要审时度势，灵活地依据企业自身的特点来不断调整安全策略，加强与反病毒厂商的密切合作才能长期确保信息安全。

7.1.4 病毒现象的识别

在清除计算机病毒的过程中，有些类似计算机病毒的现象其实是由计算机硬件或软件故障引起的，同时有些病毒发作现象又与硬件或软件的故障现象相类似，如引导型病毒等。这给用户造成了很大的麻烦，许多用户往往在用各种查杀病毒软件查不出病毒时就去格式化硬盘，不仅影响了硬盘的寿命，还不能从根本上解决问题。所以，正确区分计算机的病毒与故障是保障计算机系统安全运行的关键。

1. 计算机病毒的现象

一般情况下，计算机病毒总是依附某一系统软件或用户程序进行繁殖和扩散，病毒发作时会危及计算机的正常工作，破坏数据与程序，侵犯计算机资源。计算机在感染病毒后，总是有一定规律地出现异常现象，具体如下。

（1）屏幕显示异常，屏幕显示出不是由正常程序产生的画面或字符串，屏幕显示混乱。

（2）程序装入时间增长，文件运行速度下降。

（3）用户没有访问的设备出现工作信号。

（4）磁盘出现莫名其妙的文件和坏块，卷标发生变化。

（5）系统自行引导。

（6）丢失数据或程序，文件字节数发生变化。

（7）内存空间、磁盘空间减小。

(8) 异常死机。

(9) 磁盘访问时间比平时增长。

(10) 系统引导时间增长。

如果出现上述现象，应首先对系统的Boot区，io，sys，msdos，sys，command，com以及其他.com，.exe文件进行仔细检查，并与正确的文件相比较，如有异常现象则可能感染病毒。然后对其他文件进行检查，查看有无异常现象，找出异常现象发生的原因。病毒与故障的区别的关键是，一般故障只是无规律地偶然发生一次，而病毒的发作总是有规律的。

2. 与病毒现象类似的硬件故障

硬件的故障范围不太广泛，但是很容易被确认。在处理计算机的异常现象时它很容易被忽略，只有先排除硬件故障，才是解决问题的根本。

(1) 系统的硬件配置。这种故障常在兼容机上发生，由于配件的不完全兼容，导致一些软件不能够正常运行。

(2) 电源电压不稳定。由于计算机所使用的电源的电压不稳定，容易导致用户文件在磁盘读/写时出现丢失或被破坏的现象，严重时将会引起系统重启。如果用户所用的电源的电压经常性的不稳定，为了使计算机更安全地工作，建议使用电源稳压器或不间断电源（UPS）。

(3) 插件接触不良。计算机插件接触不良，会使某些设备出现时好时坏的现象。例如，显示器信号线与主机接触不良可能会使显示器显示不稳定；磁盘线与多功能卡接触不良会导致磁盘读/写时好时坏；打印机电缆与主机接触不良会造成打印机不工作或工作现象不正常；鼠标线与串行口接触不良时会出现鼠标时动时不动的故障等。

(4) 软驱故障。用户如果使用质量低劣的磁盘或使用损坏的、发霉的磁盘，会把软驱磁头弄脏，出现无法读/写磁盘或读/写出错等故障。遇到这种情况，用清洗盘清洗磁头，一般都能排除故障。如果污染特别严重，需要将软驱拆开，用清洗液手工清洗。

(5) 关于CMOS的问题。众所周知，CMOS中所存储的信息对计算机系统来说是十分重要的，计算机启动时总是先要按CMOS中的信息来检测和初始化系统。系统的引导速度和一些程序的运行速度减慢也可能与CMOS有关，因为CMOS的高级设置中有一些影子内存开关，这也会影响系统的运行速度。

3. 与病毒现象类似的软件故障

软件故障的范围比较广泛，问题出现也比较多。对软件故障的辨认和解决是一件很难的事情，它需要用户有一定的软件知识和丰富的上机经验。这里介绍一些常见的症状。

（1）出现“Invalid drive specification”（非法驱动器号）提示。这个提示说明用户的驱动器丢失，如果用户原来拥有这个驱动器，则可能是这个驱动器的主引导扇区的分区表参数被破坏或磁盘标志50AA被修改。遇到这种情况可以用Debug或Norton等工具软件将正确的主引导扇区信息写入磁盘的主引导扇区。

（2）软件程序已被破坏（非病毒）。由于磁盘质量等问题，文件的数据部分丢失，而其程序还能够运行，这时使用就会出现不正常现象。例如，Format程序被破坏后，若继续执行，会格式化出非标准格式的磁盘，这样就会产生一连串的错误，但是这种问题极为罕见。

（3）引导过程故障。系统引导时屏幕显示“Missing operating system”（操作系统丢失），故障原因是硬盘的主引导程序可完成引导，但无法找到DOS系统的引导记录。造成这种现象的原因是C盘无引导记录及DOS系统文件，或者CMOS中硬盘的类型与硬盘本身格式化时的类型不同。这时需要将系统文件传递到C盘上或修改CMOS配置使系统从软盘上引导。

（4）用不同的编辑软件程序。用户用一些编辑软件编辑源程序，编辑系统会在文件的特殊地方做上一些标记。这样当源程序编译或解释执行时就会出错。例如，用WPS的N命令编辑的文本文件，在其头部也有版面参数，有的程序编译或解释系统却不能将之与源程序分辨开，这样就出现了错误。

在学习、使用计算机的过程中，可能还会遇到许多与病毒现象相似的软、硬件故障，所以用户要多阅读、参考有关资料，了解检测病毒的方法，并注意在学习、工作中积累经验，这样就不难区分病毒与软、硬件故障了。

7.1.5 U盘病毒和autorun. inf文件分析

经常使用U盘的人可能已经多次遭遇到了U盘病毒，U盘病毒是一种新病毒，主要通过U盘、移动硬盘传播。目前几乎所有这类病毒的最大特征都是利用autorun. inf来侵入，而事实上autorun. inf相当于一个传染途径，经过这个途径入侵的病毒，理论上可以是“任何”病毒。因此大家可以发现，当在网上搜索到autorun. inf之后，附带的病毒往往有不同的名称。这就好像身体上有个创口，有可能进入的细菌就不止一种，在不同环境下进入的细菌可以不同。这个automn. inf就是创口。因此，目前无法单纯地说

U 盘病毒就是什么病毒，导致在查杀上会存在混乱。

1. 解析 autorun. inf 文件

首先，autorun. inf 这个文件是很早就存在的，在 Windows XP 以前的其他 Windows 系统（如 Windows 2000 等）中，需要让光盘、U 盘插入机器后自动运行的话，就要靠 autorun. inf。这个文件是保存在驱动器的根目录下的(是一个隐藏的系统文件)，它保存着一些简单的命令，告诉系统这个新插入的光盘或硬件应该自动启动什么程序，也可以告诉系统，让系统将它的盘符图标改成某个路径下的 icon。所以，这本身是一个常规且合理的文件和技术。

但要注意的是，上面反复提到“自动”，这就是关键。病毒作者可以利用这一点，让移动设备在用户系统完全不知情的情况下，“自动”执行任何命令或应用程序。因此，通过这个 autorun. inf 文件，可以放置正常的启动程序，如经常使用的各种教学光盘，一插入计算机就自动安装或自动演示；也可以通过此种方式，放置任何可能的恶意内容。

计算机病毒跟生物界的细菌和病毒状况是一样的，细菌、病毒和人类都是生物体，甚至在大部分情况下，这些微生物也并非完全有害，也会与人体共存。计算机中的病毒跟正常程序一样，都是使用与基础原理一致的源代码编写、执行的，只是软件执行的是用户需要的、正常的功能，病毒执行的是用户不需要的、不正常的功能，具有辩证的相对性。例如，稍微熟悉计算机的人都知道 format 和 del 的 DOS 命令代表格式化硬盘和删除文件，假设 autorun. inf 中使用了 format 或 del 命令，那么表示可以让别人的机器被格式化，或者删除一些文件，而这其实不需要太高深的计算机知识。

有了启动方法，病毒作者肯定需要将病毒主体放进光盘或 U 盘里才能让其运行，但是堂而皇之地放在 U 盘里肯定会被用户发现并删除。所以，病毒肯定会隐藏起来存放在一般情况下看不到的地方。目前这类病毒的隐藏方式有两种：一种是假回收站方式，病毒通常在 U 盘中建立一个名为“RECYCLER”的文件夹，然后把病毒藏在里面很深的目录中，一般人以为这就是回收站了，而事实上，回收站的名称是 Recycled，而且两者的图标是不同的；另一种是假冒杀毒软件方式，病毒在 U 盘中放置一个程序，改名为 RavMonE. exe，这很容易让人误以为是瑞星的程序，其实它是病毒。

通常的系统安装在默认情况下能够隐藏一些文件夹和文件。病毒就会将自己改造成系统文件夹、隐藏文件等，一般情况下当然看不到。要想看到隐藏的文件，个人用户可按如下步骤操作：双击“我的电脑”图标，在菜单栏上选择“工具”→“文件夹选择”命令，单击“查看”选项卡，在“高级设置”中有一项为“显示隐藏的文件和文件夹”，选中此项，单击“确定”按钮即可。

带病毒的U盘右键菜单会多出“自动播放”“Open”“Browser”等项目，杀毒后则没有这些项目。这里需要说明的是，凡是带autorun. inf的移动媒体，包括光盘，右键菜单都会出现“自动播放”的项目，这是正常的功能。

一般情况下，U盘不应该有autorun. inf文件；如果发现U盘有autorun. inf文件且不是自己创建生成的，请删除它，并且尽快查毒。

如果有貌似回收站、瑞星文件等的文件，而又能通过对比硬盘上的回收站名称、正版的瑞星文件名称，同时确认该内容不是自己创建生成的，请删除它。

一般建议在插入U盘前，按住Shift键，然后插入U盘，建议按键的时间长一点。插入后，双击“我的电脑”图标，右击U盘，选择“资源管理器”命令来打开U盘。

2. ravmone. exe病毒解决方法

ravmone. exe病毒运行后，会出现同名的一个进程，该程序貌似没有显著危害性。程序大小为3.5MB，貌似用Python写的，一般会占用19～20MB的资源，在Windows目录内隐藏为系统文件，并且自动添加到系统启动项内。其生成的Log文件常含有不同的六位数字，估计可能在有窃取账号、密码之类的危害，不过由于该疑似病毒文件过于巨大，一般随移动存储设备传播。

该病毒解决方法如下。

（1）打开任务管理器（按住Ctrl + Alt + Del键或在任务栏单击右键），终止所有ravmone. exe的进程。

（2）进入\\windows，删除其中的ravmone. exe文件。

（3）进入c:\\windows，运行regedit. exe文件，在左边依次点开HK_Loacal|_Machine\\software\\Microsoft\\windows\\CurrentVersion\\Run\\，在右边可以看到一项数值是c:\\windows\\rav. mone. exe的，将其删除。

完成以上三个步骤后，病毒就可以被清除了。

3. 杀掉U盘中的病毒的方法

移动存储设备如果中毒，应先按照上文所述的方法，将隐藏的文件和文件夹更改为显示状态，然后在移动存储设备中会看到如下几个文件：autorun. inf、msvcr71. dl、ravmone. exe，将它们都删除掉，还有一个 . tmp 的文件，也可以删除，完成这些以后，病毒就清除了。

但对于这个处理病毒的方法，在删除 autorun. inf、msvcr71. dl、ravmone. exe 这三个文件时，直接删除可能会删除不掉，这时需要先结束 ravmone. exe 的进程，再删除这三个文件；如果这样还不能删除病毒，就需要进入计算机安全模式，再进行以上操作即可。

不要以为这些只是小小的病毒，它们会随系统启动，不知不觉地在后台运行；它们会长期占用 20MB 左右的内存，甚至让计算机莫名其妙地死机。这些病毒在公共计算机中广泛存在，如学校和公司。因此，用户应经常对移动设备进行检查，及时杀毒。

7.1.6 木马的初步认识

在 Windows 系统中，只需将进程注册为系统服务就能够在进程查看器中隐形，可是这一切在 Windows NT 中却完全不同。无论木马在端口、启动文件上如何巧妙地隐藏自己，始终都不能欺骗 Windows NT 的任务管理器。下面将通过探讨 Windows NT 中木马的几种常用隐藏进程手段，揭示木马和后门程序在 Windows NT 中隐藏进程的方法和查找的途径。

1. 查找特定进程

在 Windows 系统下，可执行文件主要是 EXE 和 COM 文件，这两种文件在运行时都有一个共同点，那就是会生成一个独立的进程。查找特定进程是发现木马的主要方法之一（无论是手动还是借助于防火墙）。随着入侵检测软件的不断发展，关联进程和 Socket 已经成为流行的技术（如著名的 FPort 就能够检测出任何进程打开的 TCP/UDP 端口）。

如果一个木马在运行时被检测软件同时查出端口和进程，那么基本上可以认为这个木马的隐藏已经完全失败。正常情况下，Windows NT 系统中的用户进程对于系统管理员来说都是可见的，要想让木马的进程隐藏，有两个办法：一是让系统管理员看不见进程；二是不使用进程。

看不见进程的方法就是进行进程欺骗，为了了解如何使进程看不见，首先要了解怎样能看得见进程。在 Windows 中有多种方法能够看到进程的存在，如 PSAPI（Process Status API）、PDH（Performance Data Helper）和 ToolHelp API。如果我们能够欺骗用户或入侵检测软件用来查看进程的函数（如截获相应的 API 调用，替换返回的数据），就能实现进程隐藏。但这种方法有一定的局限，首先我们并不知道用户或入侵检测软件使用什么方法来查看进程列表；其次，如果有权限和技术来实现这样的欺骗，就一定能使用其他更容易的方法来实现进程的隐藏。

2. 不使用进程

为了清楚不使用进程，必须要先了解 Windows 系统中的另一种“可执行文件”——DLL 文件。DLL 是 Dynamic Link Library（动态链接库）的缩写，DLL 文件是 Windows 的基础，因为所有的 API 函数都是在 DLL 中实现的。DLL 文件没有程序逻辑，是由多个功能函数构成的，它并不能独立运行，一般都是由进程加载并调用的。由于 DLL 文件不能独立运行，所以在进程列表中并不会出现 DLL 文件，假设我们编写了一个木马 DLL 文件，并且通过别的进程来运行它，那么无论是入侵检测软件还是进程列表中，都只会出现那个进程，而不会出现木马 DLL 文件。如果那个进程是可信进程（如资源管理器 explorer. exe），那么编写的木马 DLL 文件作为那个进程的一部分，也将变成可信的。

DLL 木马的最高境界是动态嵌入技术。动态嵌入技术指的是将自己的代码嵌入正在运行的进程中的技术。Windows 中的每个进程都有自己的私有内存空间，别的进程是不允许对这个私有空间进行操作的，但是实际上，仍然可以利用一些方法进入并操作进程的私有内存。这种不仅可以欺骗、进入用户计算机，甚至可以进入用户进程的内部。从某种意义上说，这种木马已经具备了病毒的很多特性。

7.1.7 用命令检查计算机是否被安装木马

一些基本的命令往往可以在保护网络安全上起到很大作用。下面几条命令的作用就非常突出。

1. 检测网络连接

如果怀疑自己的计算机被别人安装了木马，或者是中了病毒，但是又没有完善的工具来检测这份怀疑，那么可以使用 Windows 自带的网络命令来看看谁在连接自己的计算机。具体的命令格式是“netstat - an”，这个命令能看到所有和本地计算机建立连接的 IP，它包含四个部分：Proto（连接方式）、Local Address（本地连接地址）、Foreign Address（和本地建立连接的地址）、State（当前端口状态）。通过这个命令的详细信息，就可以完全监控计算机上的连接，从而达到控制计算机的目的。

2. 禁用不明服务

很多用户在某天系统重新启动后会发现计算机速度变慢了，不管怎么优化都无法改善，用杀毒软件也查不出问题，这个时候很可能是别人通过入侵你的计算机，给你开放了某种特别的服务，如IIS信息服务等，这样杀毒软件是查不出来的。这时可以通过“net start”来查看系统中究竟有什么服务在开启，如果发现了不是自己开放的服务，我们就可以有针对性地禁用这个服务了。方法就是直接输入“net start”来查看服务，再用“net stop server”来禁止服务。

3. 轻松检查账户

在很长一段时间内，恶意的攻击者非常喜欢使用克隆账号的方法来控制别人的计算机。他们采用的方法就是激活一个系统中的默认账户，但这个账户是不经常使用的，然后使用工具把这个账户提升到管理员权限。从表面上看，这个账户还是和原来一样，但是这个克隆的账户却是系统中最大的安全隐患。恶意的攻击者可以通过这个账户任意地控制别人的计算机。为了避免这种情况，可以用很简单的方法对账户进行检测。

首先在命令行下输入“net user”，查看计算机上有些什么用户，然后再使用“net user + 用户名”查看这个用户是属于什么权限的。一般除了Administrator是Administrators组的，其他用户都不是。如果你发现一个系统内置的用户是属于Administrators组的，那几乎可以肯定你被入侵了，而且别人在你的计算机上克隆了账户。这时，可以使用“net user 用户名/del”来删掉这个用户。

7.1.8　病毒、蠕虫与木马之间的区别

随着互联网的发展，各种病毒也猖獗起来，几乎每天都有新的病毒产生，它们大肆传播、破坏，给广大互联网用户造成了极大的危害。各种病毒、蠕虫、木马纷至沓来，令人防不胜防。

病毒、蠕虫和木马都是人为编制出的恶意代码，都会对用户造成危害，人们往往将它们统称为病毒。其实这种说法并不准确。它们之间虽然有着共性，但也有着很大的差别。

1. 病毒

根据《中华人民共和国计算机信息系统安全保护条例》，计算机病毒

（Computer Virus）的明确定义是“指编制或者在计算机程序中插入的破坏计算机功能或者破坏数据，影响计算机使用并且能够自我复制的一组计算机指令或者程序代码”。病毒必须满足以下两个条件。

（1）能自行执行。它通常将自己的代码置于另一个程序的执行路径中。

（2）能自我复制。例如，它可能用受病毒感染的文件副本替换其他可执行文件。病毒既可以感染桌面计算机也可以感染网络服务器。

此外，病毒往往还具有很强的感染性、一定的潜伏性、特定的触发性和很大的破坏性等，由于这些特点与生物学上的病毒有相似之处，因此人们才将这种恶意程序代码称为“计算机病毒”。一些病毒被设计为通过损坏程序、删除文件或重新格式化硬盘来损坏计算机；有些病毒不损坏计算机，而只是复制自身，并通过显示文本、视频和音频消息表明它们的存在。即使是这些良性病毒，也会给计算机用户带来问题。

通常它们会占据合法程序使用的计算机内存，结果引起操作异常，甚至导致系统崩溃。另外，许多病毒包含大量错误，这些错误可能会导致系统崩溃和数据丢失。在没有人员操作的情况下，一般的病毒不会自我传播，必须通过用户共享文件或发送电子邮件等方式才能将它一起移动。典型的病毒有“黑色星期五”病毒等。

2. 蠕虫

蠕虫（Worm）也可以算是病毒的一种，但是它与普通病毒之间有着很大的区别。一般认为，蠕虫是一种通过网络传播的恶性病毒，它具有病毒的一些共性，如传播性、隐蔽性、破坏性等，同时具有自己的一些特征，如不利用文件寄生（有的只存在于内存中），造成网络拒绝服务，以及和黑客技术相结合等。普通病毒需要传播受感染的驻留文件来进行复制，而蠕虫不使用驻留文件即可在系统之间进行自我复制；普通病毒的传染主要是针对计算机内的文件系统而言，而蠕虫病毒的传染目标是互联网内的所有计算机。

它能控制计算机上传输文件或信息的功能，一旦用户系统感染蠕虫，蠕虫即可自行传播，将自己从一台计算机复制到另一台计算机，更危险的是，它还可以大量复制，因而在产生的破坏性上，蠕虫病毒也不是普通病毒所能比拟的，网络的发展使得蠕虫可以在短时间内蔓延至整个网络，造成网络瘫痪。局域网条件下的共享文件夹、电子邮件、网络中的恶意网页、大量存在着漏洞的服务器等，都成为蠕虫传播的良好途径，蠕虫病毒可以在几个小时内蔓延全球，而且蠕虫的主动攻击性和突然爆发性会使人们手足无措。

此外，蠕虫会消耗内存或网络带宽，可能导致计算机崩溃。而且它的传播不必通过宿主程序或文件，因此可潜入系统并允许其他人远程控制计算机，这也使它的危害远大于普通病毒。典型的蠕虫病毒有尼姆达、震荡波等。

3. 木马

木马（Trojan Horse）是由希腊神话里的“特洛伊木马”而得名的。在这个神话中，希腊人在一只假装人祭礼的巨大木马中藏匿了许多希腊士兵，并引诱特洛伊人将它运进城内，等到夜里马腹内的士兵与城外的士兵里应外合，一举攻破了特洛伊城。

而现在所谓的“木马”正是指那些看似是有用的软件，实际目的却是危害计算机安全并造成严重破坏的计算机程序。它是具有欺骗性的文件，是一种基于远程控制的黑客工具，具有隐蔽性和非授权性的特点。所谓隐蔽性是指木马的设计者为了防止木马被发现，会采用多种手段隐藏木马，这样服务端即使发现感染了木马，也难以确定其具体位置；所谓非授权性是指一旦控制端与服务端连接后，控制端将窃取到服务端的很多操作权限，如修改文件，修改注册表，控制鼠标、键盘，窃取信息等。

计算机一旦中了木马，其系统可能就会门户大开，毫无秘密可言。木马与病毒的重大区别是木马不具传染性，它并不能像病毒那样复制自身，也并不“刻意”地去感染其他文件，它主要通过将自身伪装起来，吸引用户下载执行。木马中包含能够在触发时导致数据丢失甚至被窃的恶意代码，要使木马传播，必须在计算机上有效地启用这些程序，如打开电子邮件附件，或者将木马捆绑在软件中，放到网络上，吸引人下载执行等。现在的木马一般以窃取用户相关信息为主要目的，我们可以简单地说，病毒破坏用户信息，而木马窃取用户信息。典型的特洛伊木马有“灰鸽子”“网银大盗”等。

实际上，普通病毒、部分种类的蠕虫及所有木马是无法自我传播的。感染病毒和木马的常见方式，一是运行了感染有病毒、木马的程序，二是在用户浏览网页、邮件时，病毒、木马利用浏览器漏洞自动下载运行了。这基本上是目前最常见的两种感染方式了。因此要预防病毒、木马，首先要提高警惕，不要轻易打开来历不明的、可疑的文件、网站、邮件等，并且要及时为系统打上补丁，最后安装上防火墙以及一个可靠的杀毒软件，并及时升级病毒库。

做好了以上几点，基本上可以杜绝大多数的病毒、木马。值得注意的是，不能过多地依赖杀毒软件，因为病毒总是出现在杀毒软件升级之前，靠杀毒软件来防范病毒，本身就处于被动的地位，要想有一个安全的网络安全环境，根本上还是要首先提高自己的网络安全意识，对病毒做到预防为主，查杀为辅。

7.1.9 系统安全自检

近来黑客攻击事件频频发生，也不断有QQ、电子邮件和游戏的账号被盗事件发生。现在的黑客技术有朝着大众化方向发展的趋势，掌握攻击他人系统技术的人越来越多了，只要网络计算机存在系统Bug或安装了有问题的应用程序，就有可能成为他人的攻击目标。如何给一台上网的计算机检查漏洞并做出相应的处理呢?

1. 致命的端口

计算机要与外界进行通信，必须通过一些端口。别人要想入侵和控制网络计算机，也要从某些端口连接进来。只要查看一下系统，就会发现开放了139、445、3389、4899等重要端口，要知道这些端口都可以为黑客入侵提供便利，尤其是4899端口，可能是入侵者安装的后门工具Radmin打开的，他可以通过这个端口取得系统的完全控制权。

在Windows环境下，单击“开始”→“运行”命令，然后输入“command”（在Windows 2000/XP/2003系统中应输入“cmd”），进入命令提示窗口，然后输入“netstat/an”，就可以看到本机端口开放和网络连接情况。

那如何关闭这些端口呢? 因为计算机的每个端口都对应着某个服务或应用程序，因此只要我们停止该服务或卸载该程序，这些端口就自动关闭了。例如，选择“我的电脑”→“控制面板”→“计算机管理”→“服务”命令，然后选择停止Radmin服务，就可以关闭4899端口了。

如果暂时没有找到打开某端口的服务或停止该项服务可能会影响计算机的正常使用，我们也可以利用防火墙来屏蔽端口。以天网个人防火墙关闭4899端口为例。首先，打开天网“自定义IP规则”界面，单击“增加规则”按钮添加一条新的规则，在“数据包方向”选择中选择“接受”一项，在“对方IP地址”选项中选择“任何地址”一项，在TCP选项卡的本地端口中填写“从4899到0”，对方端口填写“从0到0”，在“当满足上面条件时”选项中选择“拦截”一项，这样就可以关闭4899端口了。其他的端口关闭方法可以此类推。

2. 攻击程序的“进程”

在Windows 2000下，可以通过同时按下Ctrl + Alt + Del组合键调出任务管理器来查看和关闭进程；但在Windows环境下这种方法只能看到部分应用程序，有些服务级的进程却被隐藏起来无法看到，不过通过系统自带的工具“msinfo32”还是可以看到的。选择“开始”→“运行”命令，在文本框内输入“msinfo32”，打开“Microsoft系统信息”界面，在“软件环境”选项卡中的“正在运行任务”下可以看到本机的进程。但是在Windows环境下要想终止进程，还是得通过第三方的工具完成。很多系统优化软件都带有查看和关闭进程的工具，如春光系统修改器等。

目前很多木马进程都会伪装系统进程，新手朋友很难分辨其真伪，所以这里推荐一款强大的杀木马工具——“木马克星”，它可以查杀8000多种国际木马，1000多种密码偷窃木马，功能十分强大。

3. 远程管理软件

现在很多人都喜欢在自己的机器上安装远程管理软件，如Pcanywhere、Radmin、VNC或Windows自带的远程桌面，这确实方便了远程管理维护和办公，但同时也带来了很多安全隐患。例如，Pcanywhere 10.0版本及更早的版本存在着口令文件*.cif容易被解密（解码而非爆破）的问题，一旦入侵者通过某种途径得到了*.cif文件，他就可以用一款叫作“Pcanywherepwd”的工具破解出管理员账号和密码。

而Radmin则主要是空口令问题，因为Radmin默认为空口令，大多数人安装了Radmin之后，都忽略了口令安全设置。因此，任何一个攻击者都可以用Radmin客户端连接上安装了Radmin的机器，并做一切他想做的事情。

Windows系统自带的远程桌面也会给黑客入侵提供方便，当然是在他通过一定的手段拿到了一个可以访问的账号之后。

远程管理软件DameWare NT Utilitie某些版本的工具包中的DameWare Mini Remote Control存在着缓冲区溢出漏洞，黑客可以利用这个漏洞在系统上执行任意指令。所以，要安全地远程使用它就要进行IP限制。这里以Windows 2000远程桌面为例，介绍如何进行6129端口（Dame－Ware Mini Remote Control使用的端口）的IP限制。首先，打开天网“自定义IP规则”界面，单击“增加规则”添加一条新的规则，在“数据包方向”中选择“接受”，在“对方IP地址”中选择“指定地址”，然后填写IP地址，在TCP选项卡的本地端口中填写“从6129到0”，对方端口填写“从0到

0”，在“当满足上面条件时”中选择“通行”。这样一来除了指定的那个IP之外，别人都无法连接这台计算机。

安装最新版的远程控制软件也有利于提高安全性，例如最新版的Pcanywhere的密码文件采用了较强的加密方案。

4. “专业人士”的免费检测

很多安全站点都提供了在线检测，可以帮助人们发现系统的问题，如天网安全在线推出的在线安全检测系统“天网医生”，它能够检测出计算机存在的一些安全隐患，并且根据检测结果判断系统的级别，引导人们进一步解决系统中可能存在的安全隐患。

“天网医生”可以提供木马检测、系统安全性检测、端口扫描检测、信息泄漏检测四个安全检测项目，可能得出四种结果：极度危险、中等危险、相当安全和超时或有防火墙。其他知名的在线安全检测站点还有千禧在线及蓝盾在线检测。另外，IE的安全性也是非常重要的，一不小心就有可能中了恶意代码、网页木马的圈套。该网站就是一个专门检测IE是否存在安全漏洞的站点，用户可以根据提示自行操作。

5. 自我扫描

“天网医生”主要针对网络新手，而且是远程检测，速度比不上本地，所以如果用户有一定的基础，最好使用安全检测工具（漏洞扫描工具）手动检测系统漏洞。

黑客在入侵他人系统之前，常常用自动化工具对目标机器进行扫描，也可以借鉴这个思路，在另一台计算机上用漏洞扫描工具对自己的机器进行检测。功能强大且容易上手的国产扫描工具首推X－Scan。

以X－Scan为例，它有开放端口、CGI漏洞、IIS漏洞、RPC漏洞、SSL漏洞、SQL－Server等多个扫描选项。更为重要的是，除了列出系统漏洞之外，它还会给出详尽的解决方案，只需要“按方抓药”即可。

例如，用x－Scan对某台计算机进行完全扫描之后，发现如下漏洞（假定IP为192.168.1.70）：

[192.168.1.70]：端口135开放：Location Service

[192.168.1.70]：端口139开放：Net Bios Session Service

[192.168.1.70]：端口445开放：Microsoft－DS

[192.168.1.70]：发现NT－Server弱口令：user/［空口令］

[192.168.1.70]：发现“NetBios信息”

从中可以发现，Windows弱口令的问题是个很严重的漏洞。NetBios信息暴露也给黑客的进一步进攻提供了方便，解决办法是给 User 账号设置一个复杂的密码，并在天网防火墙中关闭 135 ~ 139 端口。

6. Windows Update 的作用

微软公司通常会在病毒和攻击工具泛滥之前开发出相应的补丁工具，只要选择“开始”→“Windows Update”命令，就会自动连接微软公司的 Windows Update 网站，并下载最新的补丁程序。所以，每周访问 Windows Update 网站，及时更新系统一次，基本上就能把黑客和病毒拒之门外。

7.1.10 木马的通用解法

由于很多新手对安全问题了解不多，所以并不知道自己的计算机中了木马该怎么样清除。虽然现在市面上有很多新版杀毒软件都可以自动清除木马，但它们并不能防范新出现的木马程序。因此最关键的还是要知道木马的工作原理，这样就会很容易发现木马。

木马程序会想尽一切办法隐藏自己，主要途径有：在任务栏中隐藏自己，这是最基本的方法，只要把 Form 的 Visible 属性设为 False、Show In Tas Bar 设为 False，程序运行时就不会出现在任务栏中了；在任务管理器中隐形，将程序设为“系统服务”就可以达到隐形的目的。当然木马还会悄无声息地启动，它会在用户启动时自动装载服务端，Windows 系统启动时自动加载应用程序的方法，木马都会用上，如启动组、win. ini、system. ini、注册表等都是木马藏身的好地方。下面具体谈谈木马是怎样自动加载的。

1. 木马在 win. ini 文件的加载

在 win. ini 文件中，[WINDOWS] 下面的“run =”和“load =”是可能加载木马程序的途径，必须仔细留心它们。一般情况下，它们的等号后面什么都没有，如果发现后面有路径与文件名不是熟悉的启动文件，那么计算机就可能中木马了。还有一些木马，如“AOL Trojan 木马”，它会把自身伪装成 conmmnd. exe 文件，稍不注意就可能发现不到，因此用户必须仔细看清楚。

2. 木马在 system. ini 文件中的加载

在 system. ini 文件中，[BOOT] 下面有个“shell =”，其后面正确的文件名应该是“explorer. exe”，如果不是“explorer. exe”，而是“explorer. exe 程序名”，那么后面跟着的那个程序就是木马程序，这说明计算机已经中木马了。

3. 木马在注册表中的加载

在注册表中的情况最复杂。先通过“regedit”命令打开注册表编辑器，再选择至“HKEY - LO - CAL - MACHINE \\Software \\Micro - soft \\Windows\\ CurrentVersion\\Run”目录下，查看键值中有没有自己不熟悉的自动启动文件，扩展名为EXE。

需要注意的是，有的木马程序生成的文件很像系统自身文件，如“Acid Battery v1.0 木马”，它将注册表“HKEY - LOCAL - MACHINE \\SOFTWARE\\ Microsoft\\Windows\\Current Version\\Run”下的 Explorer 键值改为“C:\\WINDOWS\\explorer. exe”，木马程序与真正的 Explorer 之间只有“i”与“l”的差别。当然在注册表中还有很多地方都可以隐藏木马程序，如“HKEY - CURRENT - USER\\Software \\Microsoft\\ Windows\\ Current Version\\ Run”和“HKEY - USERS \\ * * * * \\Software\\Microsoft \\Windows\\Current Version\\ Run”的目录下都有可能隐藏木马程序。最好的办法就是在“HKEY - LOCAIr MACHINE\\Software\\Microsoft\\ Windows\\ Current Version\\Run”目录下找到木马程序的文件名，再在整个注册表中搜索。

4. 木马的查杀

知道了木马的工作原理，查杀木马就变得很容易。如果发现有木马存在，最安全也是最有效的方法就是马上将计算机与网络断开，防止黑客通过网络对计算机进行攻击。然后编辑 win. ini 文件，将［WINDOWS］下面的“run = 木马程序”或“load = 木马程序”更改为“run =”和“load =”；编辑 system. ini 文件，将［BOOT］下面的“shell = 木马程序”，更改为“shell = explorer. exe”；在注册表中，用 regedit 对注册表进行编辑，先在“HKEY - LOCAL - MACHINE\\Software\\Microsoft\\Windows\\ Current Version \\ Run”目录下找到木马程序的文件名，再在整个注册表中搜索并替换掉木马程序。

5. 清除木马程序的注意事项

还需注意的是，有的木马程序在清除时并不是直接将“HKEY - LOCAL - MACHINE\\Software\\Microsoft\\Windows\\Current Version\\Run”目录下的木马键值删除就可以了。例如“Blade Runner 木马”，如果你删除它，木马就会立即自动加上，这时应记下木马程序的名字与目录，然后退回到MS-DOS下，找到此木马文件并删除掉，然后重新启动计算机，再到注册表中将所有木马文件的键值删除，至此，木马程序才被彻底清除。

7.2　反垃圾邮箱技术

简单邮件传输协议（SMTP）是在因特网几乎完全由学术界使用的时候就开发的，它有一个致命的缺陷，就是无限信任你。换而言之，就是因为SMTP给予的信任太多了，因而导致今天垃圾邮件的反对者、安全专家，也包括电子邮件系统的最初设计者们一起来要求对它进行全面评估。

7.2.1　垃圾邮件的概念

就像很多网络衍生物一样，垃圾邮件也没有一个准确的定义，但它的诸多特征已经得到了国内外安全人士的认可。例如，垃圾邮件通常是未经收件人主动请求又无法拒收的、大量的邮件内容相似并且隐藏或伪造发件人身份、地址、标题信息、部分邮件成为黑客利用的对象等。垃圾邮件的内容形形色色，常见的包括广告、色情信息，还有病毒或蠕虫引起邮件深度扩散等诸多类型。

2010年8月，中国电信制订的垃圾邮件处理办法中，将垃圾邮件定义为：向未主动请求的用户发送的电子邮件广告、刊物或其他资料；没有明确的退信方法、发信人、回信地址等邮件；利用中国电信的网络从事违反其他ISP的安全策略或服务条款的行为；其他预计会导致投诉的邮件。

2015年5月20日，中国教育和科研计算机网公布了《关于制止垃圾邮件的管理规定》，其中对垃圾邮件的定义为：凡是未经用户请求强行发到用户信箱中的任何广告、宣传资料、病毒等内容的电子邮件，一般具有批量发送的特征。

中国互联网协会在《中国互联网协会反垃圾邮件规范》中是这样定义垃圾邮件的：本规范所称垃圾邮件，包括下述属性的电子邮件：收件人事先没有提出要求或者同意接收的广告、电子刊物、各种形式的宣传品等宣传性的电子邮件；收件人无法拒收的电子邮件；隐藏发件人身份、地址、标题等信息的电子邮件；含有虚假的信息源、发件人、路由等信息的电子邮件。

7.2.2　反垃圾邮件技术

垃圾邮件的发送方式总结起来无非是以下几点：其一，垃圾邮件发送者利用宽带连接，建立 SMTP 服务器，大量发送垃圾邮件；其二，病毒邮件、蠕虫邮件，利用操作系统或者应用系统的漏洞，大量转发含带病毒的邮件；其三，邮件服务器的漏洞被利用来进行垃圾邮件的发送；其四，利用互联网数据中心（Internet Data Center，IDC）提供的邮件服务，以正常用户的方式进行垃圾邮件的发送等。

尽管几乎所有的安全网关、防火墙和个人安全软件都提供了垃圾邮件过滤功能，但是垃圾邮件的数量仍然大得惊人。时至今日，反垃圾邮件技术已经成为影响甚至是改变互联网环境的重要内容。

1. 实时黑名单法

实时黑名单法就是将发送垃圾邮件的服务器列入黑名单中拒收。所谓实时黑名单，实际上是一组可供查询的 IP 地址列表，判断一个 IP 地址是否已经被列入了黑名单，只要使用黑名单服务的软件发出一个查询到黑名单服务器。如果该地址被列入了黑名单，那么服务器会返回一个有效地址的答案，反之则得到一个否定答案。同时，由于现在世界上大多数的主流邮件服务器都支持实时黑名单服务，通常多数的提供者都是有国际信誉的组织，因此该名单是可信任的。

2. 贝叶斯算法（贝叶斯过滤器）

贝叶斯算法是一个非常著名的算法，其理论基础是通过对大量垃圾邮件中常见关键词进行分析后得出其分布的统计模型，并由此推算目标邮件是垃圾邮件的概率。

贝叶斯过滤器是用户根据自己所接受的垃圾邮件和非垃圾邮件的统计数据来创建的，这意味着垃圾邮件发送者无法猜测出过滤器是如何配置的，从而有效阻止垃圾邮件。

贝叶斯过滤器能够学习分辨垃圾邮件与非垃圾邮件之间的差别，差别是用概率来表示的，并且自动应用到以后的检测中。在收到几百封信件后，一个好的贝叶斯过滤器就可以自动识别各种垃圾邮件。这是一种相对于关键字来说，更复杂和更智能化的内容过滤技术。这种方法具有一定的自适应、自学习能力，目前已经得到了广泛的应用。

3. 服务器认证法

相互认证的服务器和用户之间建立信任关系，接收邮件。当然，由于邮件服务器的数量非常巨大，因此这是一个庞大的社会工程。这是一个看起来很简单但是实施起来很麻烦的方法，世界上那么多服务器根本不可能建立一个全社会都互相关联的服务器网络，尽管有些邮件服务器已经开始建立起这样的关联，但是这只是这项“社会工程”里的一小部分。

4. 连接/发送频率监测法

正常用户发送和接收邮件的数量和频率远远低于垃圾邮件发送者。因此，可以根据垃圾邮件发送具有一定时间内邮件数量和邮件连接频率都非常大的情况，从频率和数量对垃圾发送者的连接行为进行控制。

上述方法已经成为对付垃圾邮件的主要“斗士”，为很多安全厂商用来阻止垃圾邮件。

5. 反垃圾邮件防火墙

专用的反垃圾邮件防火墙由专用服务器和固化的操作系统构成，逻辑位置部署在网关和服务器之间，拥有专项服务、设置简单、邮件保护等功能。虽然增加了网络建设的成本，但是这种设备可以保证处理效率，不会造成高速网络环境的停滞，比较适合大型公司。

6. 网关级反垃圾邮件设备

将专用反垃圾设备集成在网关来检测流入的邮件称为网关级反垃圾邮件设备，在网关部署的优点是在不打破网络拓扑环境的情况下，加强了原来邮件服务器的安全，而这种设备的缺点也比较明显，是由于反垃圾邮件属于内容安全，反垃圾邮件处理需要更多的处理资源。

在大流量的网络环境中，一旦网络流量很大，反垃圾邮件的智能检查有可能会降低网络性能，成为高速网络中的瓶颈设备。所以网关级反垃圾邮件产品适用于网络流量不大的中小企业网络环境，用户可以不用专门购买反垃圾邮件防火墙从而降低企业成本。

7. 服务器级反垃圾邮件产品

在服务器上加装反垃圾邮件功能模块称为服务器级反垃圾邮件产品，它的本职工作是“处理—转发”邮件。因此不会像反垃圾邮件防火墙那样具备强大的功能。

8. 桌面级的反垃圾邮件防火墙

桌面级的反垃圾邮件防火墙更加简单，它其实只是邮件接收端的一个功能模块，是反垃圾邮件的最后一道关卡，可以集成在 Outlook、Hotmail 里发挥过滤功能，这是纯粹的个人级产品。

随着垃圾邮件危害面逐渐扩大，现在无论是安全厂商还是政府都在进行着艰苦的反垃圾邮件斗争。

在我国的社会发展进程中，虽然邮箱的作用没有得到充分的发挥和拓展，但这不能否认邮箱在商业中发挥出的巨大能量，并体现出邮箱的巨大价值。如何保证邮箱的安全性，就需要更多人投入到反垃圾邮件技术的升级进行当中，也只有这样，邮箱在社会生活中才能发挥出更大的作用。

第8章　网络安全体系

互联网是为了计算机的互联互通而设计的，设计之初没有考虑网络安全问题。随着互联网规模的膨胀，网络安全问题逐步显现并越来越复杂。各种网络基础应用、计算机系统、Web 程序的漏洞层出不穷，普通网民安全意识及相关知识的匮乏，这些都为网络上的不法分子提供了入侵和偷窃的机会。最初的计算机病毒制造者通常以炫技、恶作剧或仇视破坏为目的。从 2000 年开始，病毒制造者逐渐变得贪婪，越来越多地以获取经济利益为目的。他们通过分工明确的产业化操作，从病毒程序开发、传播病毒到销售病毒，形成了分工明确的整条操作流程，这条黑色产业链每年的整体利润预计高达数亿元。黑客和计算机病毒窃取的个人资料从 QQ 密码、网游密码到银行账号、信用卡账号等，包罗万象，任何可以直接或间接转换成金钱的东西，都成为不法分子窃取的对象。近年来，涉及重要行业和政府部门的高危漏洞事件增多。针对漏洞的挖掘和利用研究日趋活跃。国家信息安全漏洞库（China National Vulnerability Database of Information Security，CNNVD）新增收录漏洞数量年均增长率在 15% ~25%，其中高危漏洞约占 1/4。可见，网络安全不仅影响普通网民信息和数据的安全性，而且全面渗透到国家政治、经济、军事、社会稳定等各个领域，严重影响一个国家的健康发展。

当下，网络安全面临着新的挑战。信息技术在快速演进，安全却未能得到同步保证。下一代互联网、移动互联网、物联网、云计算、大数据等新兴信息技术不断涌现，推动着我国技术进步和经济发展。但是，在带来新经济增长点的同时，它们也带来了更多网络安全问题并使网络安全复杂性骤增，给保护网络安全带来新挑战。在这些新应用中，人们往往更加重视主干网络或者业务网络，而忽略了那些与之相连的其他网络系统的安全性，而恶意攻击实施者却已经学会利用那些看起来微不足道的安全漏洞以达到他们的攻击目的。近年来，黑客更加关注应用广泛的网站应用框架、开源软件、集成组件、网络协议等安全问题，因为这些基础应用、通用软硬件的影响范围日趋广泛，一旦漏洞信息提前泄露、不客观泄露或被黑客攻破，就非常容易引发大面积攻击事件。设备智能化的浪潮席卷各行业，智能终端具有带宽较高、全天候在线、系统升级慢、配置变动较少等特点，但由于技术不完善、忽视安全性等原因，大量智能终端设备存在弱口令或安全配置不当等漏洞，安全威胁也随之而来。随着物联网产业的发展和智慧城市的建设，智能生活逐渐推广，连接一切将成为现实，智能终端自身安全问题以及终端间连接或通信的安全问题，都是物联网面临的安全挑战。另外，在技术的工程实现、操作系统开发、芯片制造等关键环节必须实现自主可控，以最大限度减少技术研发、集成和产品开发过程中“蓄意漏洞”带来的网络安全威胁和风险。

针对网络安全的固有问题和网络安全在当下面临的新挑战，网络安全有了体系化的建设，简单来看，网络安全体系包括网络安全防护体系、网络安全信任体系和网络安全保障体系。

8.1 网络安全防护体系

网络安全的核心目标是保证信息网络安全。一般来说，信息网络可以看作是由用户、信息、信息网络基础设施组成。信息网络基础设施属于提供网络服务的软硬件基础，主要包括服务系统和网络环境；信息是信息网络的负载，也是信息网络的灵魂；用户是信息网络服务对象，信息服务的消费者。可见组成信息网络的基本三要素为人员、信息、系统（即信息网络基础设施）。如图 8－1 所示，针对组成信息网络的 3 个基本要素，存在 5 个安全层次与之对应：系统部分对应物理安全和运行安全，信息部分对应数据安全和内容安全，而人员部分的安全需要通过管理安全来保证。

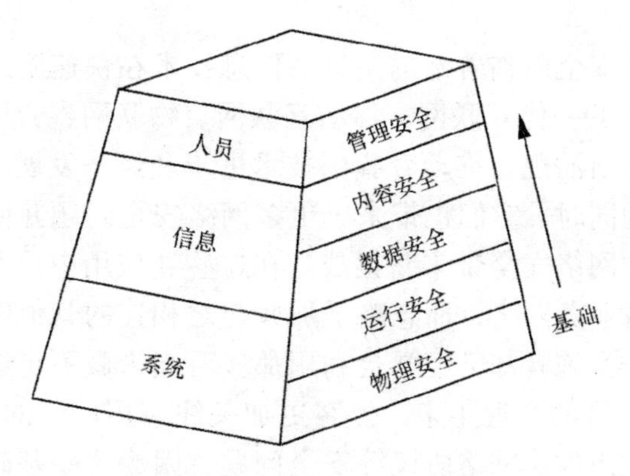

图 8－1　安全防护体系构成示意图

8.1.1　人员部分安全

人员部分安全即管理安全。管理安全指通过对人的信息行为的规范和约束，提供对信息的机密性、完整性、可用性以及可控性的保护。时至今日，“在信息安全中，人是第一位的”已经成为普遍被接受的理念，对人的信息行为的管理是信息安全的关键所在。管理安全主要涉及的内容包括安全策略、法律法专、技术标准、安全教育等。

构建网络安全防护体系分为 3 个主要步骤：安全评估、防护措施选择和措施部署，其中，安全评估和防护措施选择是组织合理构建网络安全防护体系的重中之重。安全评估的目的是识别目前的系统类型、识别系统的位置及周围自然环境，评估已存在的安全措施、威胁和风险分析等安全关注点。防护措施选择是根据安全评估的结果选择防护措施，需要考虑 4 个方面：影响、威胁、脆弱点和风险本身。

8.1.2　信息部分安全

信息部分安全包括内容安全和数据安全。

1. 内容安全

内容安全指依据信息的具体内涵判断其是否违反特定安全策略，并采取相应的安全措施，对信息的机密性、真实性、可控性、可用性进行保护，主要涉及信息的机密性、真实性、可控性、可用性等。内容安全主要包括两个方面：一是对合法的信息内容加以安全保护，如对合法的音像制品及软件版权的保护；二是对非法的信息内容实施监管，如对网络色情信息的过滤等。内容安全的难点在于如何有效地理解信息内容并甄别判断信息内容的合法性，主要涉及的技术包括文本识别、图像识别、音视频识别、数字水印以及内容过滤等技术。

2. 数据安全

数据安全指对数据收集、处理、存储、检索、传输、交换、显示、扩散等过程中的保护，保障数据在上述过程中依据授权使用，不被非法冒充、窃取、篡改、抵赖。数据安全主要涉及信息的机密性、真实性、完整性、不可否认性等，主要安全技术包括密码、认证、鉴别、完整性验证、数字签名、PKI、安全传输协议及 VPN 等。

8.1.3 系统部分安全

系统部分安全包括运行安全和物理安全。

1. 运行安全

运行安全指对网络及信息系统运行过程和运行状态的保护。运行安全主要涉及网络及信息系统的真实性、可控性、可用性等，主要安全技术包括身份认证、访问控制、防火墙、入侵检测、恶意代码防治、容侵技术、动态隔离、取证技术、安全审计、预警技术、反制技术以及操作系统安全等，内容繁杂并且不断变化发展。

2. 物理安全

物理安全指对网络及信息系统物理装备的保护。物理安全主要涉及网络及信息系统的机密性、可用性、完整性等，主要的安全技术包括灾难防范、电磁泄露防范、故障防范以及接入防范等。灾难防范包括防火、防盗、防雷击、防静电等；电磁泄露防范主要包括加扰处理、电磁屏蔽等；故障防范涵盖容错、容灾、备份和生存型技术等内容；接入防范则是为了防止通信线路的直接接入或无线信号的插入而采取的相关技术以及物理隔离等。

8.2 网络安全信任体系

网络信任问题是网络安全中的核心问题之一，直接影响各种网络服务，如电子商务、电子政务、信息共享等。对于彼此了解的小型网络，各实体间很容易建立网络信任关系，这种信任建立在物理社会互相熟悉的基础上。当网络达到较大规模时，物理社会基础就不能满足维持网络信任的要求，需要建立网络信任体系来维护网络空间社会秩序。

建立网络信任体系一般需要解决三个问题：首先，需要一个具有仲裁职能的信任源，相当于赛场上的裁判，通常引入一个可信权威来解决这个问题；其次，需要鉴别实体的真实身份，这通常采用鉴别协议实现；最后，确认实体的权限，控制实体访问资源或者服务范围。解决了这几个问题，还不能够确定已建立可用的信任体系，因为信任建立过程可能会有技术上的缺陷、管理上的漏洞，甚至是误操作，这些可能造成网络应用活动中信任安全性问题，因此，需要建立一种信任追踪机制，即责任认定。综上，网络信任体系必须具有身份认证、授权管理、责任认定这 3 个功能。如图 8－2 所示，具有仲裁职能的可信权威的公正性是信任基础，基于密码技术的公钥基础设施（Public Hey Infrastructure，PKI）和授权管理基础设施（Privilege Management Infrastructure，PMI）是技术保障，而相关的政策法规及标准规范为有效实施保驾护航。

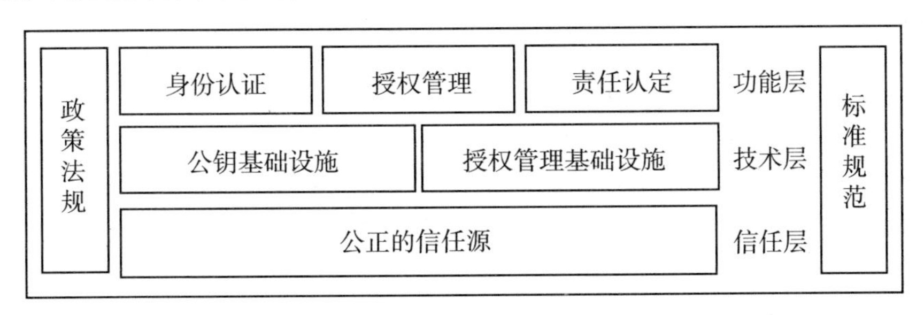

图 8－2　网络安全信任体系构成图①

公钥基础设施（PKI）是一种遵循一定标准的密钥管理基础平台，它能够为所有网络应用提供加密和数字签名等密码服务所必需的密钥和证书管理。授权管理基础设施依赖于 PKI 的支持，提供用户身份到应用授权的映射功能，旨在简化应用中访问控制和权限管理的开发与维护。

网络信任体系是指以密码技术为基础，包括法律法规、技术标准和基础设施等内容，以解决网络应用中的身份认证、授权管理和责任认定问题为目的的完整体系。网络信任体系也被列为《国家中长期科学和技术发展规划纲要》（2006—2020 年）的重点领域优先主题，主要涉及 3 部分：①身份认证，通过技术手段确认网络信息系统中主、客体真实身份的过程和方法，目前主要依靠 PKI/CA 技术体系；②授权管理，综合利用身份认证、访问控制、权限管理等技术措施解决访问者合理使用网络信息资源的过程和方法；③责任认定，应用数据保留、证据保全、行为审计、取证分析等技术，记录、保留、审计网络事件，确定网络行为主体责任的过程和方法。

8.3　网络安全保障体系

网络安全保障体系是指通过相关安全技术之间的动态交互，保护支持信息网络的正常运行状态，是一个动态的深度防御体系。从广义上讲，网

① 郭启全．网络安全法与网络安全等级保护制度［M］．北京：电子工业出版社，2018.

络安全保障体系是一个庞大的社会系统工程，需要保障的是整个网络社会所有网络用户的安全，因此，一般认为网络安全保障体系应该具有国家特征，包括网络安全技术保障体系，国家信息安全保障基础设施、标准及法律保障体系，人才培养体系以及经费保障体系等。可以从两个方面来理解网络安全保障体系：一是从安全要素的组成方面；二是从人们常提到的PDRR体系构成（Protect，Detect，React，Restore）方面。

8.3.1 安全要素组成方面

从安全要素方面来讲，信息安全保障也可以理解为由人借助技术的支持实施一系列的操作过程，最终实现信息安全保障的目标。

1. 人（People）

人是信息体系的主体，是信息系统的拥有者、管理者和使用者，是信息保障体系的核心，是第一位要素，同时也是最脆弱的。正是基于这样的认识，安全管理在安全保障体系中就愈显重要，可以这么说，信息安全保障体系，实质上就是一个安全管理的体系，包括组织管理、技术管理和操作管理等多个方面。

2. 技术（Technology）

技术是实现信息保障的重要手段，信息保障体系所应具备的各项安全服务就是通过技术机制来实现的。当然，这里所说的技术，已经不单是以防护为主的静态技术体系，而是防护、检测、响应、恢复并重的动态技术体系。

3. 操作（Operation）

操作又叫运行，它构成了安全保障的主动防御体系，如果说技术的构成是被动的，那么操作和流程就是将各方面技术紧密结合在一起的主动过程，包括风险评估、安全监控、安全审计、跟踪告警、入侵检测、响应恢复等内容。

8.3.2 PDRR体系构成方面

美国国防部提出的信息保障（Information Assurance，IA）概念，可以较好地诠释网络安全保障体系的内涵。如图8-3所示，网络安全保障体系由4部分组成，即人们常提到的PDRR（Protect，Detect，React，Restore）体系。

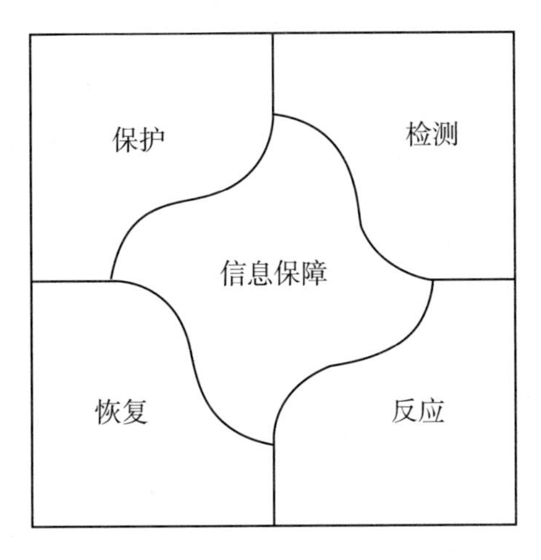

图8-3　PDRR体系构成示意图

1. 保护（Protect）

保护，是指预先采取安全措施，阻止触发攻击发生的条件形成，让攻击者无法顺利地入侵。保护是被动防御，不可能完全阻止各种对信息系统的攻击行为。主要的安全保护技术包括信息保密技术、物理安全防护、访问控制技术、网络安全技术、操作系统安全技术以及病毒预防技术等。

2. 检测（Detect）

检测，是指依据相关安全策略，利用有关技术措施，针对可能被攻击者利用的信息系统的脆弱性进行具有一定实时性的检查，根据结果形成检测报告。主要的检测技术包括脆弱性扫描、入侵检测、恶意代码检测等。

3. 反应（React）

反应，是指对于危及安全的事件、行为、过程及时做出适当的响应处理，杜绝危害事件进一步扩大，将信息系统受到的损失降低到最小。主要的反应技术包括报警、跟踪、阻断、隔离以及反击等相关技术。反击又可分为取证和打击，其中，取证是依据法律搜取攻击者的入侵证据，而打击是采用合法手段反制攻击者。

4. 恢复（Restore）

恢复，是指当危害事件发生后把系统恢复到原来的状态或比原来更安全的状态，将危害的损失降到最小。主要的恢复技术包括应急处理、漏洞修补、系统和数据备份、异常恢复以及入侵容忍等。

第9章　信息网络安全问题与管理

网络安全是指通过采取必要措施，防范对网络的攻击、侵入、干扰、破坏、非法使用及意外事故，使网络处于稳定可靠运行的状态以及保障网络数据的完整性、保密性、可用性的能力。其旨在维护网络空间主权和国家安全、社会公共利益，保障涉及国家安全、国计民生、社会公共利益的网络的设备设施安全、运行安全、数据安全和信息安全，保护公民、法人和其他组织的合法权益，促进经济社会信息化健康发展。

9.1　信息网络安全问题

网络安全问题成为世界各国当今面临的最复杂、最重大的非传统安全威胁，也是最严峻的安全挑战。我国信息网络安全问题突出，下面就世界范围内信息网络安全问题的形式和我国信息网络安全的问题进行探究。

9.1.1　国际信息网络安全问题

世界范围内要面对的信息网络安全问题来自多个方面，少数国家网络战略威慑日益升级，对信息网络安全及国家安全带来的威胁；黑客组织对国家政治安全、政权安全、网络安全构成的挑战；网络科技快速发展给国家政治安全、经济安全带来了严重威胁；网络违法犯罪活动快速增长，给国家经济安全、社会稳定带来了重大影响；新技术、新应用的加速发展给网络安全带来了更大的风险和隐患。

近年来世界发生的重大网络安全事件再一次给我们敲响了警钟。2015年12月23日，乌克兰电网遭攻击事件；2016年10月21日，美国遭大规模网络攻击事件；最典型的案例是希拉里“邮件门”事件；2016年10月24日，朴槿惠的密友崔顺实个人笔记本电脑中44份涉及国家秘密的总统演讲稿泄露事件等。这些事件带给我们的启示与思考有：一是网络技术对抗严重影响国家政治局势、国家安全、政权安全；二是互联网作战效果不亚于发动一场战争，可以实施“手术刀”式打击；三是网络攻击影响和左右人民的认知及思想，是网络战的高级形态；四是如何从维护国家安全、政权安全的高度，坚决落实《网络安全法》和网络安全等级保护制度。

9.1.2 我国信息网络安全问题

我国网上斗争能力不强，攻防能力不强，反制能力不强，打防管控的综合防控能力不强，无法适应日益严峻的网络安全形势。网络安全工作虽然取得了很大成效，但在基础保障、国家监管、改革创新、重点行业部门等方面还存在一些突出问题和困难。

1. 信息网络安全体系不稳固

信息网络安全基础不牢成为我国网络安全的致命弱点。我国核心技术及产品受制于人。国外产品中的后门和漏洞客观上成为某些国家对我国实施窃密的渠道和网络攻击的通道。我国的信息化建设是先发展、后治理，先发展、后安全，加上我国采取大量引进、跨越式发展的模式，决定了我国需要大量引进西方的核心技术和一些基础设施，网络基础设施建设严重依赖国外。

2. 信息网络安全体系应对攻击能力弱

信息网络安全体系关键信息基础设施安全防护能力差，难以有效应对网络攻击窃密。保障国家关键信息基础设施安全是敌我网上斗争的重要内容，更是常态化、动态化攻防能力的较量。然而，我国关键信息基础设施安全防护能力差，应对网络威胁的能力整体不足，无法抵御大规模、有组织的网络攻击。一方面是主动发现能力差。缺少实时监测攻击和窃密的技术手段，安全技术措施和管理措施不落实，主动发现敌对分子入侵攻击和窃密的能力差，主动发现网络系统安全隐患和问题的能力差。另一方面是主动防护能力差。防攻击、防窃密、防篡改等技术措施和管理措施不落实，关键信息基础设施安全隐患严重，核心要害系统防不住，大面积、大范围、多领域地遭到敌对分子的攻击、控制、窃密。还有一方面原因是应急处置能力不强。一些单位没有制定网络安全应急处置预案；没有开展应急演练，应急预案不能发挥作用；缺少有效的容灾系统和备份措施。

3. 信息网络安全体系国家监管力度小

我国网络安全在法律、资金、人员、技术、产品等保障方面还存在一定差距，基础保障差距大，国家监管力度不强。

（1）国家监管力度不强。在国家层面，对网络安全工作落实情况监管力度不强，对发生的重大网络安全案事件（事故）问责追责不够，已有法律、政策、战略、标准、规范缺乏有效落实。一方面，一些重点行业部门、大型服务网站和互联网没有按照国家有关法律法规要求落实网络安全等级保护制度，缺少必要的安全管理措施和技术保护措施，导致国家大量商业秘密、公民信息频遭窃取；另一方面，部分互联网产品和服务提供商没有落实应尽的责任和义务，客观上为网络犯罪活动提供了便利。

（2）改革创新能力差。在引导支持策略、技术、产品等方面的改革创新不够。政府采购采取低价中标机制，使得安全建设、服务难以得到保障，给我国网络安全产业发展造成了制约和阻碍。科技竞争的总体实力偏弱，科技创新基础不牢，自主创新原创力不强，核心技术受控于人，关键核心技术和产品（如大型数据库、ERP 系统）受制于人的格局没有从根本上改变。密码体系尚未完善，重要行业主要应用国外密码算法，失窃问题突出，网络信任体系建设滞后。

（3）法律法规政策有待完善。目前，虽然我国出台了《网络安全法》，但与之配套的针对个人信息保护、大数据安全保护的专门法规以及预防和打击网络违法犯罪的法律法规还没有出台。与网络安全相关的法规和部门规章在数量上有了一定的规模，但仍比较分散，部分内容滞后于网络的发展。特别是随着云计算、物联网、大数据等新技术、新应用的快速发展，网络和信息系统形态发生了变化，保护重点发生了变化，出现了新型的网络违法犯罪，这些都需要在法律、政策、标准等层面进行健全完善，以适应打击网络犯罪、保护关键信息基础设施的新需求。

（4）专业队伍、人才匮乏。我国网络安全专门队伍、专业队伍规模小，缺少有效的留人、用人机制。网络安全人才不足，缺少网络攻防技术、网络侦察技术、网络对抗技术、保密技术、密码技术等核心技术人才，安全监管技术力量匮乏，缺乏有效的网络专门人才选拔机制。

（5）资金投入不足。政府部门关键信息基础设施安全保护没有专门经费，企业在网络安全方面投入资金不足，关键信息基础设施安全保护的连续性得不到保障，部分网络设备得不到升级更新。

9.1.3 我国信息网络安全问题的应对措施

1. 实施强有力的领导

统一领导，加强组织实施。在中央网络安全和信息化领导小组的领导下，进一步完善网络安全相关职能部门的职责任务。中央网信办加强统筹协调，加强顶层设计和规划实施，建立分工明确、密切协作的协调配合机制，形成工作合力。依托中央网信领导小组联络员机制，加强组织实施和情报信息共享，落实各项重大任务，加强对各项任务的督导检查。

2. 落实监督检查

（1）加强国家层面对网络安全工作落实情况的监管。建立激励机制，对网络安全工作的落实情况进行监督考核和评价，监督规划落实。国家出台法律政策，建立“首席网络安全官”制度，确定“首席网络安全官”的职责、任务和待遇。重要行业部门、企事业单位都要设立“首席网络安全官”，参与部门决策，对网络安全进行协调、督办。

（2）建立监督考核和评价机制、责任追究机制。有关部门严格执行网络安全相关法律、法规、政策和标准，出台配套政策措施，建立网络安全规划实施的统计监测、绩效评估、动态调整和监督考核机制，落实网络安全投入、用户信息保护、事件报告通报、应急处置恢复等安全责任，实施责任倒查制度，对违法违规造成重大网络安全事件的责任人员建立并实行行业禁入制度。逐步建立互联网企业信用等级管理制度。

3. 以税收为保障规范投入

（1）加大财税金融政策扶持力度。积极发挥财税金融政策的杠杆作用，引导金融机构信贷投放向新一代信息技术应用和产业化倾斜，完善信息服务业创业投资扶持政策。充分利用国家科技计划、科技重大专项、有关产业发展专项等，加快推进信息技术研发和产业化。

（2）加强财政重点支持。对国家级重要信息系统安全保障工作予以财政支持，实施国家级重要信息系统装备安全可控战略。改变招投标制度，将价格、安全方案、企业研发能力、技术管理能力、服务能力等按权重计分，综合分数排名最高者中标。

（3）加强专业队伍经费保障。对于国家专职网络安全队伍建设，加大国家在科研经费和工程经费方面的投入力度，给予充裕的经费保障，形成以科研为先导的激励机制，鼓励大胆探索和创新，促进先进科研成果的工程化应用，拓宽资金投入渠道，建立快速审批机制，提高资金投入的灵活性和及时性。

（4）多渠道资金投入。制定鼓励研发和创新的引导政策，形成国家专业队伍、高校研究机构、高新技术企业联合投入，中央与地方联合投入，军队与地方联合投入的多渠道资金投入体系。

4. 完善法律法规政策建设

（1）加强立法。坚决贯彻落实党的十八届四中全会关于“加强互联网领域立法，完善网络信息服务、网络安全保护、网络社会管理等方面的法律法规，依法规范网络行为”的任务要求，积极推动网络安全立法工作。进一步确定网络安全总体框架和基本法律，科学规划我国网络空间的有关法律法规。

（2）全面贯彻落实《网络安全法》。实施《网络安全法》，加快出台关键信息基础设施保护条例、网络安全等级保护条例，进一步实施网络安全等级保护制度，解决关键信息基础设施重点保护、数据保护和公民个人信息保护等突出问题，维护国家安全、公共安全、社会公共利益和公民个人合法权益，强化网络运营者的安全责任义务，明确相关主管部门的职责任务，落实法律责任追究。

（3）加快推进网络实名制政策规范。制定相关规则与规范，推动网站、手机实名制，微博、微信、QQ 等互联网应用后台实名制的落实。网络实名制与匿名制适度并存，在关系到个人隐私和可能影响公民生活的领域适当采取匿名制。建立网络信用评级体制，并建立全国联网数据库，把信用等级与银行、工商业务挂钩。

（4）制定出台网络安全监管法律法规。明确执法机关的安全监管、安全执法的法定职责和主体地位，解决职责法定问题。

（5）完善网络安全产业政策。取消或下放一批网络安全和信息领域的行政审批事项和行政管理事项，优化行政审批程序。完善信息技术应用政策，加大信息技术创新产品的政府采购力度。

5. 提高管理和科学技能

（1）加强标准制定的顶层设计。加强网络安全标准化战略与基础理论研究，强化网络安全标准的自主研制、验证和推广实施机制，全面提升网络安全标准的质量和实施成效。积极参与网络安全国际标准化活动及工作规则制定，逐步提升我国在网络安全国际标准化组织中的影响力。加强各行业标准与密码标准的相互融合，在有关行业标准规范中明确密码相关政策法规和标准的要求。

（2）加强重点标准应用工作。围绕网络安全等级保护、关键基础设施安全防护、信息技术产品和服务安全审查、新技术新应用领域的网络安全保障重点工作，制定信息技术产品与服务供应行为准则等标准。加强与标准配套的法律法规体系建设，配合主管部门网络安全保障工作，组织开展重点网络安全标准应用试点示范及全面应用。

6. 重视专业人才和团队建设

（1）加强专业力量建设。加强国家网络安全专业力量建设，扩充国家级网络安全技术队伍数量，提高国家队的技术能力和水平。加强行业专业队伍建设。引导各行业、各领域建设和培养创新理念领先、技术能力过硬的网络安全队伍。加强各层面、跨行业、跨领域的人才交流和培训，形成稳定、可靠、有力的行业网络安全人才队伍。

（2）加强人才培养。面向国家和社会需求，以网络安全学科专业建设为龙头，教研条件建设为重点、师资队伍建设为关键，不断提高人才培养质量，完善网络与信息安全人才培养、引进、吸收、留用等人才机制，构建本、硕、博、继续教育、技能培训和研究型、应用型、工程开发型等多层次人才培养体系，完善人才队伍建设配套措施和体制，为国家网络安全保障体系建设和网络安全产业发展提供科技、人才和智力支撑。

（3）加强学科建设。网络空间安全已成为一级学科，在此基础上，高等院校、研究机构、政府部门、企业、专家要齐心协力，共同构建完备的网络安全学科体系，加快网络安全各类专门人才的培养。

7. 重视宣传教育

提高网络安全宣传教育工作的针对性和有效性，不断提升全民网络安全意识。建设多渠道、多方式、全面参与的网络安全宣传教育体系，建设有效的网络安全宣传教育阵地，将网络安全纳入中小学、高校教育计划，发挥高校、社会培训机构、专业认证机构的作用，规划丰富的网络安全宣传教育活动。利用媒体对公众进行网络安全形势和典型事件的宣传教育，培养网民的网络威胁意识、网络责任意识和网络法律意识。

9.2　网络安全自查与督导检查

国家法规规定备案单位、行业主管部门、公安机关要分别建立并落实监督检查机制，定期对《网络安全法》、网络安全等级保护制度各项要求的落实情况进行自查和监督。

9.2.1　网络安全的自查

网络安全的自查主要是指备案单位的定期自查。备案单位应按照《网络安全法》和网络安全等级保护制度的相关要求，对网络安全工作情况、等级保护工作落实情况进行自查，掌握网络安全状况、安全管理制度及技术保护措施的落实情况等，及时发现安全隐患和存在的突出问题，有针对性地采取技术和管理措施。例如，第三级网络是否每年进行一次自查，第四级网络是否每半年进行一次自查。经自查，网络的安全状况未达到安全保护等级要求的，网络运营者应进一步进行安全建设整改。网络运营者应配合公安机关的监督检查工作，如实提供有关资料及文件。当第三级（含）以上网络发生事件、案件时，备案单位应及时向受理备案的公安机关报告。

9.2.2　网络安全的督导检查

网络安全的督导检查主要是指行业主管部门的督导检查。行业主管（监管）部门应组织制定本行业、本领域网络安全等级保护工作规划和标准规范，掌握网络基本情况、定级备案情况和安全保护状况；督促网络运营者开展网络定级备案、等级测评、风险评估、安全建设整改、安全自查等工作。行业主管（监管）部门监督、检查、指导本行业、本领域网络运营者依据网络安全等级保护制度和相关标准要求，落实网络安全管理和技术保护措施，组织开展网络安全防范、网络安全事件应急处置、重大活动网络安全保护等工作。

9.3　公安机关的监督检查

9.3.1　公安机关的监督检查的内容

公安机关依照国家法律法规规定和相关标准要求，要求网络运营者及其行业主管（监管）部门对下列网络安全工作情况进行监督检查。

（1）日常网络安全防范工作。

（2）重大网络安全风险隐患整改情况。

（3）重大网络安全事件应急处置和恢复工作。

（4）重大活动网络安全保卫工作落实情况。

（5）其他网络安全工作情况。

公安机关对第三级以上网络运营者（含关键信息基础设施运营者）的日常网络安全工作，每年至少开展一次安全检查。检查时，可与相关行业主管（监管）部门联合开展。必要时，公安机关可组织技术支持队伍开展网络安全专门技术检测。网络运营者、行业主管（监管）部门应当协助、配合公安机关依法实施监督检查，按照公安机关要求如实提供相关数据信息。具体检查项目参见《公安机关信息安全等级保护检查工作规范（试行)》。

9.3.2 公安机关的监督检查的原则和方式

公安机关对网络运营者依照国家法律法规规定和相关标准要求，落实网络安全等级保护制度，开展网络安全防范、网络安全事件应急处置、重大活动网络安全保卫等工作，实行监督管理；对第三级以上网络运营者（含关键信息基础设施运营者）按照网络安全等级保护制度落实网络基础设施安全、网络运行安全和数据安全保护责任义务，实行重点监督管理。公安机关对同级行业主管（监管）部门依照国家法律法规规定和相关标准要求，组织督促本行业、本领域落实网络安全等级保护制度，对网络安全防范、网络安全事件应急处置、重大活动网络安全保卫等工作情况，进行监督、检查、指导。

公安机关参照公安部网络安全保卫局下发的《公安机关网络安全执法检查工作指引》《政府信息系统及网站安全执法检查工作指引（试行)》《云计算平台安全执法检查工作指引（试行)》《大数据服务安全执法检查工作指引（试行)》《工业控制系统安全执法检查工作指引（试行)》《视频监控系统安全执法检查工作指引（试行)》《移动APP系统安全执法检查工作指引（试行)》《邮件系统安全执法检查工作指引（试行)》《IDC安全执法检查工作指引（试行)》《CDN安全执法检查工作指引（试行)》《DNS安全执法检查工作指引（试行)》等，开展网络安全执法检查工作。公安机关网安部门应加强执法检查工作，从常规性检查向深度检查、延展检查、闭环检查转变，充分运用对抗检查、技术检查等方式，进一步规范执法检查行为，有效提高执法检查效能，全面提升重要信息系统、重点网站及移动互联网、云计算、大数据、工业控制系统、物联网等新技术新应用的安全保护能力，严防境内外敌对势力和不法分子的攻击、入侵、窃密，严防发生重大网络安全事件，维护国家安全、公共安全和公共利益。

9.3.3　公安机关的监督检查工作的要求

公安机关开展检查工作，应当按照“严格依法，热情服务”的原则，遵守检查纪律，规范检查程序，主动为网络运营者提供服务和指导。公安机关在监督检查中发现重要行业或本地区存在严重威胁国家安全、公共安全和社会公共利益的重大网络安全风险隐患的，应报告同级人民政府、网信部门和上级公安机关。接到报告的人民政府、网信部门、上级公安机关应当及时核实情况，组织或者责成有关部门、单位采取处置和整改措施。

要按照“谁受理备案，谁负责检查”的原则，对跨省或者全国联网运行、跨市或者全省联网运行等跨地域的信息系统，由部、省、地市级公安机关分别对所受理备案的信息系统进行检查。对在辖区内独自运行的信息系统，由受理备案的公安机关独自进行检查。对于有主管部门的信息系统，公安机关要积极会同主管部门对其开展检查，充分发挥主管部门的作用，建立监督检查的配合机制。因故无法会同的，公安机关可以自行开展检查。

网络安全等级保护监督管理部门及其工作人员，必须对在履行职责中知悉的国家秘密、商业秘密、重要敏感信息和个人信息进行严格保密，不得泄露、出售或者非法向他人提供。

9.3.4　公安机关的监督检查工作调查和整改

1. 公安机关的监督检查工作调查

公安机关应当根据有关规定处置网络安全事件，开展事件调查，认定事件责任，查处危害网络安全的违法犯罪活动。公安机关在事件调查处置过程中，必要时可以责令网络运营者采取阻断信息传输、暂停网络运行、备份相关数据等紧急措施。网络运营者应当为公安机关、有关部门开展事件调查和处置提供支持和协助，为公安机关、国家安全机关依法维护国家安全和侦查犯罪的活动提供技术支持和协助。

2. 公安机关的监督检查工作整改

公安机关在监督检查中发现网络安全风险隐患的，应当通知网络运营者采取措施立即消除；不能及时消除的，应责令其限期整改。网络运营者自身存在的风险隐患可能严重威胁国家安全、公共安全和社会公共利益，公安机关应依法对其采取停止联网、停机整顿等处置措施。公安机关发现第三级以上网络（含关键信息基础设施）存在重大安全风险隐患的，应及时通报关键信息基础设施主管部门，并向国家网信部门报告。

9.4 对网络服务机构的监督检查

国家对网络安全等级保护测评机构实行目录管理，指导网络安全等级保护测评机构建立行业自律组织。制定行业自律规范，加强行业自律管理。公安机关对网络安全等级保护测评机构、测评人员及其测评活动进行监督管理，发现有违反规定行为的，应责令整改；情形严重的，应将其从等级保护测评机构目录中移除。公安机关依法对等级测评机构及其人员进行监督管理，发现有违反规定行为的，应责令整改；情形严重的，应将其从等级保护测评机构目录中移除。公安机关应对从事网络建设、运维、安全监测、检测认证、风险评估等网络服务机构、服务人员及其服务活动进行监督管理，发现有违反管理规定行为的，应责令其整改，并对关键岗位的服务人员进行安全背景审查。

9.5 信息安全等级保护

信息安全的等级的保护将从信息安全等级保护的概念、信息安全等级保护的内容、信息安全等级保护的管理这三个方面进行阐述。

9.5.1 信息安全等级保护的概念

信息安全、网络安全、信息网络安全、网络信息安全等概念，在我国有关法律法规和文件中通常采用“信息安全”这个关键词。《网络安全法》出台之后，国家有关法律法规和文件中将“信息安全”调整为“网络安全”，将“信息安全等级保护制度”调整为“网络安全等级保护制度”。因此本书在使用有关名词术语时，虽然称谓不同，但本质是一致的。

1. 信息安全等级保护的内涵

网络安全等级保护是指对网络（含信息系统、数据，下同）实施分等级保护、分等级监管，对网络中使用的网络安全产品实行按等级管理，对网络中发生的安全事件分等级响应、处置。“网络”是指由计算机或者其他信息终端及相关设备组成的按照一定的规则和程序对信息进行收集、存储、传输、交换、处理的系统，包括网络设施、信息系统、数据资源等。

网络安全等级保护是对网络进行分等级保护、分等级监管，是将信息网络、信息系统、网络上的数据和信息，按照重要性和遭受损坏后的危害性分成五个安全保护等级（从第一级到第五级，逐级增高）；等级确定后，第二级（含）以上网络到公安机关备案，公安机关对备案材料和定级准确性进行审核，审核合格后颁发备案证明；备案单位根据网络的安全等级，按照国家标准开展安全建设整改，建设安全设施、落实安全措施、落实安全责任、建立和落实安全管理制度；选择符合国家要求的测评机构开展等级测评；公安机关对第二级网络进行指导，对第三、第四级网络定期开展监督、检查。

开展网络安全等级保护工作的流程是根据《信息安全等级保护管理办法》的规定，等级保护工作主要分为五个环节，分别是定级、备案、建设整改、等级测评和监督检查。开展网络安全等级保护工作，涉及公安机关、保密部门、密码管理部门、网信部门等职能部门以及网络运营者、第三方测评机构、网络安全企业、专家队伍等。各方应按照国家网络安全等级保护制度要求，按照职责和分工，找准各自定位，密切配合，共同落实《网络安全法》和网络安全等级保护制度，依法维护网络安全。

网络安全等级保护制度是国家网络安全的基本制度。网络安全等级保护是党中央、国务院在网络安全领域决定实施的基本国策。由公安部牵头，经过十多年的探索和实践，网络安全等级保护的政策、标准体系已经基本形成，并已在全国范围内全面实施。网络安全等级保护制度是国家网络安全工作的基本制度，是实现国家对重要网络、信息系统、数据资源实施重点保护的重大措施，是维护国家关键信息基础设施的重要手段。网络安全等级保护制度的核心内容是：国家制定统一的政策、标准；各单位、各部门依法开展等级保护工作；有关职能部门对网络安全等级保护工作实施监督管理。

《网络安全法》规定国家实行网络安全等级保护制度，标志着从1994

年的国务院条例（国务院令第147号）上升到国家法律；标志着国家实施十余年的信息安全等级保护制度进入2.0阶段；标志着以保护国家关键信息基础设施安全为重点的网络安全等级保护制度依法全面实施。网络安全等级保护制度是新时期国家网络安全的基本制度、基本国策，我们将构建网络安全等级保护新的法律和政策体系、新的标准体系、新的技术支撑体系、新的人才队伍体系、新的教育训练体系和新的保障体系。网络安全等级保护制度进入2.0时代，其核心内容：一是将风险评估、安全监测、通报预警、事件调查、数据防护、灾难备份、应急处置、自主可控、供应链安全、效果评价、综治考核等重点措施全部纳入等级保护制度并实施；二是将网络基础设施、信息系统、网站、数据资源、云计算、物联网、移动互联网、工控系统、公众服务平台、智能设备等全部纳入等级保护和安全监管；三是将互联网企业的网络、系统、大数据等纳入等级保护管理，保护互联网企业健康发展。

网络安全等级保护也是国家网络安全工作的基本方法。网络安全等级保护工作的目标就是维护国家关键信息基础设施安全，维护重要网络设施、重要信息系统、重要数据的安全等级保护制度提出了一整套安全要求，贯穿网络和信息系统的设计、开发、实现、运维、废弃等系统工程的整个生命周期，引入了测评技术、风险评估、灾难备份、应急处置等技术。按照等级保护制度中规定的“定级、备案、建设、测评、检查”这五个规定动作，各单位、各部门开展网络安全工作，先对所属网络、信息系统和数据开展调查摸底，再对网络进行定级。定级后，第二级以上网络要到公安机关备案，然后按标准进行安全建设整改，开展等级测评。公安机关对网络安全工作开展监督管理，按照不同的网络级别实施不同强度的监管，对进入重要信息系统的测评机构及信息安全产品分等级进行管理，对网络安全事件分等级响应和处置。通过开展一系列重点工作，采取一系列重要的安全管理和技术措施，将网络安全工作落到实处。

2. 信息安全等级保护的原则与分级监管

（1）信息安全等级保护的原则。网络安全等级保护工作应当按照主动防御、整体防控、突出重点、综合保障的原则，重点保护关键信息基础设施和其他涉及国家安全、国计民生、公共利益的网络的运行安全和数据安全。网络运营者在网络建设过程中，应同步规划、同步建设、同步运行网络安全保护、保密和密码保护措施。国家网络安全等级保护坚持分等级保护、分等级监管的原则，对网络分等级进行保护，按标准进行建设、管理和监督。在落实网络安全等级保护制度中，还应遵循以下几点要求。

1）明确责任，共同保护。通过等级保护，组织和动员国家、法人和其他组织、公民共同参与网络安全保护工作；各方主体按照规范和标准分别承担相应的、明确具体的网络安全保护责任。

2）依照标准，开展保护。国家运用强制性法律及规范标准，要求网络运营者按照网络安全建设和管理要求，科学准确定级，实施保护策略和措施。

3）同步建设，动态调整。网络在新建、改建、扩建时应当同步建设网络安全设施，保障网络安全与信息化建设相适应。因网络的应用类型、范围等条件的变化及其他原因，安全保护等级需要变更的，应当根据等级保护的管理规范和技术标准的要求重新确定其安全保护等级。等级保护的管理规范和技术标准，应按照等级保护工作开展的实际情况适时修订。

4）指导监督，重点保护。国家指定网络安全监管职能部门通过备案、指导、检查、督促整改等方式，对网络安全保护工作进行指导监督。国家重点保护涉及国家安全、经济命脉、社会稳定的关键信息基础设施，主要包括：电信网、广电网、互联网、移动互联网、物联网、行业专网等网络基础设施；各行业、各部门、各单位的指挥调度、内部办公、管理控制、生产作业、公众服务等业务信息系统和网站；能源、交通、水利、市政等领域的工业控制系统；互联网企业的网络平台、重要业务系统和网站；数据中心、大数据服务平台、云计算服务平台、智能设备设施及数据资源；其他关系国家安全、社会秩序、公共利益以及公民、法人和其他组织的合法权益的网络和信息系统。

（2）信息安全保护等级的分级与监管。

1）信息安全保护等级的划分。网络的安全保护等级应当根据网络在国家安全、经济建设、社会生活中的重要程度以及网络遭到破坏后对国家安全、社会秩序、公共利益及公民、法人和其他组织的合法权益的危害程度等因素确定。网络安全等级保护制度将网络划分为如下五个安全保护等级，从第一级到第五级逐级增高。

第一级，属于一般网络，其一旦受到破坏，会对公民、法人和其他组织的合法权益造成损害，但不危害国家安全、社会秩序和社会公共利益。

第二级，属于一般网络，其一旦受到破坏，会对公民、法人和其他组织的合法权益造成严重损害，对社会秩序和社会公共利益造成危害，但不危害国家安全。

第三级，属于重要网络，其一旦受到破坏，会对公民、法人和其他组织的合法权益造成特别严重损害，或者会对社会秩序和社会公共利益造成严重危害，或者对国家安全造成危害。

第四级，属于特别重要网络，其一旦受到破坏，会对社会秩序和社会公共利益造成特别严重危害，或者对国家安全造成严重危害。

第五级，属于极其重要网络，其一旦受到破坏，会对国家安全造成特别严重的危害。

2）针对每一等级保护的监管。对网络安全产品管理和网络安全事件实行分等级响应、处置的制度国家对网络安全产品的使用实行分等级管理制度。网络安全事件实行分等级响应、处置的制度，依据网络安全事件对网络、系统和数据信息的破坏程度、所造成的社会影响和涉及的范围确定事件等级。根据不同安全保护等级的网络中发生的不同等级事件制定相应的预案，确定事件响应和处置的范围、程度及适用的管理制度等。网络安全事件发生后，分等级按照预案响应和处置。网络运营者依据《网络安全法》的网络安全等级保护制度要求和相关技术标准，对网络进行保护，国家有关网络安全监管部门对其网络安全等级保护工作进行监督管理。

第一级网络运营者，应当依据国家有关管理规范和技术标准进行保护。

第二级网络运营者，应当依据国家有关管理规范和技术标准进行保护。国家网络安全监管部门对该级网络安全等级保护工作进行指导。

第三级网络运营者，应当依据国家有关管理规范和技术标准进行保护。国家网络安全监管部门对该级网络安全等级保护工作进行监督、检查。

第四级网络运营者，应当依据国家有关管理规范、技术标准和业务专门需求进行保护。国家网络安全监管部门对该级网络安全等级保护工作进行强制监督、检查。

第五级网络运营者，应当依据国家管理规范、技术标准和业务特殊安全需求进行保护。国家指定专门部门对该级网络安全等级保护工作进行专门监督、检查。

9.5.2 信息安全等级保护的内容

网络安全等级保护工作应当按照主动防御、整体防控、突出重点、综合保障的原则，建立健全网络安全保障体系，重点保护关键信息基础设施和其他涉及国家安全、国计民生、社会公共利益的网络的基础设施安全、运行安全和数据安全。

1. 信息安全等级保护的各层级职责

国家、有关部门和企业在网络安全等级保护工作中有着不同的责任和义务。

（1）国家部门。国家建立健全网络安全等级保护制度的组织领导体系、技术支持体系和保障体系；组织政府部门、重要行业、企事业单位、社会组织开展网络安全等级保护工作，监测、防御、处置来源于中华人民共和国境内外的网络安全风险和威胁，重点保护关键信息基础设施和其他涉及国家安全、国计民生、社会公共利益的网络免受攻击、侵入、干扰和破坏，依法惩治网络违法犯罪活动，维护网络空间安全和秩序；通过制定有关法律法规、管理规范和技术标准，组织公民、法人和其他组织对网络分等级实行安全保护，对等级保护工作的实施进行监督、管理。地市级以上人民政府组织建立网络安全等级保护领导小组，协调政府部门、重要行业、社会力量，共同推进网络安全等级保护工作。各级人民政府应当对网络安全等级保护工作统筹规划，加大投入，将安全建设整改、等级测评、监督检查等活动经费纳入财政预算，扶持网络安全等级保护重点工程和项目，支持网络安全等级保护技术的研究开发和应用，推广安全可信的网络产品和服务。各级人民政府及有关单位和部门应当将网络安全等级保护工作纳入绩效考核评价体系、社会治安综合治理考核、审计范畴；应当加强网络安全等级保护制度的宣传教育，提升社会公众的网络安全防范意识。

国家建立完善的网络安全等级保护的标准体系。国务院标准化行政主管部门和国务院公安部门、国家保密行政管理部门、国家密码管理部门根据各自职责，组织制定网络安全等级保护的国家标准、行业标准。国家支持企业、研究机构、高等学校、网络相关行业组织参与网络安全等级保护国家标准、行业标准的制定。国家组织社会力量，建设网络安全等级保护专家队伍和建设整改、等级测评、应急处置等技术支持体系，为落实网络安全等级保护制度提供支撑。国家鼓励和支持企事业单位、高等院校、研究机构等开展网络安全等级保护制度的教育与培训，加强网络安全等级保护管理和技术人才培养。国家鼓励利用新技术、新应用开展网络安全等级保护管理和技术防护，采取主动防御、可信计算、人工智能等技术，创新网络安全技术保护措施，提升网络安全防范能力和水平。国家对网络新技术、新应用进行推广，组织开展网络安全风险评估，按照网络安全等级保护制度的要求，管控网络新技术、新应用的安全风险。

（2）网络安全监管部门。网络安全监管部门包括公安机关、保密部门、国家密码工作部门。组织制定等级保护管理规范和技术标准，组织公民、法人和其他组织对网络实行分等级安全保护，对等级保护工作的实施进行监督、管理。国务院公安部门主管网络安全等级保护工作，负责网络安全等级保护工作的监督、检查、指导。国家保密行政管理部门负责网络安全等级保护工作中有关保密工作的监督、检查、指导。国家密码管理部门负责网络安全等级保护工作中有关密码管理工作的监督、检查、指导。其他有关部门依照有关法律法规的规定，在各自职责范围内开展网络安全等级保护相关工作。县（市）级以上地方人民政府有关部门依照《中华人民共和国计算机信息系统安全保护条例》（国务院令第 147 号）和有关法律法规规定，在各自职责范围内开展网络安全等级保护和监督管理工作。

在网络安全等级保护工作中坚持“分工负责、密切配合”的原则。公安机关牵头，负责全面工作的监督、检查、指导，国家保密工作部门、国家密码管理部门配合。因为在涉及国家秘密的信息系统中也会发生网络安全问题和密码问题，所以涉及国家秘密的信息系统，主要由国家保密工作部门负责，其他部门参与、配合。因为非涉及国家秘密的信息系统中也会发生保密问题和密码问题，所以非涉及国家秘密的信息系统，主要由公安机关负责，其他部门参与、配合。需要强调的是，涉及工作秘密、商业秘密的信息系统不属于涉密信息系统。

（3）行业主管部门。行业主管部门应当依照有关法律、行政法规的规定和有关标准规范要求，组织、指导本行业、本领域落实网络安全等级保护制度，督促、检查、指导本行业、本领域网络运营者开展网络安全等级保护工作。

（4）网络运营者。网络运营者应当依照有关法律、行政法规的规定和有关标准规范要求，落实网络安全等级保护制度，开展网络定级备案、安全建设整改、等级测评和自查等工作，采取管理和技术措施，建立安全制度，落实安全责任，保障网络基础设施安全、网络运行安全和数据安全，有效应对网络安全事件，防范网络违法犯罪活动；接受公安机关、保密部门、国家密码工作部门对网络安全等级保护工作的监督、检查、指导。任何个人和组织不得危害网络基础设施安全、网络运行安全和数据安全；不得利用网络从事危害国家安全、公共安全、社会公共利益，扰乱经济秩序、社会秩序，或者侵犯公民合法权益的违法犯罪活动。任何个人和组织发现危害网络安全或者利用网络实施的违法犯罪行为，有责任向公安机关举报。

（5）安全服务机构。网络安全企业，是指信息系统安全集成商、等级测评机构等安全服务机构，依据国家有关管理规定和技术标准，开展技术支持、服务等工作，并接受监管部门的监督管理。

2. 信息安全等级保护的流程与要求

（1）信息安全等级保护的流程。等级保护的主要环节包括定级、备案、安全建设整改、等级测评和安全检查。

1）网络定级。网络运营者应当依照有关政策标准，在规划设计阶段确定网络的安全保护等级。当网络功能、服务范围、服务对象和处理的数据等发生重大变化时，网络运营者应依照有关政策标准变更网络的安全保护等级。关键信息基础设施应当在第三级以上的网络中确定。网络定级应按照网络运营者拟定网络等级、专家评审、主管部分核准、公安机关审核的流程进行。网络运营者按照《信息安全等级保护管理办法》和《网络安全等级保护定级指南》（GA/T 1389—2017）拟定网络安全保护等级。

对拟定为第二级的网络，网络运营者应聘请网络安全等级保护专家进行定级评审；有行业主管部门的，还应报请行业主管部门核准。跨省或者全国统一联网运行的网络，可以由行业主管部门统一拟定安全保护等级，统一组织定级评审。行业主管部门可依据国家标准规范，结合本行业网络特点制定行业定级指导意见。

2）网络备案。第二级以上网络的运营者，应当在网络的安全保护等级确定后十个工作日内，到所在地设区的地市级以上公安机关网络安全保卫部门办理备案手续，提交定级报告。因网络撤销或变更调整安全保护等级的，应当在十个工作日内向原受理备案公安机关办理备案撤销或变更手续。第三级以上网络运营者（含关键信息基础设施运营者）在向公安机关备案时，还应当提交测评报告、经专家评审通过的安全建设方案等其他有关材料。

公安机关应当按照《信息安全等级保护备案实施细则》（公信安〔2007〕1360号）的要求，对网络运营者提交的备案材料进行审核。对定级准确、备案材料符合要求的，应在十个工作日内出具网络安全等级保护备案证明；对定级不准确、备案材料不符合要求的，应当通知备案单位进行修改。

3）网络安全建设整改。网络安全保护等级确定后，网络运营者应按照《管理办法》《关于开展信息系统等级保护安全建设整改工作的指导意见》（公信安〔2009〕1429号）等有关管理规范和技术标准，选择《管理办法》要求的网络安全产品，制定并落实安全管理制度，落实安全责任，建设安全设施，落实安全技术措施。网络运营者应当按照网络安全等级保护制度的要求，履行下列安全保护义务，保障网络免受干扰、破坏或者未经授权的访问，防止网络数据泄露或者被窃取、篡改：一是确定网络安全等级保护工作责任人，建立网络安全等级保护工作责任制，落实责任追究制度；二是落实安全管理措施和技术保护措施，建立人员管理、教育培训、系统安全建设、系统安全运维等制度，落实网络安全保护责任；三是落实机房安全管理、设备和介质安全管理、网络安全管理等制度，制定操作规范和工作流程；四是落实身份、防范恶意代码感染传播、防范网络入侵攻击的管理和技术措施；五是落实监测、记录网络运行状态、网络安全事件的管理和技术措施，并按照规定留存六个月以上的相关网络日志；六是落实数据分类、重要数据备份和加密等措施；七是落实个人信息保护措施，防止个人信息泄露、损毁、篡改、窃取、丢失和滥用；八是对网络中发生的案（事）件，应当在二十四小时内向属地公安机关报告；九是法律、行政法规规定的其他网络安全保护义务。

第三级以上的网络运营者（关键信息基础设施运营者），除履行上述网络安全保护义务外，还应当履行下列安全保护义务：一是确定网络安全等级保护机构，明确网络安全部门的岗位职责，对系统变更、系统接入、运维和技术保障单位变更等事项建立逐级审批制度；二是制定并落实网络安全总体规划和整体安全防护策略，制定安全建设方案，经专家评审通过后方可实施；三是对关键岗位人员的身份、背景、专业资格和从业资质等进行安全审查，对关键岗位人员落实持证上岗制度；四是对为其提供网络设计、建设、运维以及对技术服务的机构和人员进行安全审查；五是落实网络安全监测预警措施，对网络运行状态、网络流量、用户行为、网络安全事件等进行监测分析；六是落实重要网络设备、安全监测、应急处置、通信链路及系统的冗余、备份和恢复措施；七是建立网络安全检测评估制度，定期开展安全审计、安全检测评估，并将检测评估情况及安全整改措施、整改结果向公安机关和有关部门报告；八是法律和行政法规规定的其他网络安全保护义务。

4）等级测评。网络建设整改完成后，第三级以上网络运营者（关键信息基础设施运营者）应每年开展一次网络安全等级测评，主动发现并整改安全风险隐患，并且每年将开展网络安全等级测评的工作情况及测评结果向受理备案的公安机关报告。网络运营者应从国家信息安全等级保护工作协助小组办公室公布的等级保护测评机构目录中选择测评机构，依据《管理办法》《信息系统安全等级保护测评要求》《信息系统安全等级保护测评过程指南》，对网络安全保护状况开展等级测评，按照《信息系统安全等级测评报告模版》编写等级测评报告。

新建网络上线运行前应自行或委托网络安全服务机构对网络的安全性进行检测评估。第三级以上网络（关键信息基础设施）上线运行前应当选择符合要求的网络安全等级测评机构，按照网络安全等级保护有关的标准规范进行等级测评，并进行源代码审查，通过等级测评后方可投入运行。网络运营者应当对检测评估、等级测评中发现的安全风险隐患，制定整改方案，落实整改措施，消除风险隐患。关键信息基础设施运营者应当制定安全建设整改方案，通过专家评审后方可实施。

5）自查和监察制度。网络运营者应当每年对本单位落实网络安全等级保护制度情况和网络安全状况至少开展一次自查，发现安全风险隐患，及时整改，并向受理备案的公安机关报告。公安机关依据《管理办法》和《公安机关信息安全等级保护检查工作规范（试行）》（公信安〔2008〕736号），监督检查网络运营者开展等级保护工作，定期对第三级以上的信息系统进行安全检查。网络运营者应当接受公安机关的安全监督检查指导，如实向公安机关提供有关材料。

在检查工作中公安机关要依据公安机关网络安全执法检查工作指引，政府信息系统及网站安全执法检查工作指引，云计算平台安全执法检查工作指引，大数据服务安全执法检查工作指引，工业控制系统安全执法检查工作指引，视频控监控系统安全执法检查工作指引，移动App系统安全执法检查工作指引，邮件系统安全执法检查工作指引以及IDC、CDN、DNS安全执法检查工作指引等，开展网络安全执法检查。

（2）信息安全等级保护的要求。开展等级保护工作的基本要求是：网络运营者应按照“准确定级、严格审批、及时备案、认真整改、科学测评”的要求完成等级保护的定级、备案、整改、测评等工作。公安机关和保密、密码工作部门要及时开展监督检查，严格检查网络锁定级别，严格检查网络开展备案、整改、测评等工作。对故意将网络安全级别定低、逃避公安、保密、密码部门监管，最终造成网络出现重大安全事故的，要追究单位和相关人员的责任。

3. 信息安全等级保护的测评服务

测评活动安全管理网络安全等级测评机构应当按照国家网络安全等级保护制度和相关标准规范要求，为网络运营者提供安全、客观、公正的等级测评服务。网络安全等级测评机构应当与网络运营者签署服务协议，不得泄露在等级测评服务中知悉的国家秘密、商业秘密、重要敏感信息和个人信息；不得擅自发布、披露在等级测评服务中收集掌握的网络信息和系统漏洞、恶意代码、网络入侵攻击等网络安全信息，防范测评风险。

网络安全等级测评机构应当对测评人员进行安全保密教育，与其签订安全保密责任书，明确测评人员的安全保密义务和法律责任；组织测评人员参加专业培训，培训合格的方可从事网络安全等级测评活动。网络服务提供者为第三级以上网络（关键信息基础设施）提供网络建设、运维、安全监测、检测认证、风险评估等网络安全服务，应当符合网络安全等级保护制度的相关要求，并取得网络运营者的授权或同意；在提供服务的过程中，应当保守国家秘密、商业秘密、重要敏感信息和个人信息，不得擅自发布、披露在提供服务过程中收集掌握的网络信息和系统漏洞、恶意代码、网络入侵攻击等网络安全信息，防范网络安全服务风险。

4. 信息安全等级保护的产品与服务

网络产品应当符合国家标准和网络安全等级保护制度的相关要求。网络产品提供者应当为其产品依法提供安全维护，对其产品的安全缺陷、漏洞，应当立即采取补救措施，按照规定及时告知用户，同时向公安机关报告。如果网络产品具有收集、回传数据功能，网络产品提供者应当向用户明示并取得同意，依法遵守数据安全和个人信息保护的相关规定。网络产品提供者向境外用户提供网络关键设备和安全专用产品，对可能影响国家安全的，应当通过国家网信部门会同国务院公安部门、电信主管部门等有关部门组织的国家安全审查。

网络运营者应当根据网络的安全保护等级和安全需求，采购、使用符合国家法律法规和有关标准规范要求的网络产品和服务。第三级以上网络运营者应当按照国家有关法律法规要求，采用与其安全保护等级相适应的网络产品和服务；对重要部位使用的网络产品，应当委托专业测评机构进行专项测试，根据测试结果选择符合要求的网络产品。关键信息基础设施运营者采购网络产品和服务，对可能影响国家安全的，应当依法通过国家网信部门会同公安、保密、密码管理等有关部门组织的国家安全审查。

5. 信息安全等级保护的预警通报

地市级以上人民政府应当建立网络安全监测预警和信息通报制度，建设关键信息基础设施防护管理平台，开展安全监测、态势感知、通报预警、应急处置、追踪溯源、安全保护、情报信息和侦查打击等工作。国家网络与信息安全信息通报机构向社会发布网络安全风险预警。行业主管部门应当建立健全本行业、本领域的网络安全监测预警和信息通报制度，按照规定向同级网络与信息安全信息通报机构报送网络安全监测预警信息，报告网络安全事件。

第三级以上网络运营者（关键信息基础设施运营者）应当建设网络安全态势感知平台，建立网络安全监测预警和信息通报制度，按照规定向同级网络与信息安全信息通报机构、行业主管部门报送网络安全监测预警信息，报告网络安全事件。网络与信息安全信息通报机构向社会发布网络安全风险预警，即通过各种渠道向社会发布网络安全预警、风险、提示性信息，以利于社会公众提高网络安全意识，及时采取措施应对网络安全威胁风险，消除安全隐患，保障社会公众网络安全和公民个人信息安全。

（1）向社会发布的预警性信息。向社会发布的预警性信息包括：涉及社会公众的有害程序传播事件；涉及社会公众的网络攻击事件；涉及社会公众的信息破坏事件；涉及社会公众的网络产品和服务安全隐患；对社会公众具有风险提示意义的案件；有利于提高社会公众网络安全防范意识的信息；其他需要向社会发布的网络安全预警信息。

（2）确定预警等级。参照《国家网络安全事件应急预案》规定，按照影响范围、危害程度和紧急情况，向社会发布的网络安全事件预警信息等级分为四级，由高到低依次为红色预警、橙色预警、黄色预警和蓝色预警，分别对应于发生或可能发生的特别重大、重大、较大和一般网络安全事件。

（3）建立多种渠道的预警信息来源。预警信息来源包括：网络与信息安全信息通报机制成员单位、技术支持单位、专家、社会资源以及公安机关网安部门。

（4）确定发布渠道。预警信息发布渠道包括：电视台、广播电台；重点网络媒体；移动端媒体，包括微博、微信公众号等；其他发布渠道。网络与信息安全信息通报机构与发布渠道建立24小时联系机制，确保及时、快速推送发布预警信息。

6. 信息安全等级保护的数据保护

网络运营者应当依照国家法律法规规定和网络安全等级保护制度要求，建立并落实重要数据和个人信息安全保护制度；采取保护措施，保障数据在收集、存储、传输、使用、提供、销毁过程中的安全；采取技术手段，保障重要数据的完整性、保密性和可用性。网络运营者在中华人民共和国境内收集和产生的个人信息、重要数据应当在境内存储，建立异地备份恢复措施，保障业务连续性要求；因业务需要，确需向境外提供的，应当按照国家有关法律法规的规定进行安全评估。

7. 信息安全等级保护的应急处置

第三级以上网络运营者（含关键信息基础设施运营者）应当按照国家有关要求，制定网络安全应急预案，组织网络安全应急力量，定期开展网络安全应急演练。发生网络安全事件时，网络运营者应当立即启动应急预案，及时采取应急措施，控制和降低网络安全事件造成的危害和影响，消除安全隐患。在处置网络安全事件的同时，网络运营者应当保护现场，记录并留存相关数据信息，并向公安机关和行业主管部门报告。公安机关应采取措施，开展同定证据、追踪溯源；涉及违法犯罪的，依法实施侦查打击。发生重大网络安全事件时，有关部门应当按照网络安全应急预案要求联合开展应急处置。电信业务经营者、互联网服务提供者应当为重大网络安全事件处置和恢复提供支持和协助。

8. 信息安全等级保护的审计审核

网络运营者建设、运营、维护和使用网络，向社会公众提供需取得行政许可的经营活动的，相关主管部门应当将网络安全等级保护制度落实情况纳入审计、审核范围。

9. 信息安全等级保护的风险管控

网络运营者应当按照网络安全等级保护制度要求，采取措施，管控云计算、大数据、物联网、工控系统和移动互联网等新技术在应用中带来的安全风险，消除安全隐患。

10. 信息安全等级保护的安全监督

（1）公安机关的安全监督。公安机关对网络运营者依照国家法律法规规定和相关标准规范[①]要求，落实网络安全等级保护制度，开展网络安全

① 中华人民共和国公安部，关于印发《公安机关信息安全等级保护检查工作规范》的通知中指出：公信安〔2008〕736 号各省、自治区、直辖市公安厅（局）公共信息网络安全监察总队（处），新疆生产建设兵团公安局公共信息网络安全监察处：为配合《信息安全等级保护管理办法》（公通字〔2007〕43 号）的贯彻实施，严格规范公安机关信息安全等级保护检查工作，实现检查工作的规范化、制度化，我局制定了《公安机关信息安全等级保护检查工作规范（试行)》，请认真贯彻执行。

防范、网络安全事件应急处置、重大活动网络安全保卫等工作，实行监督管理；第三级以上网络运营者（含关键信息基础设施运营者）按照网络安全等级保护制度，落实网络基础设施安全、网络运行安全和数据安全保护责任义务，实行重点监督管理。公安机关对同级行业主管部门依照国家法律法规规定和相关标准规范要求，组织督促本行业、本领域落实网络安全等级保护制度，开展网络安全防范、网络安全事件应急处置、重大活动网络安全保卫等工作情况，进行监督、检查、指导。

公安机关要求网络运营者及其行业主管部门依照国家法律法规规定和相关标准规范要求，对开展下列网络安全等级保护工作的情况进行监督检查：一是对日常网络安全防范工作的监督检查；二是对重大网络安全风险隐患整改情况的监督检查；三是对重大网络安全事件应急处置和恢复工作的监督检查；四是对重大活动网络安全保卫工作落实情况的监督检查；五是对其他网络安全等级保护工作情况依法开展的监督检查。公安机关对第三级以上网络运营者（含关键信息基础设施运营者）的日常网络防范工作，每年至少开展一次安全检查，并会同相关行业主管部门开展。公安机关在监督检查中发现网络安全风险隐患的，应当通知网络运营者采取措施立即消除；不能及时消除的，应责令其限期整改。

（2）保密监督管理。保密行政管理部门负责对涉密网络的安全保护工作进行监督管理，每年开展一次安全保密检查。对检查中发现存在安全隐患，或者违反保密管理相关规定，或者不符合保密相关标准要求的，按照国家保密行政管理相关规定处理。

（3）密码监督管理。密码管理部门负责对网络安全等级保护工作中的密码管理进行监督管理，监督检查网络运营者对网络的密码配备、使用、管理和密码评估情况。密码管理部门应当每两年对重要涉密信息系统至少开展一次监督检查。对监督检查中发现网络运营者存在安全隐患，或者违反密码管理相关规定，或者不符合密码相关标准规范要求的，密码管理部门应当按照国家密码管理规定予以处理。

（4）行业监督管理。行业主管部门应当组织制定本行业、本领域网络安全等级保护工作规划和标准规范，掌握网络基本情况、定级备案情况和安全保护状况；监督、检查、指导本行业、本领域网络运营者开展网络定级备案、等级测评、风险评估、安全建设整改、安全自查等工作。行业主管部门应当监督、检查、指导本行业、本领域网络运营者依照网络安全等级保护制度和相关标准规范要求，落实网络安全管理和技术保护措施，组织开展网络安全防范、网络安全事件应急处置、重大活动网络安全保护等工作。

（5）监督管理责任。网络安全等级保护监督管理部门及其工作人员，必须对在履行职责中知悉的国家秘密、商业秘密、重要敏感信息和个人信息严格保密，不得泄露、出售或者非法向他人提供。网络运营者和技术支持单位应当为公安机关、国家安全机关依法维护国家安全和侦查犯罪的活动提供技术支持和协助。地市级以上人民政府公安部门、保密行政管理部门、密码管理部门在履行网络安全等级保护监督管理职责中，发现网络存在较大安全风险隐患或者发生安全事件的，可以约谈网络运营者的法定代表人、主要负责人及其行业主管部门。

9.6 信息安全等级测评

这一部分主要介绍信息安全等级测评，将从信息安全等级测评概览、信息安全等级测评的管理两个方面来阐述。

9.6.1 信息安全等级测评概览

1. 信息安全等级测评的内涵

网络安全等级保护测评工作（下称“等级测评”）是指测评机构依据国家网络安全等级保护制度规定，按照有关管理规范和技术标准，对非涉及国家秘密的网络安全等级保护状况进行检测评估的活动。等级测评包括标准符合性评判活动和风险评估活动，即依据网络安全等级保护的国家标准或行业标准，按照特定方法对网络的安全保护能力进行科学、公正的综合评判过程。根据《网络安全法》和《管理办法》的规定，网络按照《基本要求》等技术标准安全建设完成后，网络运营者应当选择符合规定条件的测评机构，定期对网络的安全保护状况开展等级测评。通过测评，一是可以发现网络存在的安全问题，掌握网络的安全状况、排查网络的安全隐患和薄弱环节、明确网络安全建设整改需求；二是衡量网络的安全保护管理措施和技术措施是否符合等级保护的基本要求、是否具备了相应的安全保护能力。等级测评结果也是公安机关等安全监管部门进行监督、检查、指导的参照。

为加强对测评机构及测评人员管理，稳步推进等级测评机构建设，规范等级测评活动，提高测评机构、测评人员技术能力和水平，公安部在总结等级保护测评体系建设试点工作的基础上，向各地公安机关下发了《关于推动信息安全等级保护测评体系建设和开展等级测评工作的通知》（公信安〔2010〕303号），在全国组织开展网络安全等级保护等级测评体系建设工作，以保障等级保护工作的顺利开展。根据通知精神，国家信息安全等级保护工作协调小组办公室负责隶属国家网络安全职能部门和重点行业主管部门的申请单位提出的申请受理、审核推荐和监督检查等工作，各省级信息安全等级保护工作协调（领导）小组办公室（下称“省级等保办”）负责等级测评机构的申请受理、审核推荐和监督检查等工作。中关村信息安全等级保护测评机构联盟负责测评机构的能力评估和培训工作。

为进一步加强对等级测评机构的管理，规范等级测评行为，提高测评技术能力和服务水平，2018年公安部制定下发了《网络安全等级保护测评机构管理办法》。自该文件实施之日起，《信息安全等级保护测评机构管理办法》《信息安全等级保护测评机构异地备案实施细则》及各地自行制定的与本办法规定不符的规范性文件作废。各地公安机关要按照《网络安全等级保护测评机构管理办法》的要求，根据本地网络备案数据和等级保护工作进展情况，严把审核关，有序稳妥地开展测评机构审核推荐工作。

2. 信息安全等级测评的内容

依照《关于推动信息安全等级保护测评体系建设和开展等级测评工作的通知》，各地区、各部门要认真组织开展网络的等级测评工作。

（1）制定规划并落实。各地区、各部门要按照公安部关于测评工作的整体部署，结合实际，制定本地区、本部门的测评工作计划，分解、细化任务和目标，将长期目标和阶段目标结合起来，明确具体要求，确定责任人，加强组织领导，确保按期完成工作目标。各单位要根据工作计划，紧密结合本单位网络的规模、数量、安全保护现状等实际情况，制定具体实施方案，明确进度安排、落实测评经费保障等，确保测评工作取得实效。

（2）委托测评机构。各单位、各部门委托等级测评机构开展测评时，应当在省级以上等保办公布的测评机构推荐目录（参见信息安全等级保护网，http://www.djbh.net）中选择测评机构。网络运营者在选择测评机构时，应当核查测评机构推荐证书、测评师证书等，约定合理的测评费用，并与测评机构签署委托测评合同。测评费用可以参考国家信息化项目人工计费标准或根据被测设备数量和测评项评估。测评机构应当结合实际编制测评作业指导书和测评实施方案，严格按照《网络安全等级保护测评机构管理办法》的要求，规范开展测评工作，客观、公正地出具测评结论，并自觉接受监督。

（3）实施测评。按照国家标准规范要求，测评实施过程包括：测评准备、方案编制、现场测评及分析与报告编制。等级测评的主要方法有访谈、检查、测试、分析等。被测评网络运营者与测评机构之间的沟通与洽谈贯穿整个等级测评过程，因此网络运营者应当指定专人协同配合，积极加强与测评机构间的协调沟通，确保测评进展顺利。

（4）测评管理。在测评工作过程中，网络运营者要对测评活动进行监督管理，与测评机构签订工作协议和保密协议，落实测评过程监管措施，防范对网络可能造成的新的安全风险。网络运营者要监督检查测评机构是否依据《网络安全等级保护测评要求》《信息系统安全等级保护测评过程指南》等国家标准开展等级测评以及测评人员是否有违规行为。一旦发现违规行为，被测网络运营者应当及时予以纠正，必要时可以向省级以上部门反映。

（5）编写测评报告并备案。测评机构应当依据《网络安全等级保护测评要求》《信息系统安全等级保护测评过程指南》等标准规范开展等级测评，按照《信息系统安全等级测评报告模版》出具统一格式的测评报告，确保测评结论客观、公正。网络运营者在完成网络安全等级测评工作后30日内，将等级测评报告交由受理备案的公安机关备案。公安机关应当对测评报告进行分析审核，建档留存，根据测评报告中的意见和建议，督促指导备案单位及时开展安全建设整改工作。

（6）测评标准注意事项。测评要求中的“安全通用要求”是等级保护对象通用测评要求，无论等级保护对象使用何种技术，必须先使用“安全通用要求”对等级保护对象进行测评，先结合等级保护对象技术架构，再结合使用测评要求其他部分进行测评。例如，某单位的等级保护对象采用了云计算技术和移动互联接入技术，在进行等级测评时，先使用《信息系统安全等级保护测评要求》中的安全测评通用要求部分，再结合使用云计算安全测评扩展要求部分和移动互联安全测评扩展要求部分进行测评，以验证等级保护对象是否落实了云计算安全扩展要求和移动互联安全扩展要求提出的安全控制措施。

无论等级保护对象是采用了网络基础设施和传统信息系统，还是采用了云计算、移动互联、物联网、工业控制系统和大数据等技术的特殊等级保护对象，测评要求都能够规范全国等级测评机构测评人员的现场测评行为，接近客观给出测评结果，使等级测评工作更加规范化和标准化。在使用新版《测评要求》进行等级测评时，由于新技术新应用的迅速发展，等级保护对象的形态发生变化，等级测评对象也发生了变化。等级测评师在进行等级测评时，应根据被测等级保护对象采用新技术新应用的情况进行测评对象的选择。使用新版《测评要求》后，测评作业指导书将发生很大变化。

9.6.2　信息安全等级测评的管理

1. 对等级测评体系建设的管理

等级测评体系建设主要包括测评机构的建设和规范管理以及测评人员和测评活动的规范管理等。网络安全等级保护测评工作是网络安全等级保护工作的重要环节，是专门机构针对网络开展的一种专业性、服务性的检测活动。等级测评工作涉及的网络范围广、敏感性强，参与的测评机构及测评人员复杂，如果缺乏对测评机构和测评人员的管理，则难以保证等级测评的客观、公正和安全，甚至会给网络安全造成新的风险和隐患，危害国家安全和社会稳定。为加强对测评机构和测评人员的管理，稳步推进等级测评机构的建设，规范等级测评活动，提高测评机构和测评人员的技术能力和水平，在国家网络安全等级保护协调小组的领导下，在全国组织开展网络安全等级保护等级测评体系建设工作，以保障等级保护工作的顺利开展。

2. 对测评机构和人员的管理

申请成为测评机构的单位（下称“申请单位”）可以向省级以上网络安全等级保护协调（领导）小组办公室提出申请，经过专门机构的能力评估和专门培训，对符合条件的申请单位，省级以上网络安全等级保护协调（领导）小组办公室推荐其成为等级测评机构，从事等级测评工作。省级网络安全等级保护协调（领导）小组办公室负责公布本地测评机构推荐目录，国家网络安全等级保护协调小组办公室负责公布《全国网络安全等级保护测评机构推荐目录》。

对测评人员实行等级测评师管理。等级测评师分为初级、中级和高级。测评人员参加专门培训机构举办的专门培训和考试。考试合格的，由专门培训机构向测评人员颁发相应等级的“等级测评师证书”，“等级测评师证书”是测评人员上岗的基本条件。等级测评机构应当按照国家网络安全等级保护管理制度和相关标准要求，为网络运营者提供安全、客观、公正的等级测评服务。等级测评机构应当与网络运营者签署测评服务协议，不得泄露在等级测评服务中知悉的国家秘密、商业秘密、重要敏感信息和个人信息；不得擅自发布、披露在等级测评服务中收集掌握的网络信息和系统漏洞、恶意代码、网络侵入等网络安全信息，防范测评风险。

等级测评机构应当对测评人员进行安全保密教育，并与其签订安全保密责任书，明确测评人员的安全保密义务和法律责任；组织测评人员参加专业培训，培训合格的方可从事等级测评活动。信息产业信息安全测评中心会同公安部信息安全等级保护评估中心，连续组织开展全国网络安全等级保护测评机构的技术能力验证和网络攻防比武工作，其工作目的：一是进一步提升全国等级测评机构的技术能力，保持测评机构对标准和出具测评结果的一致性；二是规范测评机构开展等级测评工作；三是提高测评机构的网络攻击和渗透能力。

3. 对测评机构的业务范围的管理

测评机构除了从事等级测评活动，还可以从事网络安全等级保护定级、等级保护安全建设整改、网络安全等级保护宣传教育等工作的技术支持以及风险评估、网络安全培训、应急保障、网络安全咨询和网络安全工程监理等工作。

从事等级测评工作的机构及其人员应当遵守国家有关法律法规，依据国家有关技术标准和《网络安全等级保护测评机构管理办法》的相关规定，开展客观、公正、安全的测评服务，不得从事危害国家安全、社会秩序、公共利益的活动。测评机构应当按照公安部统一制定的《信息系统安全等级测评报告模版》规定的格式出具测评报告，根据网络规模和所投入的成本合理收取测评服务费用。

测评机构应严格按照网络安全等级保护标准规范独立开展等级测评工作，依据《信息系统安全等级测评报告模版》出具网络安全等级测评报告，确保测评质量，全面、客观地反映被测网络的安全保护状况。测评机构开展测评项目不受地域、行业限制。等级测评机构应在测评项目合同签订及项目完成后5个工作日内，向受理网络备案的公安机关报告等级测评项目的有关情况。测评项目实施过程中，等级测评机构应接受监督、检查和指导。测评项目完成后，等级测评机构应请被测评网络运营者对测评服务情况进行评价，评价情况由被测单位反馈。根据测评实践，于每年年底编制并报送网络安全状况分析报告。

4. 对等级测评工作的风险管理

（1）等级测评过程中可能存的风险。

1）网络敏感信息泄漏。泄漏被检测单位网络状态信息，如网络拓扑、

IP地址、业务流程、安全机制、安全隐患和有关文档信息。

2）验证测试可能会对网络运行造成影响。在现场进行测评时，需要对设备和网络进行一定的验证测试工作，部分测试内容需要上机查看一些信息，这就可能对网络的运行造成一定的影响，甚至存在误操作的可能。

3）工具测试可能会对网络运行造成影响。在现场测评时，会使用一些技术测试工具进行漏洞扫描测试、性能测试甚至抗渗透能力测试。测试可能会对网络的负载造成一定的影响，漏洞扫描测试和渗透测试可能会对服务器和网络通信造成一定影响甚至伤害。

（2）等级测评过程中风险的规避措施。

1）签署保密协议。测评双方应签署完善的、合乎法律规范的保密协议，以约束测评双方现在和将来的行为。保密协议规定了测评双方在保密方面的权利与义务。测评工作的成果由被测网络的运营者所有，测评机构对其的引用和公开应得到被测网络的运营者的授权，否则被测网的运营者将按照保密协议的要求追究测评机构的法律责任。

2）签署委托测评协议。在测评工作正式开始之前，测评方和被测网络的运营者需要以委托测评协议的方式明确测评工作的目标、范围、人员组成、计划安排、执行步骤和要求及双方的责任和义务等，使测评双方对测评过程中的基本问题达成共识，并以此为基础开展后续工作，避免在后续工作中出现大的分歧。

3）现场测评工作风险的规避。在进行验证测试和工具测试时，测评机构需要与测评委托单位充分协调，合理安排测试时间，尽量避开业务高峰期，如在系统资源处于空闲状态时进行，被测网络的运营者需要对整个测试过程进行监督。在进行验证测试和工具测试之前，需要对关键数据做好备份工作，并对可能出现的影响制定相应的处理方案。上机验证测试原则上由被测系统网络运营者的相应技术人员进行操作，测评人员根据情况提出需要操作的内容并进行查看和验证，避免由于测评人员对某些专用设备不熟悉，造成的误操作。测评机构应在使用测试工具前将相关信息告知被测网络的运营者，详细介绍这些工具的用途及可能对网络造成的影响，并征得网络运营者的同意。

4）规范化的实施过程。为保证按计划、高质量地完成测评工作，应当明确测评记录和测评报告的要求，明确测评过程中每一阶段需要产生的相关文档，使测评有章可循。在委托测评协议、现场测评授权书和测评方案中，需要明确双方的人员职责、测评对象、时间计划、测评内容要求等。

5）沟通与交流。为避免测评工作中可能出现的争议，在测评开始前与测评过程中，双方需要进行积极有效地沟通和交流，及时解决测评中出现的问题，这对保证测评的过程质量和结果质量有重要作用。

参 考 文 献

[1] 杨义先，钮心忻，任金强．信息安全新技术［M］．北京：北京邮电大学出版社，2002.

[2] 李腊元，王景中．计算机网络［M］．武汉：武汉理工大学出版社，2003.

[3] 张世永．网络安全原理与应用［M］．北京：科学出版社，2003.

[4] 闫宏生，王雪莉，杨军．计算机网络安全与防护［M］．北京：电子工业出版社，2007.

[5] 钟诚，赵跃华．信息安全概论［M］．武汉：武汉理工大学出版社，2003.

[6] 段宁华．网络应用与安全［M］．长春：吉林大学出版社，2005.

[7] 何弘，毛勇锋．反黑客工具箱［M］．西安：西安出版社，2000.

[8] 方勇，刘嘉勇．信息系统安全导论［M］．北京：电子工业出版社，2007.

[9] 周学广，刘艺．信息安全学［M］．北京：机械工业出版社，2003.

[10] 杨义先，钮心忻．应用密码学［M］．北京：北京邮电大学出版社，2005.

[11] 陈月波．网络信息安全［M］．武汉：武汉理工大学出版社，2005.

[12] 陈天洲，陈纯，谷小妮．计算机安全策略［M］．杭州：浙江大学出版社，2004.

[13] 张先红．数字签名原理及技术［M］．北京：机械工业出版社，2004.

[14] 胡建伟．网络安全与保密［M］．西安：西安电子科技大学出版社，2003.

[15] 李陶深．网络数据库［M］．重庆：重庆大学出版社，2004.

[16] 邵波，王其和．计算机网络安全技术及应用［M］．北京：电子工业出版社，2005.

[17] 李大友．计算机网络安全［M］．北京：清华大学出版社，2005.
[18] 陈建伟，张辉．计算机网络与信息安全［M］．北京：中国林业出版社，2006.
[19] 赵小林，彭祖林，王亚彬，薛沙燕．网络安全技术教程［M］．北京：国防工业出版社，2006.
[20] 林柏钢．网络与信息安全教程［M］．北京：机械工业出版社，2004.
[21] 徐明，刘端阳，张海平，丁宏．网络信息安全［M］．西安：西安电子科技大学出版社，2006.
[22] 袁津生，吴砚农．计算机网络安全基础［M］．北京：人民邮电出版社，2005.
[23] 刘晓辉．网络安全管理实践［M］．北京：电子工业出版社，2007.
[24] 阎慧，王伟，宁宇鹏等．防火墙原理与技术［M］．北京：机械工业出版社，2004.
[25] 黎连业，张维，向东明．防火墙及其应用技术［M］．北京：清华大学出版社，2004.
[26] 北京启明星辰信息技术公司．防火墙原理与实用技术［M］．北京：电子工业出版社，2002.
[27] 杨义先．网络信息安全与保密［M］．北京：北京邮电大学出版社，2001.
[28] 徐茂智，邹维．信息安全概论［M］．北京：人民邮电出版社，2007.
[29] 刘宝旭．黑客入侵的主动防御［M］．北京：电子工业出版社，2007.
[30] 郝文化．防黑反毒技术指南［M］．北京：机械工业出版社，2004.
[31] 运燕玲，戴红，梁磊．网络数据库技术［M］．北京：电子工业出版社，2004.
[32] 龙珑．计算机安全防护技术研究［M］．北京：电子工业出版社，2005.
[33] 王常吉，龙冬阳．信息与网络安全实验教程［M］．北京：清华大学出版社，2007.
[34] 刘建伟，王育民．网络安全——技术与实践［M］．北京：清华大学

出版社，2005.
［35］刘建伟，张卫东，刘培顺，李辉．网络安全实验教程［M］．北京：清华大学出版社，2007.
［36］张友生．系统分析师之路［M］．北京：电子工业出版社，2006.